高等院校互联网+新形态创新系列教材·计算机系列

Python 程序设计基础及应用
(全微课视频版)

杨连贺　李　姜　杨　阳　主　编

朱宏飞　刘星雨　张莉琦　副主编

清华大学出版社

北京

内 容 简 介

Python 是一门简单易学、功能强大的编程语言，它内建了高效的数据结构，能够用简单而又高效的方式进行编程。它优雅的语法和动态的类型，再结合它的解释性，使其成为在大多数平台下编写脚本或开发应用程序的理想语言。

本书系统而全面地介绍了 Python 语言的全部内容，既能为初学者夯实基础，又适合程序员提升技能。考虑到近几年数据挖掘技术和网络编程技术的发展，本书加入了 Python 语言在科学计算、网络编程和数据可视化方面的内容。与一般的 Python 语言教材相比，本书增加了许多实际案例的应用，可让读者更好地将 Python 基础知识应用到实际当中。本书中的每道例题均以屏幕截图的方式原汁原味地给出运行结果，便于读者分析、理解程序。

响应教育部关于课程思政建设的号召，本书充分挖掘思政元素，在一定程度上融入了思政内容，使思政教育与专业教育有机衔接、融合。

本书可作为高等院校计算机或非计算机相关专业的 Python 语言教材，也可作为软件开发人员的参考资料，还可供读者自学 Python 语言之用。

图书在版编目(CIP)数据

Python 程序设计基础及应用：全微课视频版/杨连贺，李姜，杨阳主编. —北京：清华大学出版社，2022.9(2023.7 重印)

高等院校互联网+新形态创新系列教材. 计算机系列

ISBN 978-7-302-61536-1

Ⅰ. ①P… Ⅱ. ①杨… ②李… ③杨… Ⅲ. ①软件工具—程序设计—高等学校—教材 Ⅳ. ①TP311.561

中国版本图书馆 CIP 数据核字(2022)第 144398 号

责任编辑：桑任松
封面设计：李　坤
责任校对：么丽娟
责任印制：杨　艳

出版发行：清华大学出版社
　　　　　网　　　址：http://www.tup.com.cn, http://www.wqbook.com
　　　　　地　　　址：北京清华大学学研大厦 A 座　　　　邮　　编：100084
　　　　　社 总 机：010-83470000　　　　　　　　　　　邮　　购：010-62786544
　　　　　投稿与读者服务：010-62776969, c-service@tup.tsinghua.edu.cn
　　　　　质量反馈：010-62772015, zhiliang@tup.tsinghua.edu.cn
　　　　　课件下载：http://www.tup.com.cn, 010-62791865

印 装 者：北京嘉实印刷有限公司
经　　销：全国新华书店
开　　本：185mm×260mm　　　印　张：21.25　　插　页：1　　字　数：520 千字
版　　次：2022 年 9 月第 1 版　　　　　　　　　　印　次：2023 年 7 月第 2 次印刷
定　　价：65.00 元

产品编号：097256-01

作 者 简 介

杨连贺，博士，教授，博士生导师。1965 年出生于天津，1986 年毕业于西北电讯工程学院(现西安电子科技大学)，获工学学士学位；1989 年、1998 年毕业于天津纺织工学院(现天津工业大学)，分别获工学硕士、工学博士学位。2000 年破格晋升为教授。2004 年遴选为博士生导师。2007—2008 年在美国Texas A&M University 做高级访问学者。从事复合材料力学性能、计算机仿真与辅助设计、数据库应用、信息系统开发、可视化计算、数据挖掘等领域的教学与科研工作，主持完成原中国纺织总会、天津市科委、天津市教委、教育部等项目 10 余项，获得两项天津市科研成果，获得天津市工程专业学位优秀课程奖；近年来在国内外学术刊物上公开发表论文百余篇，其中多篇被 EI、SCI 收录；主编著作 10 余部。

1996 年以讲授"C 语言程序设计"课程在天津市第三届高校青年教师讲课大赛中夺冠。荣获霍英东教育基金会青年教师奖，获校"青年骨干教师"称号，获香港桑麻奖教金。兼任天津市电子信息教育专家指导委员会委员，天津市及外省市科技奖评审专家，国家级优秀教材评审专家。

前　言

TIOBE 网站的统计数字表明，Python 是最近 20 年以来获得"年度最佳编程语言奖"次数最多的编程语言。2020 年和 2021 年，Python 连续两年位居榜首，而且截至本书定稿时，Python 仍独占鳌头。

通常人们认为 Python 是最好的编程语言，因为它非常平易近人，是一种快速、易于使用且易于部署的编程语言。Python 也是美国大学选用最多的编程语言，著名的哈佛大学、麻省理工学院、加州大学伯克利分校、卡耐基-梅隆大学等，已将 Python 语言作为计算机专业和非计算机专业的入门语言。Python 崇尚简、短、精、小，其应用几乎无限制，各方面地位超然。Python 在软件质量控制、提升开发效率、可移植性、组件集成、丰富的库支持等方面均处于领先地位。更重要的是，Python 简单易学、免费开源、可移植、可扩展、可嵌入。此外，Python 还支持面向对象编程，而且它的面向对象编程甚至比 Java 和 C#.net 更彻底。

Python 是"高性价比"的语言。它合理地结合了高性能与低成本(代码量小、维护成本低、编程效率高)的特色，致力于用最简洁的代码完成任务。完成同样的业务逻辑，在其他编程语言中可能需要编写大量的代码，而在 Python 中只需调用内建函数或内建对象的方法即可实现，甚至可以直接调用第三方扩展库来完成。一般情况下，Python 的代码量仅仅是 Java 的 1/5，足见 Python 编程的高效。

Python 是应用"无限制"的语言。它被广泛地应用于后端开发、游戏开发、网站开发、科学计算、大数据分析、云计算、图形开发等领域。美国中央情报局 CIA 网站、世界上最大的视频网站 YouTube、国内最大的问答社区"知乎"等，都是由 Python 开发的，搜狐、金山、腾讯、盛大、网易、百度、阿里、淘宝、土豆、新浪、果壳等著名的 IT 公司都在使用 Python 完成各种各样的任务。

Python 是一种代表"简单主义"思想的语言。它的设计哲学是优雅、明确、简单。阅读一个良好的 Python 程序，感觉就像在阅读英语，尽管这对英语的要求非常严格。Python 的这种伪代码本质是它最大的优点之一。

Python 是"高层次"的语言。它内建优异的数据结构，很容易表达各种常见的数据结构，不再需要定义指针、分配内存，编程也简单了许多，也无须考虑程序对内存的使用等底层细节，把许多机器层面的细节隐藏起来，凸显逻辑层面的编程思考。

Python 是免费、开源、跨平台的高级动态编程语言。它支持命令式编程、函数式编程，全面支持面向对象编程；它语法简洁、清晰，拥有功能丰富而强大的标准库和大量的第三方扩展库；它可使用户能够专注于解决问题而不是去搞明白语言本身，这是其开发效率高的根本原因。

由此可见，用"出类拔萃"来形容 Python 并不为过。Python 如此众多的优势，吸引着无数的程序员投身于 Python。网上的一句流行语颇耐人寻味："人生苦短，我用 Python。"

在国外，"Python 热"正在逐步升温，涉及方方面面的领域；在国内，越来越多的大学已将 Python 列入本科生的必修课程或选修课程，越来越多的 IT 企业将开发语言瞄向了 Python。可以预见的是，国内的"Python 热"方兴未艾，本书的出版顺应了这一大趋势。与此同时，本书基于党的二十大报告中提出的努力培养造就卓越工程师、大国工匠、高技能人才，以及增强自主创新能力等要求的背景下，教材内容融入作者团队创新实践研究成果，内容设计紧密吻合培养"理论基础扎实，实践动手能力强"的人才的要求，案例选取搜罗国内先进技术领域经典实例，引导学生了解国内自主技术研发的重要性，从而在平时学习过程中时刻拥有勇于创新和钻研的精神。

为了拓展应用范围，充分利用现有资源，对于 Python 程序员而言，熟练运用第三方扩展库是非常重要的。使用成熟的扩展库可以帮助我们快速实现业务逻辑，达到事半功倍的效果。但是，第三方扩展库的理解和运用无疑要建立在对 Python 基础知识和基本数据结构熟练掌握的基础上。因此，本书兼顾"基础"与"应用"两个方面，前 7 章把重点放在基础上，通过大量的经典例题讲解了 Python 语言的核心内容；后 5 章则把重点放在应用上，通过大量案例介绍了 Python 在实际开发中的应用。关于不同应用领域的第三方扩展库，读者可以参考附录 B，并结合自己的专业领域查阅相关文档。本书共分 12 章，主要内容如下。

第 1 章 Python 程序设计概述。介绍什么是编程语言，什么是 Python，学习 Python 的原因，Python 的发展历史，多种平台下 Python 环境的搭建，使用集成开发环境 IDLE 来帮助学习 Python，Python 常用的开发工具，最后给出了本书第一个 Python 程序。

第 2 章 Python 语言基础。讲解 Python 的语法和句法，Python 的数据类型，Python 的常量与变量，Python 的运算符与优先级，Python 的数值类型，Python 的字符串类型，Python 的高级数据类型(列表、元组、字典、集合)，最后介绍了正则表达式及其应用。

第 3 章 Python 流程控制。介绍了算法与结构化程序设计的概念，讲解了 if 语句和 for 语句的基本格式、执行规则、嵌套用法，range()函数在循环中的使用方法，while 语句的基本格式、执行规则、嵌套用法，最后介绍了 break、continue、pass 等关键字在循环中的使用方法。

第 4 章 函数与模块。讲解了 Python 代码编写规范和风格，函数的定义与调用，函数参数的传递，Python 变量作用域，函数与递归，迭代器与生成器，Python 自定义模块，输入输出语句的基本格式及执行规则，匿名函数的定义与使用。

第 5 章 文件与目录操作。介绍了文件和文件对象，讲解了基于 os 模块的文件操作方法、基于 shutil 模块的文件操作方法，文本文件、CSV 文件、Excel 文件的基本操作，最后介绍了 HTML、XML 文档的基本操作。

第 6 章 面向对象编程。介绍了面向对象技术，讲解了类与对象的定义和使用、类的属性与方法、类的作用域与命名空间、类的单继承和多继承，最后以数个典型实例讲解了面向对象程序设计的应用。

第 7 章 异常处理与 pdb 模块调试。介绍了 Python 编程的常见错误、Python 的异常处理机制，最后介绍了如何使用 pdb 模块调试 Python 程序。

第 8 章 数据库编程。讲解了数据库技术基础，SQLite 和 MySQL 数据库的数据类型、基本操作，使用 Python 操作 SQLite 和 MySQL 数据库的方法。

第 9 章 数据分析与可视化。讲解了使用 Python 进行数据挖掘的原因，介绍了 NumPy

库、SciPy 库、Matplotlib 库和 pandas 库，最后通过数理统计中的数据离散度分析和数据挖掘中的离群点分析等典型案例，介绍了 Python 在数据可视化方面的应用。

第 10 章 GUI 编程和用户界面。讲解了 GUI 界面的概念，Tkinter 模块及其各种组件，网格布局管理器，最后介绍了 GUI 编程。

第 11 章 Web 开发。讲解了 Web 应用的工作方式，MVC 设计模式，CGI 通用网关接口，使用模板快速生成 Web 页面。

第 12 章网络爬虫。介绍了网络爬虫的基本原理及工作流程、Requests 模块编码流程、网页数据解析工具 Xpath，最后介绍了应用 Scrapy 实现网络爬虫的方法。

本书最大的特点是内容精炼、案例丰富、联系实际；程序输出原汁原味，既有正确输出的结果，又有错误输出的提示，让读者既从"正"的方面学到经验，又从"负"的方面吸取教训，使经验与教训兼而得之。本书总体内容按照先基础、后应用的顺序安排，前 7 章为基础篇，其内容循序渐进；后 5 章为应用篇，其内容自成体系；每个知识点按照先讲解知识、后给出案例的顺序编写编；每个软件都配有安装过程截图，每道例题都配有运行结果截图，使读者一目了然。

本书由天津工业大学杨连贺、李姜及天津市电子计算机研究所杨阳担任主编，由天津工业大学朱宏飞、刘星雨、张莉琦担任副主编。杨连贺教授具有 30 余年的程序设计教学经验，讲授过多门编程语言，并编写过大量应用程序，青年时期曾参加过市级讲课大赛并取得优异成绩，特别是在美国访学期间，用 Python 语言开发过较大规模的软件。在内容的组织和安排上，本书结合了作者多年教学与科研中积累的经验，并巧妙地将其糅合到相应的章节中。

本书以目前流行的 Python 3 为基础，适当兼顾 Python 2.x；既讲解 Python 的基础知识，又适当介绍 Python 在各个方面的应用，因而可以满足不同层次读者的需要。

本书作为教材，基础教学建议选取前 7 章内容，推荐 36 学时；"基础+应用"教学建议按"7+n"方式选取教学内容，后 5 章可根据专业需要择其一二，或全部选用，推荐 42～64 学时。建议采用边讲边练的教学模式。本书可以作为具有一定 Python 基础的读者进一步学习的资料，可供参加各类计算机考试的人员学习和参考，也可以作为从事数据分析、数据库开发、Web 开发、界面设计、软件开发等工作的工程师的参考资料。对于打算利用业余时间快乐地学习一门编程语言并编写一些小程序来自我娱乐的读者，本书是首选的学习资料。本书也适合对编程有着浓厚兴趣的中小学生作为课外阅读书籍。

由于编者水平有限，书中的疏漏与不足之处在所难免，希望专家和读者不吝指正。

编　者

源代码及习题答案下载

教学资源服务

目录

第 1 章

Python 程序设计概述

本章要点

(1) 程序设计语言概述。

(2) 编译型语言与解释型语言。

(3) Python 的概念。

(4) 学习 Python 的意义。

(5) Python 的发展。

(6) Windows 平台下 Python 环境的搭建。

(7) Linux 下 Python 环境的搭建。

(8) 使用 IDLE 帮助学习 Python。

(9) Python 常用的开发工具。

(10) 第一个 Python 程序。

学习目标

(1) 了解 Python 语言。

(2) 理解学习 Python 语言的目的。

(3) 了解 Python 语言的发展。

(4) 熟悉常用平台下 Python 开发环境及其搭建。

(5) 掌握 IDLE 的使用。

(6) 了解其他的常用开发工具。

本章引入在国内方兴未艾的一门高级程序设计语言——Python。常用的编程语言达数十种之多，其功能各有千秋，应用领域也大相径庭。Python 能够从众多的高级语言中脱颖而出，是因为 Python 是一种代表简单主义思想的语言，但集功能广泛与强大于一身。同样的功能，只用很少的代码就可以实现，编写的程序清晰而易懂，优雅而美观，用"高效开发+简单易学"来形容 Python 是恰如其分的。

1.1　程序设计语言

1.1.1　程序设计语言概述

程序设计语言概述

程序设计语言(Programming Language)，也称为编程语言，是指用于人与计算机之间通信的语言，它是人机之间传递信息的媒介。计算机系统最显著的特征就是通过一种语言把指令传达给机器，机器自动、高速地完成指定的工作。为了使计算机能够完成各种工作，就需要有一套用于编写计算机程序的数字、字符和语法规则，由这些数字、字符和语法规则组成各种指令(或各种语句)，就是计算机所能接受的语言。

为什么不能使用人类的自然语言作为编程语言呢？这是因为自然语言具有二义性甚至多义性。例如，某人说："小红和小兰的妈妈来了。"到底来了一个人(两个孩子的妈妈)还是两个人(小红、小兰的妈妈)，语法上是说不清的。正因为如此，自然语言不能为计算机所用。换言之，编程语言必须是一种人造的、无二义的、专门用于计算机的语言。

编程语言的种类非常多，但总体来说可以分成机器语言、汇编语言和高级语言三大类。

1. 机器语言——第一代语言

计算机发明之初，人们只能降贵纡尊，用很低级的语言去命令计算机工作，换言之，就是写出一串串由"0"和"1"组成的指令序列交由计算机执行，这种计算机能够直接识别的语言就是机器语言。使用机器语言编程是十分痛苦的，阅读程序如读天书一般，程序出现错误需要修改时尤为如此。

一条机器语言通常称为一条指令。指令是不可分割的最小功能单元。而且，每台计算机的指令系统往往各不相同，因此，在一台计算机上执行的程序，想移植到另一台计算机上执行，必须另编程序。但机器语言使用的是针对特定型号计算机的语言，故其运算效率是所有语言中最高的。

2. 汇编语言——第二代语言

为了减轻使用机器语言编程的痛苦，人们进行了一种有益的改进：用一些简洁的助记符来替代一个特定指令的二进制串，如用 ADD 代表加法、用 MOV 代表数据传递等。这样，人们很容易读懂并理解程序的功能，纠错及维护都变得方便多了，这种编程语言就称为汇编语言，即第二代计算机语言。然而，计算机是不认识这些助记符的，这就需要有一个专门的程序负责将这些符号翻译成二进制的机器语言，这类翻译程序称为汇编程序。

汇编语言同样依赖于机器硬件，可移植性不好，但效率仍十分高(与机器语言相同)。针对计算机特定硬件而编制的汇编语言程序，能准确地发挥计算机硬件的功能和特长，程序精炼而且质量高，所以至今仍是一种常用而强有力的编程语言。

汇编语言的实质和机器语言是一样的，都是直接对硬件进行操作，只不过指令采用了助记符，更容易识别和记忆，但它同样需要编程者将每一步具体的操作以命令的形式写出来。

汇编语言程序的每一条指令只能对应实际操作过程中的一个细小的动作，如加减、移动、自增等。因此，汇编语言源程序一般冗长、复杂、容易出错，而且使用汇编语言编程需要有更多的计算机专业知识，但汇编语言的优点也是显而易见的，用汇编语言所能完成的操作不是一般高级语言能够实现的，而且源程序经汇编生成的可执行文件不仅比较小，而且执行速度很快。

3. 高级语言——第三代语言

从最初与计算机交流的痛苦经历中人们认识到，应该设计一种这样的语言，这种语言接近于数学语言或人类的自然语言，同时又不依赖于计算机硬件，编出的程序能在所有机器上通用。经过计算机科学家的努力，1956 年世界上第一个完全脱离机器硬件的高级语言 Fortran 问世了。半个多世纪以来，已有数百种高级语言出现，影响较大、使用较普遍的有 Fortran、ALGOL、COBOL、Basic、LISP、SNOBOL、PL/1、Pascal、C、PROLOG、Ada、C++、VC、VB、Delphi、Java 等。

高级语言是绝大多数编程者的选择。与汇编语言相比，它不仅将许多相关的机器指令合成为单条指令(语句),而且去掉了与具体操作有关但与完成工作无关的细节,如使用堆栈、寄存器等,这样就大大简化了编程。同时,由于省略了很多细节,编程者也无须具备太多的专业知识。

1.1.2 编译型语言与解释型语言

与汇编语言一样,计算机不能直接识别高级语言的语句(源代码),需要有一个专门的程序负责将这些语句转换为二进制的机器语言。按转换方式的不同,可将它们分为两类,即编译程序和解释程序,因高级语言顺理成章地划分为编译型语言和解释型语言两类。

编译与解释

(1) 编译是将源代码翻译成可执行的目标代码的过程(严格来讲,编译后还需要连接),翻译与执行是分开的。通常,源代码是用高级语言编写的程序,目标代码则是用机器语言编写的代码,执行编译的计算机程序就是编译程序,有时也称之为编译器。这种执行方式的优点在于,程序一次编译,多次执行,而且执行速度很快;缺点是编译后的程序对软、硬件平台是不兼容的。采用编译执行的代表性高级语言有 C、C++、Pascal、Delphi 等。

(2) 在解释执行的语言中,程序是随着每条指令的执行而逐条语句地翻译成目标代码。解释执行语言的优点是,程序写完后可以立即执行,而不需要等到所有的语句都得到编译。对程序的更改也可以很快进行,无须等到程序重新编译完成。解释执行语言的缺点在于,它们执行速度慢,因为每次运行程序,都必须对整个程序一次一条指令地翻译。采用解释执行的代表性高级语言有 JavaScript、PHP、Python 等。

1.2 Python 概述

Python 是一种简单易学、功能强大的编程语言,它继承了传统编译语言的强大性和通用性,具有高层次的数据结构,支持面向对象的编程方法。Python 以优雅的语法、动态的类型,连同它天然的解释,使其成为在大多数平台下进行许多领域快速应用开发的理想语言。

1.2.1 Python 的概念

Python 是一门跨平台的、开源的、免费的、解释型高级动态编程语言, **Python 是什么** 是由荷兰人吉多·范罗苏姆(Guido van Rossum)于 1989 年开发的,其名字来源于他酷爱的一个电视剧 *Monty Python's Flying Circus*。Python 的第一个公开发行版是 1991 年初发布的,历经 30 年的发展,目前最高版本为 3.10。根据 TIOBE 的最新排名,Python 已超越 Java 语言,成为全球第二大编程语言(仅次于 C 语言)。根据 IEEE 的最新排名,Python 以"主宰"地位蝉联榜单第一的位置。

也许 Guido van Rossum 最初并没有想到今天 Python 会在工业界和科研界获得如此广泛的使用。著名的"自由软件"作者埃里克·雷蒙德(Eric Raymond)在"如何成为一名黑客"一文中,将 Python 列为黑客应当学习的 4 种编程语言之一,并建议人们从 Python 开始学习编程。这的确是一个非常中肯的建议，对于那些从未学过编程的人，或者对非计算机专业的编程学习者而言，Python 不失为最好的选择之一。欧美的很多大学(如 MIT、Stanford 等)都以 Python 作为入门语言，之后再学习 C/C++，甚至很多非计算机专业的学生也开设此课程。国内已有越来越多的高校开设 Python 语言课程，"Python 热"正在逐步升温。

有些人喜欢用"胶水"语言来形容 Python，因为它可以很轻松地把许多其他语言编写的模块黏合在一起。Python 具有丰富且强大的基本类库，能够把用其他语言制作的各种模块(尤其是 C/C++)很轻松地连接在一起。常见的一种应用情形是：使用 Python 快速生成程序的原型(有时甚至是程序的最终界面)，然后对其中有特别要求的部分用更合适的语言改写。比如 3D 游戏中的图形渲染模块，性能要求非常高，就可以用 C/C++重写，而后封装为 Python 可以调用的扩展类库。

很多初学 Java 的人都会被 Java 的 Classpath 搞得迷失方向，最终才弄清原来是 Classpath 搞错了，以至于连自己的"Hello World!"程序都无法运行。而用 Python 就不会出现此类问题，因为 Python 是一种解释型语言，同时也是一种脚本语言，写好代码即可直接运行，省去了编译、连接等一系列麻烦，对于需要多动手实践的初学者而言，减少了很多出错的机会。不仅如此，Python 还支持交互的操作方式，如果只是运行一段简单的小程序，连编辑器都可以省略，直接输入即可运行。

谈及"解释型"和"脚本语言"，人们常常会有一种担心：解释型语言通常很慢。的确，从运行速度来讲，解释型语言通常会慢一点，但 Python 的速度却比人们想象的快很多。虽然 Python 是一种解释型语言，但实际上也可以编译(就像编译 Java 程序一样)，即将 Python 程序编译为一种特殊的 ByteCode。程序运行时，执行的实际上是 ByteCode，省去了对程序文本的分析解释，速度自然得到了显著提升。在用 Java 编程时，人们往往崇尚一种纯粹的 Java 方式，除了虚拟机外，一切代码都用 Java 编写，无论是基本的数据结构还是图形用户界面，而纯粹的 Java 的 SWING 功能却成为无数 Java 应用开发者的噩梦。Python 与之不同，它崇尚的是实用，它的整体环境是用 C 编写的，其中很多基本功能和扩展模块均用 C/C++编写，执行这一部分代码时，其速度就是 C 的速度。用 Python 编写的普通桌面应用程序，其启动、运行速度与用 C 书写的程序相差无几。此外，通过一些第三方软件包，用 Python 编写的源代码还可以以类似于 JIT(准时制)的方式运行。此举可大大提高 Python 代码的运行速度，针对不同类型的代码，运行速度将有 2～100 倍的提升。

Python 是一种结构清晰的编程语言，使用缩进的方式来表示程序的嵌套关系，可谓是一种创举。此举把过去软性的编程风格升级为硬性的语法规定，再也不需要在不同的风格之间进行选择。与 Perl 语言不同，Python 中没有各种隐晦的缩写，也不需要强记各种符号的含义。用 Python 书写的程序很容易读懂，这是很多人的共识。虽然 Python 是一种面向对象的编程语言，但它的面向对象却不像 C++那样强调概念，而是更注重实用。说到底，Python 不是为了体现对概念的完整支持而把语言搞得很复杂，而是用最简单的方法让编程者能够享受到面向对象带来的好处，这正是 Python 能够吸引众多支持者的原因之一。

Python 是一种功能丰富的语言，它拥有一个强大的基本类库，同时拥有数量众多的第三方扩展库，这使 Python 程序员无须去羡慕 Java 的 JDK。Python 为程序员提供的基本功能十分丰富，使人们写程序时无须一切从底层做起。

C 语言用来编写操作系统等贴近硬件的系统软件，所以，C 语言适合开发那些追求运行速度、充分发挥硬件性能的程序，而 Python 是用来编写应用程序的高级编程语言。许多大型网站就是用 Python 开发的，如 YouTube、Instagram，还有国内的豆瓣等。很多大型的组织机构，如 Google、Yahoo、NASA(美国航空航天局)等都大量使用 Python。此外，还有搜狐、金山、腾讯、盛大、网易、百度、阿里、淘宝、土豆、新浪、果壳等公司都在使用 Python 完成各种各样的任务。

Guido van Rossum 给 Python 的定位是"优雅、明确、简单"，因此 Python 程序看上去简单易懂。初学者学习 Python，不仅容易入门，而且将来可以深入学习下去，并编写非常复杂的程序。

总体来说，Python 的哲学就是简单优雅，尽量写容易看明白的代码，尽量写少的代码。

1.2.2 学习 Python 的意义

之所以有越来越多的人选择学习 Python，是因为 Python 有着与众不同的特性。

为什么要
学 Python

(1) 易用性与高速度的完美结合。

在大多数高级语言中，在易用性和速度上结合得最完美的非 Python 莫属。通过放慢一点运行速度而获得更高的编程效率，这是众多编程者选择 Python 的原因。

(2) 自动垃圾回收机制。

Python 的自动垃圾回收机制是高级编程语言的一种基本特性，用支持这一功能的语言编程，程序员通常无须关心内存泄露问题，而用 C/C++编写程序时，这却是最重要的需要认真考虑而又很容易出错的问题之一。

(3) 内建的优异数据结构。

数据结构是程序的重要组成部分。在用 C 编程时，对于链表、树、图这些数据结构，需要用指针详细表达，而这些问题在 Python 中简单了很多。在 Python 中，最基本的数据结构是列表、元组和字典，用它们表达各种常见的数据结构可谓轻而易举。由于不再需要定义指针、分配内存，编程也变得简单了。

(4) 简易的 CORBA 绑定。

公用对象请求代理体系结构(Common Object Request Broker Architecture，CORBA)是一种高级的软件体系结构，它与语言无关、与平台无关。C++、Java 等语言都由 CORBA 绑定，但与它们相比，Python 的 CORBA 绑定却容易了很多，因为在程序员看来，一个 CORBA 的类和 Python 的类用起来以及实现起来并没有什么差别。没有复杂体系结构的困扰，用 Python 编写 CORBA 程序也变得容易了。

(5) 成熟的跨平台技术。

随着 Linux 的不断成熟，越来越多的人转到 Linux 平台下工作，软件开发者自然也希望自己编写的软件可以在所有平台下运行。Java "一次编写处处运行"的口号，曾使它成为跨平台开发工具的典范，但其运行速度却不被人们看好。Python 不仅支持各种 Linux/Unix 系统，还支持 Windows，甚至在 Palm 上都可以运行 Python 程序。Python 不仅支持老一些的 TK，还支持新的 GTK+、QT 及 wxWidget，而这些都可以在多个平台下工作。通过它们，程序员可以编写出漂亮的跨平台图形用户界面(Graphical User Interface，GUI)程序。

(6) 高可扩展性与"乘坐快车"。

如果希望一段代码可以很快地执行，或者不希望公开一个算法，则可以使用 C/C++编写这段程序，然后在 Python 中调用，从而实现对 Python 程序的扩展。换言之，程序员可以用 C/C++为 Python 编写各种各样的模块，这不仅可以让程序员以 Python 的方式使用系统的各种服务和用 C/C++编写的优秀函数库与类库，还可以大幅度提高 Python 程序的运行速度。用 C/C++编写 Python 的模块并不复杂，而且为了简化这一工作，人们还制作了不少工具用来协助这一工作。正因如此，现在各种常用的函数库和类库都有 Python 语言的绑定，用 Python 可以做到的事情越来越多了。

Python 从一开始就特别关注可扩展性。Python 可以在多个层次上扩展。从高层上可以直接引入.py 文件，在底层则可以引用 C 语言的库。Python 程序员可以快速使用 Python 写.py 文件作为扩展模块，但当运行速度作为重要的考虑因素时，Python 程序员可以深入底层，写 C 程序，编译为.so 文件后引入 Python 中使用，就如同人们乘坐快车一样。Python 就恰似使用钢来构建房子，搭好大的框架后，程序员可以在此框架下相当自由地扩展或更改。

(7) 隐藏细节，凸现逻辑。

Python 将许多机器层面上的细节隐藏，交给编译器处理，并凸显逻辑层面的编程思考。Python 程序员可以花更多的时间用于思考程序的逻辑，而不是具体的实现细节。这一特征吸引了广大的程序员。

Python 有如此众多的优点，读者是否会觉得 Python 是一把万能钥匙呢？答案自然是否定的。这是因为，Python 虽功能强大，但它不是万能的。不同的语言有不同的应用范围，想找一把"万能钥匙"是不太可能的。C 和汇编语言适合编写系统软件，如果用它们来编写企业应用程序，恐怕很难得心应手。因此，聪明的程序员总是选用合适的工具去开发软件。如果要编写操作系统或驱动程序，很显然 Python 是做不到的。要写软件，没有哪个工具是万能的，现在之所以出现众多的编程语言，就是因为不同的语言适合做不同的事情。因此，选择适合自己的语言才是最重要的。

常言道："好钢要用在刀刃上。"要想用有限的时间完成尽量多的任务，就要把各种无关的问题抛弃，而 Python 恰恰提供了这种方法，这也是我们要学习 Python 的原因之一。

然而，Python 是一把双刃剑。如同核能一样，和平利用则造福人类，滥用则可能毁灭世界。Python 几乎无所不能，入侵他人网络如探囊取物，窃取他人机密也易如反掌。因此，我们必须树立正确的人生观，用 Python 去做有益的事情，而不能用它来危害社会。换言之，学好 Python，你可以作黑客(Hacker)，但不能作骇客(Cracker)。

1.2.3　Python 的发展

1989 年，为了打发圣诞节假期，Guido 开始写 Python 语言的编译器。Python 这个名字来自 Guido 所挚爱的电视剧 *Monty Python's Flying Circus*。

Python 的发展

他希望这个新的称作 Python 的语言能符合他的理想：创造一种介于 C 和 Shell 之间、功能全面、易学易用、可拓展的语言。

1991 年，第一个 Python 编译器诞生，它是用 C 语言实现的，并能够调用 C 语言的库文件。Python 从一开始就具有了类、函数、异常处理，并且包含列表和字典在内的核心数据结构，以及以模块为基础的拓展系统。

1994 年 1 月，推出 Python 1.0，其中增加了 lambda、map、filter 和 reduce。

1999 年，发布 Python 的 Web 框架之祖——Zope 1。

2000 年 10 月 16 日，Python 2.0 问世，加入了内存回收机制，构成了现在 Python 语言框架的基础。

2004 年 11 月 30 日，发布 Python 2.4 版；同年，目前最流行的 Web 框架 Django 诞生。

2006 年和 2008 年，先后推出的 2.5 和 2.6 为过渡版本(2008 年已推出 3.0 版本)，2010 年推出的 2.7 版为 2.x 的最后一版。

2014 年 11 月，发布 Python 2.7 将在 2020 年停止被支持的消息，并且不会再发布 2.8 版本，同时建议用户尽可能地迁移到 3.4+版本。

Python 最初发布时，在设计上有一些缺陷，比如，Unicode 标准晚于 Python 出现，所以一直以来对 Unicode 的支持并不完全，而 ASCII 码支持的字符很有限。早期版本对中文的支持不好，Python 3 相对 Python 早期的版本是一个较大的升级，Python 3 在设计时没有考虑向下兼容，所以很多早期版本的 Python 程序无法在 Python 3 下运行。为了照顾早期的版本，推出了过渡版本 2.6，该版本基本上使用了 Python 2.x 的语法和库，同时考虑了向 Python 3.0 的迁移，允许使用部分 Python 3.0 的语法与函数。2010 年继续推出了兼容版本 2.7，大量 Python 3 的特性被反向迁移到 Python 2.7。2.7 版本比 2.6 版本进步很多，同时拥有大量的 Python 3 中的特性和库，并且兼顾了原有的 Python 开发人群。

2.0 版本到 3.0 版本最大的一个改变就是使用 Unicode 作为默认编码。Python 2.x 中直接写中文会报错，Python 3 中可以直接写中文了。从开源项目来看，支持 Python 3 的比例已经显著提高，知名的项目一般都支持 Python 2.7 和 Python 3+。

Python 3 比 Python 2 更规范、更统一，去掉了不必要的关键字。Python 3.x 还在持续改进，Python 的最高版本是 2022 年 1 月 14 日推出的 3.10.2 版。

1.3　Python 开发环境的搭建

Python 可在多种平台下运行，但考虑到目前应用较多的是 Windows 平台和 Linux 平台，故本节分别介绍这两种平台下 Python 开发环境的搭建。

1.3.1　Windows 平台下 Python 开发环境的搭建

(1) 下载 Python 安装包。

首先登录 Python 官方网站，单击 Download 按钮，选择适合自己软、硬件环境的安装包并下载。

(2) 安装 Python。

双击下载的安装包，根据向导提示进行安装。

Windows 下
Python 开发
环境的搭建

(3) 配置环境变量。

Python 安装完毕后，还需要把 Python 的安装目录添加到系统的 PATH 环境变量中。不过高版本的安装包无须手动配置，只要在安装时勾选最后一项 Add Python 3.x to PATH，即可在安装过程中自动配置环境变量。

(4) 测试。

在 DOS 命令提示窗口中输入 python，则说明 Python 已经安装成功，如图 1-1 所示。

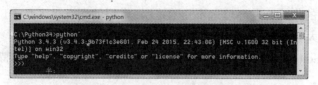

图 1-1 Python 安装成功的显示界面

(5) 演示 Python 命令。

按照很多资料常用的，输入的第一个命令是"print 'Hello world!'"，如图 1-2 所示。

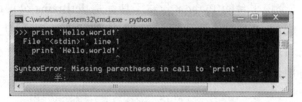

图 1-2 试图显示"Hello world!"

结果显示"SyntaxError"(句法错误)。为什么会出错呢？原因在于，很多资料都是以 Python 2.x 为背景介绍的，而现在本书安装的是 3.x 版本，3.x 要求采用的写法是"print ('Hello world!')"，即把 print 视为一个函数，而不是命令(考虑到习惯，本书仍称之为 print 命令)，因而需要使用括号，并把字符串放在引号中(单引号、双引号均可，但首尾必须相同)。改正后的运行结果如图 1-3 所示。

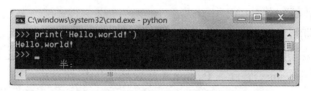

图 1-3 命令行显示"Hello world!"

(6) 集成开发环境的使用。

经过以上测试可知，Python 环境已安装完毕，但是如何开发软件呢？难道用这种命令行方式开发？当然不是，因为有众多的 IDE(Integration Development Environment，集成开发环境)可供使用。

在 Windows 下安装 Python 的同时，也默认安装了其自带的集成开发环境 IDLE，其启动方法是：依次选择"开始"→"所有程序"→Python3.x→IDLE 命令，启动后的界面如图 1-4 所示。

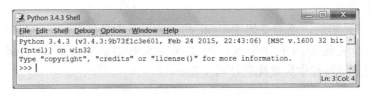

图 1-4　Python 的集成开发环境 IDLE 界面

当然，Python 的集成开发环境远不止 IDLE，常用的还有以下几个。

(1) Eclipse：大名鼎鼎的 Eclipse，此处暂不介绍。

(2) Komodo Edit：一个免费的、开源的、专业的 Python IDE，其特征是非菜单的操作方式，开发效率高。

(3) Vim：一个简洁、高效的工具，也适合做 Python 开发。

(4) Sublime Text：一款适合 Python 开发的 IDE 工具，Sublime Text 虽然仅仅是一个编辑器，但是它有丰富的插件，使得对 Python 开发的支持非常到位。

(5) Pycharm：一个跨平台的 Python 开发工具，是 JetBrains 公司的产品。其特征包括代码自动完成、集成的 Python 调试器、括号自动匹配、代码折叠。Pycharm 支持 Windows、MacOS 及 Linux 等系统，而且可以远程开发、调试、运行程序。尽管这个 IDE 功能很强大，也很好用，但使用一段时间后需要付费。

1.3.2　Linux 平台下 Python 开发环境的搭建

1.3.1 小节介绍的是 Windows 平台下 Python IDLE 安装和调试的过程。通常的 Linux 系统，如 Ubuntu、CentOS 等，都已经默认随系统安装好了 Python 程序，只不过在 Linux 类系统中，IDLE 被称为 Python 解释器，它是从终端模拟器中输入"python"命令启动的。Python 编程的一切工作都是从 IDLE 编辑器开始的。在入门后，可以选择更多自己喜欢的 Python 编辑器，如专业级 Python 编辑器 WingIDE。

Linux 下 Python 开发环境的搭建

遗憾的是，早期版本 Linux 操作系统中内置的 Python 多是 2.x 版本的，想在 3.x 版本下开发软件，必须安装 3.x 版本的 Python。现以 Ubuntu(一个以桌面应用为主的 Linux 操作系统)为例，简要介绍 Linux 平台下 Python 3 开发环境的搭建过程。

(1) 安装 Python 3。

Ubuntu 自身是安装 Python 2 的，如在 Ubuntu 16.04 中安装的就是 Python 2.7。但我们需要在 Python 3 环境下进行软件开发，所以必须安装 Python 3。Ubuntu 很多底层采用了 Python 2，所以在安装 Python 3 时不能卸载 Python 2。首先执行以下各行命令：

```
sudo cp /usr/bin/python /usr/bin/python_bak
sudo rm /usr/bin/python
sudo ln -s /usr/bin/python3.5 /usr/bin/python
```

然后输入 python，检查版本是否正确(版本应该为 Python 3.5)。

(2) 安装 Sublime Text 3。

俗话说"工欲善其事，必先利其器。"在进行 Python 开发时一定要先选择一个好的编辑器。Sublime Text 3(ST3)是一款轻量级、跨平台的文本编辑器，可以安装在 Ubuntu、Windows 和 MAC OS X 上，有一个专有的许可证，但该程序也可以免费使用。如果想拥有更高级的版本，可付费获取。

打开终端，输入下列命令：

```
sudo add-apt-repository ppa:webupd8team/sublime-text-3
sudo apt-get update
sudo apt-get install sublime-text-installer
```

卸载 sublime text 命令：

```
sudo apt-get remove sublime-text-installer
```

这时就会发现桌面上并没有出现 Sublime Text 3，那么应当如何打开它呢？从终端输入 subl 才能启动 sublime-text，启动后直接将它锁定到侧边栏即可。

(3)　配置 Sublime Text 3。

为了使用众多插件来扩展 Sublime 的功能，需要安装一个称为 Package Control 的插件管理器——这个软件必须手动安装。一旦安装好，就可以使用 Package Control 来安装、移除或者升级所有的 ST3 插件了。

按 Ctrl + ~组合键打开控制台，在控制台里输入以下代码：

```
import urllib.request,os;pf='Package Control.sublime-package';ipp=
sublime.installed_packages_path();urllib.request.install_opener(urllib.r
equest.build_opener(urllib.request.ProxyHandler()));open(os.path.join(ip
p,pf),'wb').write(urllib.request.urlopen('http://sublime.wbond.net/'+pf.
replace(' ','%20')).read())
```

输入完以后按回车键就可以执行了。

现在可以按 Cmd+Shift+P 组合键打开 Package Control 来安装其他插件。输入 install 后就能看见屏幕上出现 Package Control: Install Package(见图 1-5)，按回车键，然后搜索想要的插件，直接单击想要安装的插件即可。

因为想要配置 Python，所以选择第一个选项，选择后会出现一个文本框，如图 1-6 所示。

图 1-5　插件的安装

图 1-6　Python 插件的安装

在其中输入 Anaconda(这是 Sublime Text 3 中最好的一个 Python 插件)，然后按回车键，片刻后即出现图 1-7 所示的界面，表明 Anaconda 已安装完毕。

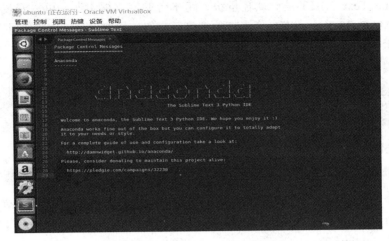

图 1-7　Python 插件安装完毕界面

1.3.3　使用 IDLE 来帮助学习 Python

使用 IDLE
来帮助学习
Python

1. IDLE 的安装

如前文所述，安装 Python 3 时默认会得到 IDLE(见图 1-4)，这是 Python 的集成开发环境，尽管简单，但极其实用。

2. IDLE 的启动

1.3.2 小节已介绍了 IDLE 的启动方法。IDLE 启动后，窗口标题栏显示的是"Python 3.x.x Shell"，窗口内显示提示符">>>"，光标紧随其后，表明已经准备就绪，可以在光标处输入代码。Shell 获取代码语句后会立即执行，并在屏幕上显示结果。

例如，在>>>后输入语句：

```
print('This is a command.')
```

则屏幕显示：

```
This is a command.
```

接着，计算两个变量相加的值，输入：

```
a=123
b=456
print (a+b)
```

屏幕立即显示计算结果：579。

上述过程如图 1-8 所示。

上面的例子表明，可以通过 Shell 在 IDLE 内部执行 Python 命令。此外，IDLE 还自带编辑器、解释器和调试器，其中，编辑器用来编辑 Python 程序(或者脚本)，解释器用来解释执行 Python 语句，调试器用来调试 Python 脚本。下面从 IDLE 的编辑器开始介绍。

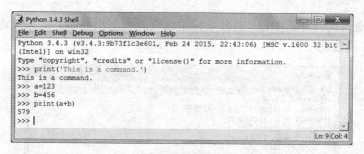

图 1-8　直接在 Python 集成编辑环境 IDLE 下输入命令

3. 利用 IDLE 创建 Python 程序

IDLE 为开发人员提供了很多有用的特性，如自动缩进、语法着色显示、代码自动完成及命令历史等，这些功能可以帮助开发人员高效地编写程序。下面通过一个示例程序对这些特性分别加以介绍，示例程序的源代码如下：

```python
#提示用户输入数据
integer1 = input('请输入第一个整数:')
integer1 = int(integer1)
integer2 = input('请输入第二个整数:')
integer2 = int(integer2)
if integer1>integer2:
    print ('%d > %d' %(integer1,integer2))
else:
    print ('%d <= %d' %(integer1,integer2))
```

下面演示如何利用 IDLE 编辑器来创建 Python 程序。

新建一个文件，首先选择 File 菜单中的 New File 命令，这样就可以在出现的窗口中输入源程序。

在输入源程序的过程中，可以体验到 IDLE 的几个非常方便的功能。

(1) 自动缩进功能。

事实上，很少有一种语言能像 Python 这样重视缩进，在其他语言(如 C)中，缩进对于代码的编写来说是"有了更好"，而不是"没有不行"，它充其量是个人书写代码的风格问题；但是到 Python 这里，则把缩进提升到了语法的高度。换言之，复合语句不是用大括号{}之类的符号表示，而是通过代码缩进来表示。这样做的好处就是减少了程序员的自由度，有利于统一风格，使人们在阅读代码时更加轻松。为此，IDLE 提供了自动缩进功能，它能将光标定位到下一行的指定位置。当输入与控制结构对应的关键字，如 if 等，或者输入诸如 def 等与函数定义对应的关键字时，按回车键后，IDLE 就会启动自动缩进功能。

如图 1-9 所示，当 if 语句连同其后的冒号输入完毕并按回车键后，IDLE 将自动进行缩进。一般情况下，IDLE 将代码缩进一级，即 4 个空格。如果想改变这个默认的缩进量，可以选择 Format 菜单中的 New indent width 命令进行修改。

(2) 语法着色显示。

所谓语法着色显示，就是使用不同的颜色来突出显示代码中的不同元素。默认情况下，关键字显示为橙色，内建函数显示为紫色，字符串显示为绿色，输出的所有结果均显示为蓝色。在输入代码时，IDLE 会自动应用这些颜色突出显示。如果想改变这些颜色，可以调整 IDLE 的首选项。

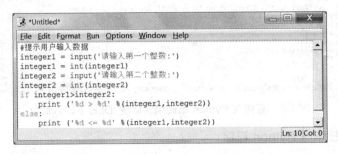

图 1-9　Python IDLE 的自动缩进功能

语法着色显示的好处在于，可以更容易地区分不同的语法元素，从而提高程序的可读性；与此同时，语法着色显示还降低了出错的可能性。譬如，如果输入的变量名显示为橙色，就说明该变量名与 Python 的关键字冲突，此时必须给变量重新命名。

(3) 代码自动完成。

代码自动完成是指当用户输入单词的前几个字母后按 Tab 键，IDLE 在当前光标处弹出 10 个选项，用户可以从中选择所需要的单词或单词组合(函数名、变量名等)，如果找不到，还可以用上、下箭头键进行查找。例如，输入 pr 后按 Tab 键，弹出 10 个提示选项，print 处于首位，按空格键即可输入它。

程序创建好后，选择 File 菜单中的 Save 命令保存该程序。若是新文件，则系统弹出 Save as 对话框，提示输入文件名和保存位置。保存之前，窗口标题栏的名称是*Untitled*；保存之后，指定的文件名会自动替代*Untitled*。如果文件改动后尚未存盘，则标题栏的文件名前后会出现星号，旨在提醒操作人员。

4．IDLE 常用的编辑功能

下面介绍编辑 Python 程序时常用的 IDLE 选项。按照不同的菜单分别列出，仅供初学者参考。

(1) 对于 Edit 菜单，除了上面介绍的几个外，常用的选项如下。

Undo：撤销上一次的修改。

Redo：重复上一次的修改。

Cut：将所选文本剪切至剪贴板。

Copy：将所选文本复制到剪贴板。

Paste：将剪贴板的文本粘贴到光标所在的位置。

Find：在窗口中查找单词或模式。

Find in files：在指定的文件中查找单词或模式。

Replace：替换单词或模式。

Go to line：将光标定位到指定行首部。

Expand word：代码自动完成。

(2) 对于 Format 菜单，常用的选项如下。

Indent region：使所选内容右移一级，即增加缩进量。

Dedent region：使所选内容左移一级，即减少缩进量。

Comment out region：将所选内容变成注释。

Uncomment region：去除所选内容每行前面的注释符。

New indent width：重新设定制表位缩进宽度，范围为 2～16。

Toggle tabs：打开或关闭制表位。

5．在 IDLE 中运行 Python 程序

欲使用 IDLE 执行程序，可选择 Run 菜单中的 Run Module 命令，该命令的功能是执行当前文件。对于前面的示例程序，执行情况如图 1-10 所示。

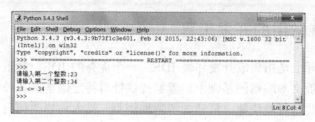

图 1-10　示例程序的运行结果

6．IDLE 调试器的使用

软件开发过程中出错是在所难免的，有语法方面的错误，也有逻辑方面的错误。对于语法错误，Python 解释器能轻而易举地检测出来，此时它会停止程序运行，并显示出错信息；而对于逻辑错误，解释器就鞭长莫及了，此时程序会一直往下执行，但得到的结果却是不正确的。有鉴于此，常常需要调试程序。

最简单的调试方法莫过于直接显示程序的中间数据。例如，可以在程序的某些关键位置插入 print 语句，用以显示某些中间变量的值，从而判断出错与否。但这个办法比较麻烦，因为开发人员必须在所有可疑的地方都插入 print 语句，待程序调试完后还必须删除这些语句。

Python 中自带了一个调试模块 pdb，专门用于调试程序，本书将在 7.3 节中详细介绍，本章仅介绍 IDLE 自身提供的调试功能。

IDLE 提供了一个调试器，为查找逻辑错误带来了诸多方便。利用调试器可以分析被调程序的数据，并监视程序的执行流程。调试器的功能很强，包括暂停程序执行、检查和修改变量、调用方法而不更改程序代码等。下面简要介绍 IDLE 调试器的使用方法。

在 Python Shell 窗口中，选择 Debug 菜单中的 Debugger 命令，便可启动 IDLE 的交互式调试器。此时，IDLE 将打开 Debug Control 窗口，并在 Python Shell 窗口中输出[DEBUG ON]，后跟提示符"＞＞＞"。这样就可以像平时那样使用 Python Shell 窗口了，所不同的是，现在输入的任何命令都必须是在调试器下允许使用的命令。还可以在 Debug Control 窗口中查看局部变量和全局变量等有关内容。要退出调试器，可以再次选择 Debug 菜单中的 Debugger 菜单项，这时 IDLE 会关闭 Debug Control 窗口，并在 Python Shell 窗口中输出[DEBUG OFF]。

7．IDLE 的命令历史功能

在 DOS/Unix 等以命令行方式操作的操作系统中，用户使用上、下箭头键可以方便地调出以前用过的各种命令,这一功能称为"命令历史"功能。命令历史可以记录会话期间在命令行中执行过的所有命令。在 IDLE 提示符下,按 Alt+P 组合键可以找回这些命令。每按一次,IDLE 就会从最近的命令开始检索命令历史,并按命令使用的顺序逐个显示。按 Alt+N 组合键,则可以反向遍历各个命令,即从最初的命令开始遍历。

8. IDLE 小结

IDLE 是 Python 安装包自带的一个集成开发环境,虽相对简单,但对 Python 的初学者非常适用。本小节通过示例程序详细介绍了 IDLE 在 Python 编程中的使用方法,希望读者能够熟练使用。另外,除非特殊说明,本书所用的集成开发环境均指 IDLE。

1.3.4 Python 常用的开发工具

开发工具,实际上是指集成开发环境 IDE。一个优秀的 IDE,最重要的要求就是在完成一般文本编辑的基础上,能够提供针对特定语言的各种快捷编辑功能,让程序员尽可能快捷、舒适、清晰地浏览、输入、修改代码。对于一个现代 IDE 来说,语法着色、错误提示、代码自动完成、代码折叠、代码块定位、重构,以及与调试器、版本控制系统(Version Control System,VCS)的集成等都是重要的功能。以插件、扩展系统为代表的可定制框架,已成为现代 IDE 的另一个流行趋势。

Python 常用的
开发工具

但 IDE 并非功能越多越好,因为更多的功能往往意味着更大的复杂度和更大的开销,不但会分散程序员的精力,而且还可能带来更多的错误。一般来讲,满足基本功能需要、符合自己使用习惯的 IDE,就是最好的 IDE。程序员的逻辑永远是:用最合适的工具做最合适的事情。

正因为如此,比起大而全的 IDE,以单纯的文本编辑器结合独立的调试器、交互式命令行等外部小工具,也是另一种开发方式。由于 Python 本身的简洁性,在书写小的代码片段以及通过示例代码学习时,这种方式尤其适合。

这里简单介绍 Python 程序员中最流行的几款 IDE。

(1) 内置 IDE。Python 的各个常见发行版均有内置的 IDE,虽然它们的功能一般不够强大、完整,但简便易得,对于初学者来说,它们也是上手的最好选择,可以让用户更专注于语言本身,而不会因 IDE 的繁复而分散精力。

(2) IDLE。IDLE 是 Python 的官方标准开发环境,简单而小巧,但具备 Python 应用开发的几乎所有功能,包括交互式命令行、编辑器、调试器等基本组件,足以满足大多数简单应用的要求。IDLE 是用纯 Python 基于 Tkinter 编写的,最初的作者正是 Python 之父 Guido van Rossum 本人。

(3) PythonWin。PythonWin 是 Python Win32 Extensions(半官方性质的 Python for Win32 增强包)的一部分,也包含在 ActivePython 的 Windows 发行版中,该版本只针对 Win32 平台。

总体来说,PythonWin 是一个增强版的 IDLE,其优势体现在易用性方面(如同 Windows 本身的风格)。除了易用性和稳定性外,(简单的)代码完成和更强的调试器功能相对于 IDLE 都明显具有优势。

(4) MacPython IDE。MacPythonIDE 是 Python 的 Mac OS 发行版内置的 IDE，可视为 PythonWin 的 Mac 对应版本，由 Guido 的兄长 Just van Rossum 编写。

(5) Emacs 和 Vim。Emacs 和 Vim 号称是全球最强大的两个文本编辑器，对于许多程序员来说，它们是万能 IDE 的最佳选择。比起同类的通用文本编辑器(如 UltraEdit)，Emacs 和 Vim 由于扩展功能十分强大，可以有针对性地搭建出更为完整、便利的 IDE。

虽然掌握两者之后可谓终身受益，但其学习曲线都比较陡峭。由于历史原因，它们的设计理念都是基于纯 ASCII 字符环境，GUI 相对来说不是支持的重点，只有大量使用快捷键才能带来最大的便利。对于初学者来说，Vim 更简洁些，但 Emacs 的 GUI 与一般编辑器的习惯更接近。

(6) Eclipse + PyDev。Eclipse 是新一代优秀的泛用型 IDE，虽然它是基于 Java 技术开发的，但出色的架构使其具有不逊于 Emacs 和 Vim 的可扩展性，目前已经成为许多程序员最爱的一把"瑞士军刀"。

PyDev 是 Eclipse 上的 Python 开发插件中最成熟、最完善的一个，而且还在持续的开发。除了 Eclipse 平台提供的基本功能外，PyDev 的自动代码完成、语法查错、调试器、重构等功能都做得相当出色，可以说是开源产品中最为强大的一个，许多贴心的小功能也很符合用户的编辑习惯，使用起来得心应手。

但有其利必有其弊，无论是 Eclipse 还是 PyDev，在速度和资源占用方面都是致命的，在低配置机器上运行起来比较吃力。

(7) UliPad。UliPad 是国内知名的 Pythoner，是由 PythonCN 社区核心成员 Limodou 开发的 IDE。因为 UliPad 是基于 WxPython 开发的，所以安装 UliPad 前需要先安装 WxPython。

(8) SPE(Stani's Python Editor)。SPE 是很有特色的一个轻量级的 Python IDE，功能全面而不失小巧轻便，特别适合书写小的脚本。即时生成代码的 UML 类图是其独树一帜的功能。此外，SPE 还特别注重与外部工具的集成。例如，集成了 WxGlade 作为所见即所得的 GUI 开发环境，集成了 Winpdb 作为调试器，甚至还能与 3D 建模工具 Blender 集成。

SPE 没有管理 Project 的概念，当开发多文件、多目录组成的项目时会感到不方便。此外，界面设计相对不够细致，也算有瑕疵。

(9) WingIDE。WingIDE 是 Wingware 公司开发的商业产品，总体来说是目前最强大、最专业的 Python IDE。其最大缺点和 PyDev 一样，资源占用多，导致速度特别慢。

(10) 其他 IDE。除了上述几款 IDE 外，还有很多常用的 IDE，此处不再一一列举，比较著名的有 Pycharm、Eric3、Komodo、Textmate、Scribes、Intype、PyScripter 等。

1.3.5　"Hello World！"——第一个 Python 程序

在 1.3.1 小节中介绍 Python 开发环境的搭建时，曾经演示了在 DOS 命令提示符窗口中直接输出字符串"Hello world!"的例子。尽管单一的语句能够在屏幕上输出所需的内容，但一般来讲，用户可能更需要编写 Python 程序来实现特定的业务逻辑，同时也方便代码的不断完善和重复利用，毕竟直接使用交互模式不是很方便。此时可以使用 1.3.3 小节中介绍的方法创建程序文件，输入程序并保存为文件(务必要保证扩展名为.py)后，执行 Run→Run Module 菜单命令运行，程序运行结果将直接显示在 IDLE 交互界面上。此外，也可以在资源管理器中双击扩展名为.py 的 Python 程序文件来运行；在某些情况下，还可能需要在 DOS 命令提示符环境下运行 Python 程序文件。选择"开始"→"附件"→"命令提示符"命令，然后执行 Python 程序。例如，假设运行程序 hw.py，其内容如下：

```python
def main():
    print('Hello World!')
main()
```

在 IDLE 环境中运行该程序后，结果如图 1-11 所示。在 DOS 命令提示符环境下运行该程序后，结果如图 1-12 所示。图中展示了运行 Python 程序的两种方法，虽然第二种方法看上去更加简单，但还是推荐使用第一种方法来运行 Python 程序。

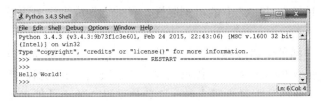

图 1-11　在 IDLE 中运行程序

图 1-12　在命令提示符下运行程序

1.4　本　章　小　结

Python 是一种代表简单主义思想的高级编程语言，但是它功能强大，应用广泛。在使用 Python 编程时，非常方便、快捷。本章对编程语言做了概述，对 Python 进行了简单介绍，了解什么是 Python，为什么要学习 Python；简单讲述了 Python 的发展历史和流行版本，详解了搭建 Python 环境的基本方法，重点介绍了 IDLE 开发工具的使用方法，以及用其学习 Python 的优势所在。除了 IDLE 外，本章还简单介绍了数种常用的 Python 开发工具，供读者自行选用。

小结与案例

习　　　题

一、填空题

1. Python 是一种＿＿＿＿＿语言，写好代码即可直接运行，省去了＿＿＿＿、＿＿＿＿等一系列麻烦，这对于需要多动手实践的初学者而言，减少了很多出错的机会。

2. Python 支持＿＿＿＿＿的操作方式，如果只是运行一段简单的小程序，连编辑器都可以省略，直接输入即可运行。

3. Python 是一种结构清晰的编程语言，使用＿＿＿＿＿的方式来表示程序的嵌套关系，将过去软性的编程风格升级为硬性的语法规定。

4. Python 3.x 将 print 视为一个＿＿＿＿＿而不是命令。

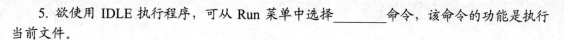

5. 欲使用 IDLE 执行程序，可从 Run 菜单中选择_____命令，该命令的功能是执行当前文件。

二、选择题

1. (　　)不是 Python 的特点。

    A. 简洁性　　　　　B. 可扩展性　　　　C. 解释性　　　　　D. 万能性

2. 第一个 Python 编译器是(　　)问世的。

    A. 1989 年　　　　　B. 1991 年　　　　　C. 1999 年　　　　D. 2001 年

3. (　　)不是 Python 语言的基本结构。

    A. 链表　　　　　　B. 元组　　　　　　C. 字典　　　　　　D. 集合

4. Python 从(　　)版本开始全面支持 Unicode。

    A. 1.0　　　　　　　B. 2.0　　　　　　　C. 2.7　　　　　　　D. 3.0

5. (　　)不是 Python 的与众不同特性。

    A. 易用性与高速度的完美结合　　　　B. 成熟的跨平台技术

    C. 具有丰富和强大的基本类库　　　　D. 简易的 CORBA 绑定

三、问答题

1. 请简单叙述什么是 Python。

2. 在输入源程序的过程中，IDLE 有哪几个很方便的功能？

3. Python 常用的开发工具有哪些？

第 2 章

Python 语言基础

本章要点

(1) Python 的语法和句法。

(2) Python 的数据类型。

(3) Python 的常量与变量。

(4) Python 的运算符与优先级。

(5) Python 的数值类型。

(6) Python 的字符串类型。

(7) Python 的高级数据类型(列表、元组、字典、集合)。

(8) 输出函数 print()。

(9) 输入函数 input()。

(10) 正则表达式。

学习目标

(1) 熟悉 Python 的语法和句法。

(2) 理解 Python 的数据类型。

(3) 掌握 Python 的常量与变量。

(4) 掌握 Python 的数值、字符串、列表、元组、字典、集合。

(5) 掌握输入、输出函数的使用方法。

(6) 了解正则表达式的概念及其应用。

本章将以较大的篇幅介绍 Python 语言最基础的内容,包括 Python 语法、基本数据类型、常量、变量、运算符与优先级、高级数据类型、输入输出函数,最后介绍正则表达式的概念及其应用。

2.1 基础 Python 语法

2.1.1 标识符

在编程语言中,标识符就是程序员自己规定的具有特定含义的词,如变量名、函数名、类名、属性名等。一般语言规定,标识符由字母或下划线开头,后面可以跟字母、数字、下划线。

基础 Python
语法

Python 标识符的命名规则如下:

(1) 标识符长度无限制;

(2) 标识符不能与关键字(见附录 A)同名;

(3) 字母大小写敏感;

(4) 在 2.x 版本的 Python 中,标识符的命名规则与一般语言的规定一样,但在 3.x 版本的 Python 中进行了扩展,标识符的引导字符可以是字母、下划线以及大多数非英文语言的字母,只要是 Unicode 编码的字母均可,后续字符可以是上述的任意字符,也可以是数字。

虽然 Python 对标识符命名的限制很少，但使用时仍需要注意以下约定。

(1)　不要使用 Python 预定义的某些标识符，因此要避免使用 NotImplemented 与 Eliiipsis 等名字，这些在未来有可能被 Python 的新版本使用。

(2)　不要使用 Python 内建函数名、内置数据类型或异常名作为标识符的名字。

(3)　不要在名字的开头和结尾都使用下划线，因为 Python 中大量采用这种名字定义各种特殊的方法和变量。

2.1.2　Python 的语法和句法

Python 语句中有一些基本规则和特殊字符，举例如下。

(1)　井号(#)表示其后的字符为 Python 语句的注释。

(2)　换行符(\n)是标准的行分隔符(通常一个语句占一行)。

(3)　反斜线(\)表示继续上一行。

(4)　分号(;)用于在一行上写多条语句。

(5)　冒号(:)将复合语句的头和体分开。

(6)　代码块(语句块)用缩进的方式体现。

(7)　用不同的缩进深度分隔不同的代码块。

(8)　Python 文件以模块的形式组织。

1. 注释(#)

尽管 Python 是可读性最好的语言之一，但这并不意味着代码中的注释可以不要。Python 的注释语句以“#”字符开始，注释可以在一行的任何地方开始，解释器会忽略该行“#”之后的所有内容。

2. 续行(\)

一般来讲，Python 的相邻语句使用换行(回车)分隔，即一行一条语句。如果一行语句过长，可以使用续行符(\)分解为多行。例如：

```
print ("This line is tooooooooooo \
long")
```

关于续行符有两种例外情况。

1)　一个语句不使用反斜线也可以跨行书写

在使用闭合操作符时，单一语句也可以跨多行。例如，在含有小括号、中括号、花括号时可以多行书写：

```
print("This is a multiline",
      "example")
```

但需注意，这时的缩进(即使是自动的缩进)将失去语法上的作用。

2)　三引号内包含的字符串也可以跨行书写

```
print('''hi there, this is a long message for you
that goes over multiple lines!''')
```

如果要在使用反斜线换行和使用括号元素换行之间作一个选择，推荐使用后者，因为这样可读性会更好。

3. 多个语句构成代码组(:)

缩进位置相同的一组语句形成一个语句块，也称代码块或代码组。像 if、for、while、def 和 class 之类的复合语句，首行均以关键字开始，并以冒号(:)结束，该行之后的一行或多行代码就构成了代码组，即语句块。

4. 代码组以不同的缩进分隔

Python 使用缩进来分隔代码组。代码的层次关系是通过相同深度的空格或制表符缩进来体现的，同一代码组内的代码行左边必须严格对齐。换言之，一个代码组内的各行代码，左边必须有数目相同的空格或数目相同的制表符，而且不能以一个制表符替代多个空格。如果不严格遵守这一规则，同一组的代码就可能被视为另一个组，轻则导致逻辑错误，重则导致语法错误。

注意：对初次使用空白字符作为代码块分界的人来说，首先遇到的问题是：缩进几个空格或制表符才算合适？理论上讲是没有限制的，但推荐使用 4 个空格。需要说明一点，不同的文本编辑器中制表符代表的空白宽度不一样，如果所写的代码要跨平台应用，或者将来要被不同的编辑器来读写，那么建议不要使用制表符。

随着缩进深度的增加，代码块的层次也在逐步加深，未缩进的代码块处于最高层次，称为脚本的"主"部分。

采用缩进对齐方式来组织代码，不但代码风格优雅，而且其可读性也大大增强。不仅如此，这种方法还有效地避免了"悬挂 else"(dangling-else)问题，同时也避免了未写大括号时的单一子句问题。试想，如果 C 语言的 if 语句后漏写大括号，而后面却跟着两个缩进的语句，结果会如何呢？毫无疑问，无论条件表达式是否成立，第二个语句总会被执行。这种问题很难被发现，不知困惑了多少程序员。

5. 同一行书写多个语句(;)

Python 允许将多个语句写在同一行上，语句之间用分号隔开，但这些语句不能在该行开始一个新的代码块。例如：

```
a=10; b=20; print(a+b)
```

必须指出，同一行上书写多个语句，会使代码的可读性大大降低。**Python** 虽然允许这么做，但并不提倡这么做。

6. 模块

每个 Python 脚本文件均可视为一个模块，它以磁盘文件的形式存在。如果一个模块规模过大，包含的功能太多，就应该考虑对该模块进行拆分，即拆出一些代码另外组建一个或多个模块。模块里的代码既可以是一段直接执行的脚本，也可以是一堆类似库函数的代码，从而可以被别的模块导入(import)后调用。模块可以包含直接运行的代码块、类定义、函数定义或它们的组合。

2.2　数　　值

2.2.1　数据类型

数据类型

与 C 等编译型语言不同，Python 中的变量无须声明。每个变量在使用前都必须赋值，变量赋值以后，该变量才会被创建。

在 Python 中，变量就是变量，它没有类型，我们所说的"类型"是变量所指的内存中对象的类型。

1. 赋值与变量的实现方式

绝大多数编程语言都使用"="给变量赋值(Pascal、Delphi 等使用"：＝")，Python 也不例外。"="称为赋值运算符。

赋值运算符左边必须是一个变量名，右边是"存储"在变量中的值。例如：

```
>>> counter = 100      # 整型变量
>>> miles = 1000.0     # 浮点型变量
>>> name = "python"    # 字符串
>>> print (counter); print (miles); print (name)
```

执行结果为：

```
100
1000.0
python
>>>
```

综观各类编程语言，变量的实现方式(变量在计算机内存中的表示)不外乎两种，即引用语义和值语义。

Python 语言中，变量的实现方式是引用语义，这意味着变量里面保存的是值(对象)的引用，即变量的值所在的内存地址，而不是这个变量的值本身。采用这种方式，所有变量所需的存储空间大小是一致的，因为其中只需要保存一个引用。Python 变量在内存中的存储与其地址的关系如图 2-1 所示。实际上，当编写赋值语句 a = 'abcd'时，Python 解释器做了以下两件事：

①　在内存中创建了一个字符串'abcd'；

②　在内存中创建了一个名为 a 的变量，并使它指向'abcd'。

有些语言(如 C 语言)，实现变量时采用的不是这种方式，它们把变量直接保存在其存储区里，这种方式就称为值语义。采用这种方式，不同类型的变量所需的存储空间大小是不一样的，如图 2-2 所示。例如，一个 long int 型变量需要 4 个字节的存储空间，一个 double 型变量需要 8 个字节的存储空间，而一个 char 型变量仅需 1 个字节的存储空间。

在 Python 中，变量与对象的引用关系类似于 C 语言的指针变量与指针指向值之间的关系。因此，从表面上看，Python 似乎不使用指针，但本质上处处都在使用指针，像赋值语句和第 4 章将要介绍的函数参数传递。

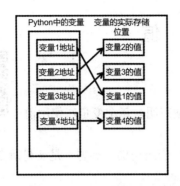

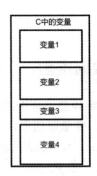

图 2-1　Python 变量在内存中的存储与地址关系　　　图 2-2　C 中变量及其在内存中的存储

变量通过赋值语句来指向对象，变量赋值的过程，实质上就是将变量与其所指对象关联起来的过程。当变量被重新赋值时，不是改变对象的值，而是创建一个新的对象，并将该变量与它关联起来。因此，Python 中的变量可以被反复赋值成不同的数据类型，这就是所谓的"动态数据类型"，现举例说明如下：

```
>>> a=10
>>> type(a)
<class 'int'>
>>> a="10"
>>> type(a)
<class 'str'>
>>> a=True
>>> type(a)
<class 'bool'>
```

id()函数是 Python 的内置函数，用来查看对象的身份，也就是内存地址。给变量 a 反复赋值后会发现，其所指向的内存地址是不一样的：

```
>>> a=10
>>> id(a)
8791387801552
>>> a="10"
>>> id(a)
41395696
>>> a=True
>>> id(a)
8791387522896
```

归根结底，变量是代表存储在计算机存储器中某个数值的名字。当一个变量表示存储器中的某个数值时，称这个变量引用(reference)了该数值。这里所说的数值，可能是单个的数值，也可能是复合结构，如字符串、列表、元组等。

在 Python 中，一切皆为对象。换言之，Python 中的所有内容都被抽象为"对象"，并且规定参数的传递都是对象的引用。因此，对象的赋值实际上是对象的引用。不过，为了方便叙述，在不引起误解的前提下，一般将赋值语句"a=1"描述为"将数值 1 赋给变量 a"，而不再累赘地描述为　"让 a 指向数值对象 1 所在的存储单元"。这种描述并不影响对赋值结果的理解：a 的值为 1。

2. 链式赋值

Python 允许同时为多个变量赋值(称之为链式赋值或多目标赋值)。例如：

```
a = b = c = 1
```

链式赋值的本质是，多个变量的指针指向同一个内存空间。上面的例子中，a、b、c 这 3 个变量共享内存中的同一对象。

注意:

(1) 以上的链式赋值语句创建了一个整型对象，值为 1，3 个变量指向相同的内存空间。以下的运行结果可以证实这一点:

```
>>> a=b=c=1
>>> print("a的地址:",id(a))
a的地址: 1693176272
>>> print("b的地址:",id(b))
b的地址: 1693176272
>>> print("c的地址:",id(c))
c的地址: 1693176272
>>>
```

(2) 内存空间分为堆和栈。变量放于栈中，变量引用的数字则放于堆中，如图 2-3 所示。

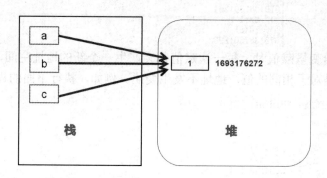

图 2-3　变量与其引用的数值之间的关系

3. 同步赋值

除了链式赋值外，Python 也可以为多个对象指定多个变量，称为同步赋值。例如:

```
a, b, c = 1, 2, "python"
```

在这种情况下，赋值符号左边变量的个数与右边表达式的个数要一致。同步赋值首先计算右边各个表达式的值，然后同时将表达式的值赋给左边的各个变量，但并非等同于简单地将多个单一赋值语句进行组合。

在上面的同步赋值语句中，两个整型对象 1 和 2 分别赋给变量 a 和 b，字符串对象"python"赋给变量 c。再看一个例子:

```
>>> x, x = 1, 2
>>> x
2
```

因为先执行 x=1，后执行 x=2，所以 x 的值是 2。

```
>>> x=3
>>> x, y = 5, x
>>> x, y
(5, 3)
```

先执行 x=5，后执行 y=x，但此时 x 的值不是 5，而是原始值 3。这说明同步赋值有先后顺序，但不是传统意义上的单一赋值语句的先后执行。

C 语言中，要交换 a、b 两个变量的值，一般需要用到一个中间变量，并执行 3 条语句才能完成，采用 Python 的同步赋值，仅用一条语句即可完成:

```
>>> x, y = y, x
>>> x, y
(3, 5)
```

4. 增强赋值

除了前文介绍的基本赋值运算符"="外，Python 也有类似于 C 语言的增强赋值运算符，如+=、-=、*=、/=、**=等，但由于变量的实现方式不同，Python 与 C 在处理方法上有着本质的区别。

例如，对于 C 语言，语句"a=a+1;"和"a+=1;"都使变量 a 所在的存储单元处的值增 1，而 Python 则不同，"a=a+1"和"a+=1"都将"生成"一个新的变量，即 a 所指向的地址会发生变化，并非简单地使所指向的值增 1：

```
>>> a=1
>>> id(a)
8791387801264
>>> a=a+1
>>> id(a)
8791387801296
```

```
>>> a=1
>>> id(a)
8791387801264
>>> a+=1
>>> id(a)
8791387801296
```

由此可见，给变量赋值时，每一次赋值都会产生一个新的地址空间，并将新内容的地址赋给变量，但是对于相同的值，地址不发生变化。例如，执行下面的程序：

```
a=100
print("a=100的地址: ",id(a))
a=200
b=300
c=300
print("a=200的地址: ",id(a))
print("b=300的地址: ",id(b))
print("c=300的地址: ",id(c))
```

输出结果为：

```
a=100的地址:    8791387804432
a=200的地址:    8791387807632
b=300的地址:    47554736
c=300的地址:    47554736
```

5. 数值类型

Python 3 中有 6 种标准的数据类型，它们是数值(Number)、字符串(String)、列表(List)、元组(Tuple)、字典(Dictionary)、集合(Sets)。本节介绍数值类型，后续各节分别介绍其余的各种类型。

Python 3 支持 4 种数值类型，即整型(int)、浮点型(float)、布尔型(bool)、复数型(complex)。

在 Python 3 里，只有一种整数类型 int，表示为长整型，而不像 Python 2 那样区分标准整型与长整型。

与大多数编程语言一样，数值类型的赋值和计算都是很直观的。内建的函数 type()可以用来查询变量所指的对象类型：

```
>>> a, b, c, d = 10, 3.5, True, 2+4j
>>> print(type(a), type(b), type(c), type(d))
<class 'int'> <class 'float'> <class 'bool'> <class 'complex'>
```

注意：在 Python 2 中没有布尔型，它像 C 语言那样，用数字 0 表示 False，用 1 表示 True。在 Python 3 中，把 True 和 False 定义成关键字了，但它们的值仍然是 1 和 0，它们可以和数字参与运算。

当给变量赋予一个数值时，就创建了一个数值对象：

```
var1 = 1
var2 = 2
```

这里的 var1 和 var2 是两个对象引用。使用 del 语句可以删除对象引用。del 语句的语法是：

```
del var1[,var2[,var3[....,varN]]]
```

例如：

```
del var
del var_a, var_b
```

6. 数值运算

和其他语言一样，Python 的数值运算包括加、减、乘、除四则运算以及取余、乘方运算等：

```
>>> 5 + 4          # 加法
9
>>> 4.3 - 2        # 减法
2.3
>>> 3 * 7          # 乘法
21
>>> 2 / 4          # 除法，得到一个浮点数
0.5
>>> 2 // 4         # 除法，得到一个整数
0
>>> 17 % 3         # 取余
2
>>> 2 ** 5         # 乘方
32
```

注意：

① 除法运算符 "/" 总是返回一个浮点数，要返回整数应使用 "//" 运算符；

② 在混合运算时，Python 把整型数转换成为浮点数；

③ 除上述运算外，Python 的整数还支持"位运算"。

7. 数值类型示例

Python 3 支持的数值类型示例如下。

int 型示例：10、100、–786、–0x260、0X40、0o70、0O177、0b1011、0B1111。其中，冠以 0x 或 0X 的是十六进制整数，冠以 0o 或 0O 的是八进制整数，冠以 0b 或 0B 的是二进制整数，它们通常是无符号数。不像其他语言，Python 3.x 对整数的长度没有限制，只要内存许可，整数可以扩展到任意长度。

float 型示例：1.、.5、0.0、15.20、–21.9、–90.、32e+10、–32.54e100、70.2E-12。需要注意的是，常规表示形式不能缺省小数点，指数表示形式不能缺省左边的十进制数(即使为 1 也不能省略)，且右边的指数部分必须为整数。对于浮点数，Python 3.x 默认提供 17 位有效数字的精度，相当于 C 语言中的双精度浮点数。此外，Python 3.x 还别出心裁地使用 float('inf') 和 float('-inf') 分别表示无穷大(∞)和负无穷大(-∞)。

bool 型示例：True、False。前文已提及，参与数值运算时，此两值分别表示 1 和 0。

Python 还支持复数。复数由实部和虚部构成，可以表示为 a + bj、a+bJ 或者 complex(a,b)，其中实部 a 和虚部 b 都是浮点型，从 c=a+bj 中提取实部和虚部，可用 c.real 和 c.imag 方法。

complex 型示例：1+3.14j、45.j、15+9.322e-36j、.876j、-.6545+0j、3e+26j、4.53e-7j、4+5J。

2.2.2 变量与常量

常量与变量

大部分编程语言都有变量和常量的概念，它们和数学上的概念很相似。

1. 变量

在 Python 中，一切皆为对象，变量也不例外。如前文所述，变量的存储采用了引用语义的方式，变量中存储的只是该变量的值所在的内存地址，而不是这个变量的值本身。Python 解释器会为每个变量分配大小一致的内存，用于保存变量引用对象的地址。

顾名思义，变量就是其值可以改变的量，只不过在程序中变量不仅可以引用数字，而且可以引用字符串，甚至可以引用列表、元组、字典、集合等更高层的数据结构。变量名的命名方式严格遵循 2.1 节提及的 Python 标识符命名规则，即由英文字母、Unicode 字符(含汉字)、数字、下划线组成，且不能以数字开头。Python 中还有一类特殊的变量，主要是指以下划线作为变量名前缀/后缀的变量。

```
>>> a=1
>>> a
1
>>>
```

上面的例子，通过赋值运算符把 1 赋值给 a，这个 a 就是创建的一个变量：

```
a=1
b=2
```

这里用一个字母来表示变量，通过赋值运算符来给变量赋值。

Python 是动态语言，所以不需要像 C 语言那样提前声明一个变量的数据类型。C 语言使用变量之前需要先声明。例如：

```
int a=1;
```

而 Python 直接使用 a=1 即可。这就是动态语言的好处：无须关心变量本身的数据类型，Python 有自己的判断机制。

注意：给变量赋值时，Python 只会记住最后一次所赋的值。例如：

```
>>> a=1
>>> a=2
>>> a
2
>>>
```

先给 a 赋值 1，再赋值 2，最后输出 a 时显示的是最后一次所赋的值 2。

2. 常量

常量与变量相对应，就是程序运行过程中其值不可改变的量。例如：

```
PI=3.1415926
```

这时就认定 PI 是个常量，也就是说，PI 始终代表 3.1415926。实际上，Python 中并没有严格意义的常量，因为 Python 中没有保证常量不会改变的机制。一般来讲，使用全部大写的字母来表示常量。尽管称 PI 为常量，但仍然可以给 PI 重新赋值。

换言之，Python 的世界里本来就没有常量，编程时主动不修改的变量也就伪装成了常量。用大写字母来"注明"常量，只有提醒的意义，其实这个值还是可以改变的。

在编程中，可能会用到常量的概念，所以这里还是要提一下。

2.2.3　运算符与优先级

1. Python 的运算符

运算符与优先级

Python 的运算符十分丰富，表 2-1 简要列示了 Python 的运算符及其用法。

表 2-1　Python 的运算符及其用法

运算符	名称	说　明	示　例
+	加/正号	算术加法，列表、元组、字符串合并与连接，正号	3 + 5 得到 8。 'a' + 'b' 得到 'ab'。[1,2]+[3,4]得到[1, 2, 3, 4]
-	减/负号	得到一个负数，或是一个数减去另一个数	-5.2 得到一个负数。50 - 24 得到 26
*	乘	算术乘法，序列重复	2*3 得到 6。'la'*3 得到 'lalala'。[1,2,3]*2 得到[1, 2, 3, 1, 2, 3]
**	乘方	乘幂运算，x**y 返回 x 的 y 次幂	3**4 得到 81，4**0.5 得到 2.0
/	除	x 除以 y	4/3 得到 1.3333333333333333
//	求整商	返回商的整数部分(向下取整)	9//2 得到 4，4// 3.0 得到 1.0，-9//2.0 得到-5.0，-9//-2.0 得到 4.0
%	求余数/字符串格式化	返回除法运算的余数；将字符串格式化	8%3 得到 2。-25.5%2.25 得到 1.5。"%c"%65 得到'A'
<<	左移	把一个数的各位向左移一定数目(每个数在内存中都表示为位或二进制数字，即 0 和 1 的组合)	2 << 1 得到 4。因为 2 用二进制表示为 10B，左移 1 位得到 100B，即十进制的 4
>>	右移	把一个数的各位向右移一定数目	11 >> 1 得到 5。因为 11 用二进制表示为 1011B，右移 1 位得到 101B，即十进制的 5
&	按位与	两个数变成二进制形式后按位相与	5 & 3 得到 1(101B &011B 得到 1B)
|	按位或	两个数变成二进制形式后按位相或	5|3 得到 7(101B|011B 得到 111B)
^	按位异或	两个数变成二进制形式后按位异或	5^3 得到 6(101B ^011B 得到 110B)
~	位翻转	一个数变成二进制形式后按位翻转	x 的位翻转是-(x+1)，~5(101B)得到-6(-110B)
<	小于	比较运算符，当 x<y 时返回 True；否则返回 False	5 < 3 返回 False，而 3 < 5 返回 True。也可以任意连接比较运算符，如 3 < 5 < 7 返回 True
>	大于	返回 x 是否大于 y	5 > 3 返回 True
<=	小于等于	返回 x 是否小于等于 y	x = 3; y = 6; x <= y 返回 True
>=	大于等于	返回 x 是否大于等于 y	x = 4; y = 3; x >= y 返回 True

续表

运算符	名称	说　明	示　例
==	等于	比较两个对象是否相等	x = 2; y = 2; x == y 返回 True。x= 'abc'; y = 'Abc'; x == y 返回 False
!=	不等于	比较两个对象是否不相等	x = 2; y = 3; x != y 返回 True
not	布尔非	如果 x 为 None (空)、0、False 或空字符串，则 not x 返回 True，否则 not x 返回 False	x = True; not x 返回 False。x = False; not x 返回 True
and	布尔与	如果 x 为 False，则 x and y 返回 False，否则返回 y 的计算值(不一定是 True 或 False)	x = False; y = True; x and y 的结果为 False。在这个例子里，Python 语言并不会计算 y 的值，因为 x 的值已经是 False，所以这个表达式的值是 False。这个现象称为短路计算
or	布尔或	如果 x 为 True，则 x or y 返回 True，否则返回 y 的计算值(不一定是 True 或 False)	x = True; y = False; x or y 的结果为 True。短路计算在这里也同样适用
in not in	成员测试	成员在指定序列中，则返回 True，否则返回 False	1 in [1,2,3]得到 True。'in' not in 'begin' 得到 False。3 in {1,2,3}得到 True
is is not	身份测试	判断两个标识符是否引用自同一个对象(内存地址是否相同)	a=[1,2];b=[1,2];print(a is b)得到 False
&,|,-,^	集合运算	集合交集、并集、差集、对称差集	a={1,2,3};b={2,3,4}，a&b 得到{2, 3}，a|b 得到{1, 2, 3, 4}，a-b 得到{1}，a^b 得到{1, 4}

2. Python 运算符的优先级

所谓优先级，就是当一个表达式中出现多个运算符时，先执行哪个、后执行哪个。

众所周知，数学上遵循"先乘除、后加减"的规则，所以，对于表达式 a + b * c 而言，Python 会先计算乘法，后计算加法，这说明*的优先级高于+。

Python 支持数十种运算符，它们被划分为近 20 个优先级。其中，有的运算符优先级相同，有的则不同，如表 2-2 所示。

表 2-2　Python 运算符的优先级

Python 运算符	功能说明	优先级	结合性	优先级顺序
()	小括号	19	无	高
x[i] 或 x[i1: i2 [:i3]]	索引/切片运算	18	左	↑
x.attribute	属性访问	17	左	
**	乘方	16	右	
~	按位取反	15	右	
+(正号)、-(负号)	符号运算符	14	右	
*、/、//、%	乘、除、求余数	13	左	
+、-	加、减	12	左	
<<、>>	移位	11	左	低

Python 运算符	功能说明	优先级	结合性	优先级顺序
&	按位与	10	左	高
^	按位异或	9	左	|
|	按位或	8	左	|
==、!=、>、>=、<、<=	比较	7	左	|
is、is not	身份测试	6	左	|
in、not in	成员测试	5	左	|
not	逻辑非	4	右	|
and	逻辑与	3	左	|
or	逻辑或	2	左	|
exp1, exp2	逗号运算符	1	左	低

结合表 2-2 中的运算符优先级,可以分析表达式 3+3<<2 的结果。

+的优先级是 12,<<的优先级是 11,显然,+的优先级高于<<,所以先执行 3+3,得到 6,再执行 6<<2,得到整个表达式的最终结果 24。

遇到这种不易确定优先级的表达式,可以给子表达式加上括号,也就是写成(3+3)<<2 的形式,这样看上去就不会引起困惑了。

当然,也可以使用括号改变表达式的计算顺序,比如 3+(3<<2),这时先执行 3<<2,得到 12,再执行 3+12,得到最终结果 15。

各种编程语言的运算符都有各自的优先级,但编程时没必要过度依赖优先级,这会导致程序的可读性降低。有鉴于此,这里给读者以下两点建议。

① 不要把表达式写得过于复杂。如果一个表达式过于复杂,可以尝试将其拆分来书写。

② 不要过多地依赖运算符的优先级来控制表达式的计算顺序,这样可读性太差,应尽量使用括号来控制表达式的计算顺序。

注意:合理使用括号可增强代码的可读性。在很多场合下使用括号都是一个好主意,而如果没使用括号,可能会使程序得到错误的结果,或使代码的可读性降低,引起阅读者的困惑。括号在 Python 语言中不是必须存在的,不过为了获得良好的可读性,使用括号总是值得的。

3. Python 运算符的结合性

所谓结合性,就是当多个优先级相同的运算符出现在同一个表达式中时,先执行哪个运算符。先执行左边的称为左结合性,先执行右边的称为右结合性。

以表达式 10/5*2 为例,/和*具有相同的优先级,应该先执行哪一个呢?这就无法由运算符的优先级来决定,必须参考运算符的结合性。/和*都具有左结合性,因此按从左到右的顺序计算,即先执行左边的除法,再执行右边的乘法,最终结果是 4.0。

表 2-2 中列出了所有 Python 运算符的结合性,从中不难发现一些规律:大多数双目(即双操作数)运算符都具有左结合性,也就是从左到右计算,只有乘方运算符**例外;而所有单目运算符(逻辑非 not、正号+、负号-、按位取反~)具有右结合性,也就是从右向左结合。

2.3 字　符　串

字符串

1. Python 字符串

字符串(string)是 Python 中最常用的数据类型之一，Python 使用引号(单引号'或双引号")作为字符串的定界符(一般为单行字符串，多行字符串使用三引号，稍后介绍)。

要创建一个字符串，只要用成对的引号把若干个字符括起来即可。例如：

```
var1 = 'Hello World!'
var2 = "Python Runoob"
var3= '''习近平新时代中国特色社会主义思想'''
```

Python 规定，单引号内可以使用双引号，这时双引号被视为一个普通字符，不再作为定界符，反之亦然。例如：

```
str1='I want a book,\n and you want a book,too.'      #单引号
str2='"I want a book,\n and you want a book,too."'    #单引号中使用双引号
str3="I want a book,\n and you want a book,too."      #双引号
str4="'I want a book,\n and you want a book,too.'"    #双引号中使用单引号
print(str1); print(str2); print(str3); print(str4)
```

示例执行结果为：

```
I want a book,
 and you want a book,too.
"I want a book,
 and you want a book,too."
I want a book,
 and you want a book,too.
'I want a book,
 and you want a book,too.'
>>> |
```

一个字符串用什么引号开头，就必须用什么引号结尾，首尾定界符不匹配时将出错。例如：

```
>>> str="Wrong string'
SyntaxError: EOL while scanning string literal
>>> |
```

2. 字符串中值的访问(索引与切片)

与 C 语言不同，Python 不支持字符类型，即使是单个字符，Python 也将其视为一个字符串。字符串中的每个字符都有自己特定的序号，以便对其进行访问。通常，在 Python 中有两种序号命名方法，分别是正向递增序号法和反向递减序号法，如图 2-4 所示。

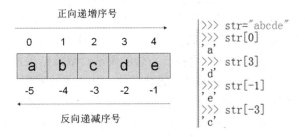

图 2-4　字符串的两种序号体系

当需要访问字符串中的某个字符或者一个子串时，可以使用 Python 字符串的索引操作和切片操作，其操作符是"[ ]""[:]"或"[::]"。

使用"<字符串>[i]"的形式可以获取字符串中一个字符；使用"<字符串>[i:j]"的形式可以获取字符串中的一个连续子串；使用"<字符串>[i:j:k]"的形式可以间隔获取字符串中的若干字符，形成新的字符串。看下面的示例：

```
str="0123456789"
print ("str[0:3]:",str[0:3])        #截取第一位到第三位的字符
print ("str[:]:",str[:])            #截取字符串的全部字符
print ("str[6:]:",str[6:])          #截取第七个字符到结尾
print ("str[:-3]:",str[:-3])        #截取从头开始到倒数第三个字符之前
print ("str[2]:",str[2])            #截取第三个字符
print ("str[-1]:",str[-1])          #截取倒数第一个字符
print ("str[::-1]:",str[::-1])      #创建一个与原字符串顺序相反的字符串
print ("str[-3:-1]:",str[-3:-1])    #截取倒数第三位与倒数第一位之间的字符
print ("str[-3:]: ",str[-3:])       #截取倒数第三位字符到结尾
print ("str[-5:-3]:",str[-5:-3])    #逆序截取字符，每隔两个取一个
```

上述程序段的运行结果为：

```
str[0:3]: 012
str[:]: 0123456789
str[6:]: 6789
str[:-3]: 0123456
str[2]: 2
str[-1]: 9
str[::-1]: 9876543210
str[-3:-1]: 78
str[-3:]: 789
str[-5:-3]: 96
>>>
```

从上面的例子可以看出：①要获得单个字符，应使用切片运算符 s[i]，但 i 不能省略；②要获得一个连续的子串，应使用切片运算符 s[i:j]，它返回字符串 s 中从索引 i(包括 i)到 j(不包括 j)之间的子串，若 i 被省略，Python 就认为 i=0，若 j 被省略，Python 就认为 j=len(s)，其中 len(s)表示字符串的长度(稍后介绍)；③要每间隔若干字符返回一个字符，应使用切片运算符 s[i:j:k]，k 为间隔字符的个数，k 为正数表示从左向右截取，k 为负数表示从右向左截取，k 不能为 0。不难想象，s[::-1]获得的将是逆序的整个字符串。

3．Python 字符串的更新

字符串是不可变的，因此，不能企图通过切片运算去更新已存在的字符串。例如：

```
>>> str='0123456789'
>>> str[0]='a'
Traceback (most recent call last):
  File "<pyshell#3>", line 1, in <module>
    str[0]='a'
TypeError: 'str' object does not support item assignment
>>>
```

必须使用 Python 的内建函数 replace()实现字符串的更新(稍后介绍)。例如：

```
>>> str.replace('0','a')
'a123456789'
>>>
```

此时，将生成一个新的字符串，可以直接输出，也可以赋给一个变量。

4．Python 字符串中的转义字符

当字符串中需要使用特殊字符时，可以像 C 语言那样，在特殊字符前冠以反斜杠(\)，形成转义字符。Python 的转义字符如表 2-3 所示。

表 2-3　Python 的转义字符

转义字符	描　述
\(在行尾时)	续行符
\\	反斜杠字符 "\"
\'	单引号
\"	双引号
\a	响铃(Alarm)
\b	退格(Backspace)
\0	空字符(NUL)
\n	换行(New line)
\v	垂直制表(VT)
\t	水平制表(HT)
\r	回车(CR)
\f	换页(FF)
\ddd	1~3 位八进制数对应的字符
\xhh	2 位十六进制数对应的字符
\uhhhh	4 位十六进制数表示的 Unicode 16 字符
\Uhhhhhhhh	8 位十六进制数表示的 Unicode 32 字符

注意:

① 转义字符多在 print()函数中使用。

② 转义字符常量'\t'、'\101'、'\x41'等只表示单个字符。

③ 反斜杠后的八进制数无须冠以 0o。

④ 反斜杠后的十六进制数只能用小写字母 x 开头,不能用大写字母 X。

下面举几个例子。

```
print("a\vb")       #a 与 b 之间有个"软回车"(复制到 Word 中可看出)
print("a\nb")       #a 与 b 之间有个"硬回车"(复制到 Word 中可看出)
print("\u041b")     #值为 4 位十六进制数表示的 Unicode 16 字符"Л"
print("\U000001a9") #值为 8 位十六进制数表示的 Unicode 32 字符"□"
print("\041")       #八进制数 41 所代表的字符"!"
print("\x41")       #十六进制数 41 所代表的字符"A"
print("\X41")       #非十六进制数标志,按普通字符串处理
```

以上程序的输出结果为:

```
a♂b
a
b
Л
Σ
!
A
\X41
```

5. Python 的字符串运算符

设变量 a 的值为字符串"Hello",变量 b 的值为字符串"Python",则各种运算结果如

表 2-4 所示。

表 2-4　Python 的字符串运算符

运算符	描　　述	实　　例
+	字符串连接	a ＋ b 输出结果：HelloPython
*	重复输出字符串	a*2 输出结果：HelloHello
[]	通过索引获取字符串中的字符	a[1] 输出结果：e
[:]	截取字符串中的一部分(切片)	a[1:4] 输出结果：ell
in	成员运算符——如果字符串中包含给定的子串，则返回 True	'H' in a 输出结果：True
not in	成员运算符——如果字符串中不包含给定的子串，则返回 True	'M' not in a 输出结果：True
r/R	原始字符串——所有的字符串都是直接按照字面的意思来使用，没有转义为特殊的或不能打印的字符。原始字符串除在字符串的第一个引号前加上字母 r(或 R)以外，与普通字符串有着几乎完全相同的语法	print (r'\n') 输出结果：\n print (R'\n')输出结果：\n
%	格式化字符串	见表 2-5

下面将上述字符串运算放入一个程序中：

```python
#!/usr/bin/python3
a = "Hello"
b = "Python"
print("a + b 输出结果：", a + b)
print("a * 2 输出结果：", a * 2)
print("a[1] 输出结果：", a[1])
print("a[1:4] 输出结果：", a[1:4])
if( "H" in a) :
    print("H 在变量 a 中")
else :
    print("H 不在变量 a 中")
if( "M" not in a) :
    print("M 不在变量 a 中")
else :
    print("M 在变量 a 中")
print (r'\n')
print (R'\n')
```

以上程序的输出结果为：

```
>>>
a + b 输出结果： HelloPython
a * 2 输出结果： HelloHello
a[1] 输出结果： e
a[1:4] 输出结果： ell
H 在变量 a 中
M 不在变量 a 中
\n
\n
>>>
```

6. Python 字符串的格式化

Python 支持字符串的格式化输出。尽管这样做可能会使表达式非常复杂，但最基本的用法是将一个值插入一个有字符串格式符(%s、%c、%d 等) 的字符串中。

在 Python 中，字符串格式化的语法与 C 中 printf 函数相似。看下面的例子：

```
>>> print ("我叫 %s,今年 %d 岁!" % ('张三', 20))
我叫 张三,今年 20 岁!
>>> |
```

Python 字符串格式化用到的符号如表 2-5 所示。

表 2-5 Python 格式化字符串

符　号	描　述
%s	字符串
%c	单个字符
%d、%i	十进制整数(正数省略符号)
%o	八进制整数(不输出前导 0)
%x	十六进制整数(以小写形式输出 a~f, 不输出前导 0x)
%X	十六进制整数(以大写形式输出 A~F, 不输出前导 0X)
%f、%F	浮点数(以小数形式输出, 可指定小数点后的位数)
%e	浮点数(以科学记数法形式输出, 基底写为 e)
%E	浮点数(同%e, 用 E 代替 e)
%g	浮点数, 按%f 和%e 的较短者输出
%G	浮点数(类似于%g)
%%	格式化为一个%

格式化操作符前面可以加入辅助操作符，这一点也与 C 语言极为相似。Python 的格式化辅助操作符如表 2-6 所示。

表 2-6 Python 格式化辅助操作符

符　号	功　能
-	输出靠左对齐，默认为右对齐
+	在正数前面显示+
<sp>	在正数前面显示空格
#	作为 o、x(X)的前缀, 输出结果前面加上前导 0、0x(0X)
m.n	m 和 n 均为整数。m 为域宽, 表示输出数据所占的最小总宽度, 其中小数点占一位。若实际宽度超出指定域宽, 则照原样输出。输出浮点数时, n 表示精度, 即小数点后保留的位数; 输出字符串时, n 表示仅输出字符串前面的 n 个字符

尽管使用格式化操作符输出字符串很方便，而且与 C 语言兼容，但 Python 并不推荐使用这种方法，具体原因可参见本书 4.1.2 小节。

7. Python 的三引号

Python 的三引号(3 个单引号或 3 个双引号均可)用于字符串跨多行，字符串中可以包含换行符、制表符以及其他特殊字符。举例如下：

```
>>> para_str = """这是Python多行字符串的实例
多行字符串可以使用制表符
TAB ( \t )。
也可以使用换行符 [ \n ]。
"""

>>> print (para_str)
这是Python多行字符串的实例
多行字符串可以使用制表符
TAB (    )。
也可以使用换行符 [
 ]。

>>> |
```

三引号把程序员从引号和特殊字符串的泥潭里解脱出来，自始至终保持一小块字符串的格式，符合 WYSIWYG(What You See Is What You Get，所见即所得)。

一个典型的应用是，当需要一块 HTML 或者 SQL 时，如果用字符串组合转义字符，将会非常烦琐，而使用三引号则是一个正确的选择。例如：

```
errHTML = '''
<HTML><HEAD><TITLE>
Friends CGI Demo</TITLE></HEAD>
<BODY><H3>ERROR</H3>
<B>%s</B><P>
<FORM><INPUT TYPE=button VALUE=Back
ONCLICK="window.history.back()"></FORM>
</BODY></HTML>
'''
cursor.execute('''
CREATE TABLE users (
login VARCHAR(8),
uid INTEGER,
prid INTEGER)
''')
```

三引号中可以使用成对出现的字符串定界符。例如

```
str5='''I want a book,and you want a book,\n too.'''  #三单引号
str6='''"I want a book,and you want a book,\n too."'''#三单引号中间使用双引号
str7='''I want a book,
and you want a book,\n too.'''   #三单引号中有换行符
str8="""I want a book,
and you want a book,\n too."""   #三双引号中有换行符
print(str5); print(str6); print(str7); print(str8)
```

上面程序段的运行结果为：

```
I want a book,and you want a book,
 too.
"I want a book,and you want a book,
 too."
I want a book,
and you want a book,
 too.
I want a book,
and you want a book,
 too.
```

注意：Python 字符串的几种定界符均已介绍完毕，现对其归纳如下。

(1) 单引号中可以使用双引号，中间的会当作字符串输出。

(2) 双引号中可以使用单引号，中间的会当作字符串输出。

(3) 三单引号和三双引号中间的字符串在输出时保持原来的格式。

(4) 单引号和双引号不能搭配使用，必须成对使用。

8. 字符串编码格式

最早的字符串编码是 ANSI 提出的美国信息交换标准代码 ASCII，仅对数字、大小写英文字母和其他一些符号进行了编码。ASCII 码用 1 个字节来对字符进行编码，因此，最多只能表示 256 个符号。

GB2312 是我国制定的中文编码，使用 1 个字节表示英文字母，使用 2 个字节表示中文；GBK 是 GB2312 的扩充版；而 CP936 是微软在 GBK 的基础上开发的编码方式。GB2312、GBK 和 CP936 都使用 2 个字节表示中文。

UTF-8 对全世界所有国家用到的字符都进行了编码，以 1 个字节表示英文字符(兼容 ASCII)，以 3 个字节表示中文。

不同的编码格式之间差异很大。采用不同的编码格式，意味着使用不同的表示方式和不同的存储形式，把同一个字符存入文件时，写入的内容可能会不同，在理解其内容时必须要了解编码规则，并进行正确的解码，如果解码方法不正确，就无法正确还原信息。

Python 3 默认使用 UTF-8 编码格式，完全支持中文。在计算字符串的长度时，无论是单个的数字、字母还是汉字，都将其视为一个字符。请看下面的例子：

```
>>> str="2020年4月18日,汉语被联合国列为世界通用语言"
>>> len(str)
25
>>> str="UTF-8的特点是对不同范围的字符使用不同长度的编码"
>>> len(str)
26
>>>
```

9. 原始字符串

前面讲解字符串运算符时已提及原始字符串并举例(见表 2-4)，此处再强调一下。在字符串前面加字母 r 或 R，就是告诉 Python 解释器，其后的字符串是原始字符串(raw string)。原始字符串指的是，字符串内的所有字符均保持其原有的含义，不做转义处理。换言之，"\n"在原始串中是两个字符，即"\"和"n"，而不会被转义为换行符。由于正则表达式(本章最后介绍)经常与"\"冲突，所以，当一个字符串中使用了正则表达式后，往往在前面加字母 r，具体例子可参见 2.9.2 小节。此外，在描述文件路径时往往使用"\"，通常在其前冠以字母 r，具体例子参见 5.1 节。

10. Python 的字符串内建函数

Python 有很多与字符串相关的内建函数，常用的如表 2-7 所示(设字符串为 string)。

表 2-7 常用的 Python 字符串内建函数

函　数	描　述
capitalize()	将字符串的第一个字符转换为大写
center(width, fillchar)	返回一个原字符串居中，并使用空格填充至长度 width 的新字符串。fillchar 为填充的字符，默认为空格
count(str, beg= 0,end=len (string))	返回 str 在 string 里面出现的次数，如果指定 beg 或者 end，则返回指定范围内 str 出现的次数

函　　数	描　　述
bytes.decode(encoding= "utf-8", errors="strict")	Python 3 中没有 decode 方法，但可以使用 bytes 对象的 decode()方法来解码给定的 bytes 对象，这个 bytes 对象可以由 str.encode()来编码返回
encode(encoding='utf-8', errors='strict')	以 encoding 指定的编码格式编码字符串，如果出错，则默认报告一个 ValueError 的异常，除非 errors 指定的是'ignore'或者'replace'
endswith(suffix, beg=0, end= len(string))	检查字符串是否以 suffix 结束，如果指定 beg 或者 end，则检查指定的范围内是否以 suffix 结束，如果是，则返回 True，否则返回 False
expandtabs(tabsize=8)	将字符串中的 tab 符号转换为空格，tab 符号默认的空格数为 8
find(str, beg=0 end=len (string))	检测 str 是否包含在字符串中，如果用 beg 和 end 指定范围，则检查是否包含在指定的范围内，如果是，则返回开始的索引值；否则返回-1
index(str, beg=0, end=len (string))	与 find()方法一样，只不过如果 str 不在字符串中，则会报告一个异常
isalnum()	如果字符串至少有一个字符，并且所有字符都是字母或数字，则返回 True；否则返回 False
isalpha()	如果字符串至少有一个字符，并且所有字符都是字母，则返回 True；否则返回 False
isdecimal()	检查字符串是否只包含十进制字符，如果是则返回 True；否则返回 False
isdigit()	如果字符串只包含数字，则返回 True；否则返回 False
islower()	如果字符串中包含至少一个区分大小写的字符，并且所有这些(区分大小写)字符都是小写，则返回 True；否则返回 False
isnumeric()	如果字符串中只包含数字字符，则返回 True；否则返回 False
isspace()	如果字符串中只包含空格，则返回 True；否则返回 False
istitle()	如果字符串是标题化的(见 title())，则返回 True；否则返回 False
isupper()	如果字符串中包含至少一个区分大小写的字符，并且所有这些(区分大小写的)字符都是大写，则返回 True；否则返回 False
join(seq)	以指定字符串作为分隔符，将 seq 中所有的元素(字符串表示)合并为一个新的字符串
len(string)	返回字符串长度，即字符串中字符的个数
ljust(width[, fillchar])	返回一个原字符串左对齐，并使用 fillchar 填充至长度 width 的新字符串，fillchar 默认为空格
lower()	将字符串中所有大写字母转换为小写字母
lstrip()	删除字符串左边指定的字符或字符序列，默认为空白字符(包括空格、\n、\r、\t)
maketrans(intab,outtab)	创建字符映射的转换表，对于接受两个参数的最简单调用方式，第一个参数是字符串，表示需要转换的字符，第二个参数也是字符串，表示转换的目标
max(str)	返回字符串 str 中最大的字母
min(str)	返回字符串 str 中最小的字母

函　　数	描　　述
replace(old, new [, max])	将字符串中的 old 替换成 new。如果 max 指定，则替换不超过 max 次
rfind(str, beg=0,end=len(string))	类似于 find()函数，不过是从右边开始查找
rindex(str, beg=0, end=len (string))	类似于 index()函数，不过是从右边开始索引
rjust(width,[, fillchar])	返回一个原字符串右对齐，并使用 fillchar(默认空格)填充至长度 width 的新字符串
rstrip()	删除字符串尾部指定的字符或字符序列，默认为空白字符(包括空格、\n、\r、\t)
split(str="", num=string.count(str))	num=string.count(str)以 str 为分隔符截取字符串，如果 num 有指定值，则仅截取 num 个子字符串
splitlines([keepends])	按照行('\r', '\r\n', \n')分隔字符串，返回一个以各行作为元素的列表。即按行分割字符串，返回值也是个列表。如果参数 keepends 为 False，则不包含换行符，如果为 True，则保留换行符
startswith(str, beg=0,end=len(string))	检查字符串是否是以 str 开头，是则返回 True，否则返回 False。如果 beg 和 end 指定值，则在指定范围内检查
strip([chars])	删除字符串头、尾指定的字符或字符序列，默认为空白字符(包括空格、\n、\r、\t)。相当于在字符串上执行 lstrip()和 rstrip()
swapcase()	将字符串中的大写字母转换为小写字母，小写字母转换为大写字母
title()	返回"标题化"的字符串，即所有单词都是以大写开始，其余字母均为小写(见 istitle())
translate(table, deletechars="")	根据 table 给出的表(包含 256 个字符)转换 string 中的字符，要过滤掉的字符放到 deletechars 参数中。该函数接收一个映射表(字典 table)，然后把 string 中含有的映射表中的键全部转换为对应的值
upper()	将字符串中的小写字母转换为大写字母
zfill(width)	返回长度为 width 的字符串，原字符串右对齐，前面填充为 0

　　这些内建函数为处理字符串带来了极大的方便。读者学习 Python 语言时，不要试图自己编写程序处理字符串，应当充分利用这些内建函数完成相应的功能。

　　细心的读者可能已经注意到，表 2-7 的标题上写的是"函数"，而表格栏目中谓之"方法"。其实，函数与方法并无严格的区别。在面向过程的语言中，一个模块主要强调的是数据处理，就像数学上的函数一样，故称之为函数；在面向对象的语言中，一般把类中定义的函数称为方法、服务或操作，因为它主要强调这个类的对象封装了一些属性和方法(变量和函数)并向外提供服务。表 2-7 所列函数均是定义在某个类里面的，故称之为方法。说到底，方法就是类中的函数。

　　有鉴于此，在不产生混淆的前提下，本书的后续章节拟不严格区分函数与方法。

　　有关类与面向对象的概念，请读者参阅第 6 章中的相关内容。

　　下面看几个关于字符串操作的例子(其中使用了 2.4 节将要介绍的列表)：

```
>>> myString = "+"
>>> seq = ['1', '2','3']
>>> myString.join(seq)
'1+2+3'
>>> myString = "This is an apple and that is an apple too."
>>> myString.replace('apple', 'orange', myString.count('apple'))
'This is an orange and that is an orange too.'
>>> myString.replace('apple', 'orange', 1)
'This is an orange and that is an apple too.'
>>> myString.split(' ', 3)
['This', 'is', 'an', 'apple and that is an apple too.']
>>> |
```

2.4　列表与序列

列表与序列

在介绍列表之前，首先了解一下 Python 中"序列"的概念。在 Python 中，序列是最基本的数据结构。序列中的每个元素都被分配一个数字，以表明它的位置，并称之为索引。其中，从左端开始，第一个索引值为 0，第二个索引值为 1，依此类推。索引值也可以是负数，从右端开始，第一个索引值为-1，第二个索引值为-2，以此类推。

Python 中的序列都可以进行索引、切片、加、乘、检查成员等操作。为了使用方便，Python 还内建了确定序列长度以及确定最大和最小元素的函数。

Python 中的序列包括字符串、列表和元组。2.3 节介绍了字符串，本节将介绍列表，元组放在 2.5 节介绍。

1．列表的概念

列表(list)是 Python 中使用最频繁的数据类型，它是放在方括号([])内、用逗号分隔的一系列元素。

列表中元素的类型可以不同，它支持数字、字符串甚至可以包含列表。换言之，列表允许嵌套。

2．列表的创建

创建一个列表，只要把逗号分隔的不同数据项用方括号括起来即可。例如：

```
list1 = ['Google', 'Runoob', 1997, 2017]
list2 = [1, 2, 3, 4, 5 ]
list3 = ["a", "b", "c", "d"]
list4 = ["中国先进生产力的发展要求","中国先进文化的前进方向","中国最广大人民的根本利益"]
```

也可以创建空列表：

```
list0 = []
```

与字符串一样，列表同样可以被索引、切片和组合。列表切片后返回一个包含所需元素的新列表。

3．列表的访问

可以使用下标索引来访问列表中的元素，同样也可以使用类似于字符串切片运算的形式截取列表中的元素。例如：

```
>>> list1 = ['Google', 'Runoob', 1997, 2017]
>>> list2 = [1, 2, 3, 4, 5, 6, 7 ]
>>> print ("list1[0]: ", list1[0])
list1[0]:  Google
>>> print ("list2[1:5]: ", list2[1:5])
list2[1:5]:  [2, 3, 4, 5]
>>> |
```

令：

```
L=['Google', 'Runoob', 'Taobao']
```

则列表的索引与切片操作如表 2-8 所示。

表 2-8　Python 列表的索引与切片操作

表 达 式	结　　果	描　　述
L[2]	'Taobao'	读取左起第三个元素
L[-2]	'Runoob'	从右侧开始读取倒数第二个元素
L[1:]	['Runoob', 'Taobao']	输出从第二个元素开始的所有元素

下面将上述列表操作放入一个程序中：

```
#!/usr/bin/python3
L=['Google', 'Runoob', 'Taobao']
print(L[2])
print(L[-2])
print(L[1:])
```

以上程序的输出结果为：

```
Taobao
Runoob
['Runoob', 'Taobao']
>>>
```

注意：字符串、列表和元组三者都是序列，都支持切片运算，操作方法也极为相似，只是操作结果的类型有所不同。此外，不能通过切片运算对字符串和元组进行更新，列表则可以。

4．列表的更新

可以对列表的数据项进行修改或更新，也可以使用 append()方法(稍后介绍)添加一些列表项。例如：

```
>>> list = ['Google', 'Runoob', 1997, 2017]
>>> print ("第三个元素为 : ", list[2])
第三个元素为 :  1997
>>> list[2] = 2001
>>> print ("更新后的第三个元素为 : ", list[2])
更新后的第三个元素为 :  2001
>>> |
```

也可以采取切片的方式进行更新：

```
>>> list=['Google','Runoob',1997,2017]
>>> list[2:]=[2001,2021]
>>> list
['Google', 'Runoob', 2001, 2021]
>>>
```

5．列表元素的删除

可以使用 del 语句来删除列表中的元素。例如：

```
>>> list = ['Google', 'Runoob', 1997, 2017]
>>> print (list)
['Google', 'Runoob', 1997, 2017]
>>> del list[2]
>>> print ("删除第三个元素后 : ", list)
删除第三个元素后 : ['Google', 'Runoob', 2017]
>>> |
```

使用 remove()方法也可以删除列表的元素，稍后再讨论。

6．列表操作符

列表对+和*的操作与字符串相似。+号用于组合列表，*号用于重复列表。+和* 的用法如表 2-9 所示。

表 2-9　列表中+和*的用法

表　达　式	结　果	描　述
len([1, 2, 3])	3	求长度(即列表中元素的个数)
[1, 2, 3] + [4, 5, 6]	[1, 2, 3, 4, 5, 6]	组合(即拼接)
['Hi!'] * 4	['Hi!', 'Hi!', 'Hi!', 'Hi!']	重复
3 in [1, 2, 3]	True	元素是否存在于列表中
for x in [1, 2, 3]: print (x,end=' ')	1 2 3	遍历并输出列表的各个元素

注意：为了让列表的各个元素打印在一行上，而且相邻两个元素之间隔一个空格，表 2-9 的最后一行使用了 "print (x,end=' ')" 这种打印格式，后面遍历元组和集合时采用了同样的方法，本章 2.8.1 小节对此将作详解。

7．列表嵌套

列表嵌套是指在列表里创建其他列表，即列表的某些元素也是列表。例如：

```
>>> a = ['a', 'b', 'c']
>>> n = [1, 2, 3]
>>> x = [a, n]
>>> x
[['a', 'b', 'c'], [1, 2, 3]]
>>> x[0]
['a', 'b', 'c']
>>> x[0][1]
'b'
>>> |
```

8．Python 列表中的内建函数与方法

Python 列表中的内建函数如表 2-10 所示。

表 2-10　Python 列表中的内建函数

函　数	描　述
len(list)	返回列表元素的个数
max(list)	返回列表元素的最大值(仅限类型相同的元素组成的列表)

续表

函　数	描　述
min(list)	返回列表元素的最小值(同上)
list(seq)	将元组、字典、集合、字符串等转换为列表

Python 列表中的方法如表 2-11 所示。

表 2-11　Python 列表中的方法

函　数	方　法
list.append(obj)	在列表末尾添加新的对象
list.count(obj)	统计某个元素在列表中出现的次数
list.extend(seq)	在列表末尾一次性追加另一个序列中的多个值(用另一个序列扩展原来的列表)
list.index(obj)	从列表中找出某个值第一个匹配项的索引位置
list.insert(index, obj)	将对象插入列表
list.pop(obj=list[-1])	移除列表中的一个元素(默认为最后一个元素)，并且返回该元素的值
list.remove(obj)	移除列表中某个值的第一个匹配项
list.reverse()	将列表中的元素反向
list.sort([func])	对原列表进行排序
list.clear()	清空列表
list.copy()	复制列表

列表操作的例子如下：

```
>>> #向列表尾部添加元素
>>> a=[1,2,3,4]
>>> a.append(5)
>>> print(a)
[1, 2, 3, 4, 5]
>>>
>>> #插入一个元素
>>> a=[1,2,4]
>>> a.insert(2,3)
>>> print(a)
[1, 2, 3, 4]
>>>
>>> #扩展列表
>>> a=[1,2,3]
>>> b=[4,5,6]
>>> a.extend(b)
>>> print(a)
[1, 2, 3, 4, 5, 6]
>>>
>>> #删除元素（如有重复元素，只会删除最靠前的）
>>> a=[1,2,3,2]
>>> a.remove(2)
>>> print(a)
[1, 3, 2]
>>>
>>> #删除指定位置的元素，默认为最后一个元素
>>> a=[1, 2, 3, 4, 5, 6]
>>> a.pop()
6
>>> print(a)
```

```
[1, 2, 3, 4, 5]
>>> a.pop(3)
4
>>> print(a)
[1, 2, 3, 5]
>>> |
>>> #逆序
>>> a=[1, 2, 3, 4, 5, 6]
>>> a.reverse()
>>> print(a)
[6, 5, 4, 3, 2, 1]
>>> |
>>> #排序
>>> a=[2,4,7,6,3,1,5]
>>> a.sort()
>>> print(a)
[1, 2, 3, 4, 5, 6, 7]
>>> |
```

顺便提一下，使用 a.sort()对列表进行排序时，会覆盖原来的列表，而且默认为升序，使用参数 reverse=True 时为降序：

```
>>> #排序（降序）
>>> a=[2,4,7,6,3,1,5]
>>> a.sort(reverse=True)
>>> print(a)
[7, 6, 5, 4, 3, 2, 1]
>>> |
```

若采用内置函数 sorted()进行排序，则不改变原列表中元素的次序，不过一般需要将排序后的结果赋给一个新的列表。例如：

```
>>> a=[2,4,7,6,3,1,5]
>>> b=sorted(a)
>>> print(b)
[1, 2, 3, 4, 5, 6, 7]
>>> |
```

需要说明的是，无论采用哪种方法进行排序，都要求列表中的元素具有相同的数据类型；否则将引发 TypeError 异常。

2.5　元　　组

元组

Python 的元组(tuple)与列表相似，不同之处在于元组的元素是不能修改的。另外，列表使用方括号([])，而元组使用圆括号(())。

1. 元组的创建

元组的创建很简单，只需要在括号中添加元素，并使用逗号分隔各元素即可。例如：

```
tup1 = ('Google', 'Runoob', 1997, 2017)
tup2 = (1, 2, 3, 4, 5 )
tup3 = ("a", "b", "c", "d")
tup4 = ("道路自信","理论自信","制度自信","文化自信")
```

创建空元组使用语句：

```
tup0 = ()
```

注意：

① 当元组中只包含一个元素时，需要在元素后面添加逗号。例如：

```
tup1 = (50,)
```

② 与字符串类似，元组的下标索引也从 0 开始，而且也可以进行索引、切片、组合等操作。

2. 元组的访问

使用索引和切片来访问元组中的元素。例如：

```
>>> tup1 = ('Google', 'Runoob', 1997, 2017)
>>> tup2 = (1, 2, 3, 4, 5, 6, 7 )
>>> print ("tup1[0]: ", tup1[0])
tup1[0]:  Google
>>> print ("tup2[1:5]: ", tup2[1:5])
tup2[1:5]:  (2, 3, 4, 5)
>>>
```

3. 元组的修改

如前文所述，元组中的元素值是不允许修改的，但可以对元组进行连接组合。

```
>>> tup1 = (12, 34.56)
>>> tup2 = ('abc', 'xyz')
```

以下修改元组元素的操作是非法的：

```
>>> tup1[0] = 100
Traceback (most recent call last):
  File "<pyshell#2>", line 1, in <module>
    tup1[0] = 100
TypeError: 'tuple' object does not support item assignment
>>>
```

但可以通过连接运算符"+"创建一个新的元组：

```
>>> tup3 = tup1 + tup2
>>> print (tup3)
(12, 34.56, 'abc', 'xyz')
>>>
```

4. 元组的删除

既然元组不能修改，其中的元素值也就不允许删除，但可以使用 del 语句删除整个元组。例如：

```
>>> tup = ('Google', 'Runoob', 1997, 2017)
>>> print (tup)
('Google', 'Runoob', 1997, 2017)
>>> del tup
>>> print (tup)
Traceback (most recent call last):
  File "<pyshell#3>", line 1, in <module>
    print (tup)
NameError: name 'tup' is not defined
>>>
```

由此可见，元组被删除后，再输出该元组时会显示异常信息。

5. 元组运算符

与字符串和列表类似，元组之间可以使用 + 号和 * 号进行运算。这就意味着可以将它们组合和复制，运算后将生成一个新的元组。Python 元组的运算符如表 2-12 所示。

表 2-12　Python 元组的运算符

表 达 式	结 果	描 述
len(1, 2, 3)	3	计算元素个数
(1, 2, 3) + (4, 5, 6)	(1, 2, 3, 4, 5, 6)	连接
('Hi!',) * 4	('Hi!', 'Hi!', 'Hi!', 'Hi!')	重复
3 in (1, 2, 3)	True	元素是否存在于元组中
for x in (1, 2, 3): print (x,end=' ')	1 2 3	遍历并输出元组的各个元素

6. 元组的索引、切片

前文已提及，元组是一个序列，所以可以访问元组中指定位置的元素，也可以通过索引、切片操作来截取元组中的一段元素。假设元组为 L = ('Google', 'Taobao', 'Runoob')，表 2-13 说明了元组的索引和切片。

表 2-13　Python 元组的索引和切片

表达式	结 果	描 述
L[2]	'Runoob'	读取左起第三个元素
L[-2]	'Taobao'	反向读取；读取倒数第二个元素
L[1:]	('Taobao', 'Runoob')	截取元素，从第二个开始后的所有元素

运行结果如下：
```
>>> L = ('Google', 'Taobao', 'Runoob')
>>> L[2]
'Runoob'
>>> L[-2]
'Taobao'
>>> L[1:]
('Taobao', 'Runoob')
>>>
```

7. 元组的内建函数

Python 元组包含了一些内建函数，如表 2-14 所示。

表 2-14　Python 元组的内建函数

函 数	描 述	举 例

len(tuple)	计算元组中元素的个数	`>>> tuple1 = ('Google', 'Runoob', 'Taobao')`
		`>>> len(tuple1)`
		`3`
		`>>>`

max(tuple)	返回元组中元素的最大值	`>>> tuple2 = ('5', '4', '8')`
		`>>> max(tuple2)`
		`'8'`
		`>>>`

min(tuple)	返回元组中元素的最小值	`>>> tuple2 = ('5', '4', '8')`
		`>>> min(tuple2)`
		`'4'`
		`>>>`

续表

函　数	描　述	举　例

tuple(seq)	将列表、字符串、字典、集合等转换为元组	```
		>>> list1= ['Google', 'Taobao', 'Runoob', 'Baidu']
		>>> tuple1=tuple(list1)
		>>> tuple1
		('Google', 'Taobao', 'Runoob', 'Baidu')
		>>>
		``

2.6 字　　典

字典

1. 字典的概念

Python 的字典(dictionary)是一种可变容器模型，且可以存储任意类型的对象。

字典中的每个项都是"键/值对"("键-值对"或"键值对")，"键"与"值"之间用冒号(:)分隔，而每个"对"之间用逗号(,)分隔，整个字典放在花括号{}中，格式如下：

```
d = {key1 : value1, key2 : value2 }
```

对每个键/值对而言，键必须是唯一的，但值可以改变。值可以取任何数据类型，但键是不可改变的。例如，字符串、数字或元组均可作为键，但列表不可以。

2. 字典的创建

Python 中创建字典的方法很简单，只要将键值对放入花括号内，并用逗号隔开即可。一个简单的字典例子如下：

```
dict1 = {'Alice': '2341', 'Beth': '9102', 'Cecil': '3258'}
```

也可这样创建字典：

```
dict2 = { 'abc': 123, 98.6: 37 }
dict3 = {'八荣':['热爱祖国','服务人民','崇尚科学','辛勤劳动','团结互助', '诚实守信','遵纪守法','艰苦奋斗'], '八耻'：['危害祖国','背离人民','愚昧无知','好逸恶劳','损人利己','见利忘义','违法乱纪','骄奢淫逸']}
```

还可以创建空字典：

```
dict0 = {}
```

3. 字典的访问

把相应的键放入方括号内，即可得到相应的值。例如：

```
>>> dict1 = {'Name':'Runoob','Age':7,'Class':'First'}
>>> print("dict1['Name']",dict1['Name'])
dict1['Name'] Runoob
>>> print("dict1['Age']",dict1['Age'])
dict1['Age'] 7
>>>
```

如果所用的键在字典中不存在，则数据无法访问，会输出错误信息。例如：

```
>>> dict1 = {'Name':'Runoob','Age':7,'Class':'First'}
>>> print("dict1['Alice']",dict1['Alice'])

Traceback (most recent call last):
  File "<pyshell#18>", line 1, in <module>
    print("dict1['Alice']",dict1['Alice'])
KeyError: 'Alice'
>>>
```

4．字典的添加与修改

向字典添加新的键/值对，便向字典中添加了新的内容。修改或添加已有键/值对的例子如下：

```
>>> dict1 = {'Name':'Runoob','Age':7,'Class':'First'}
>>> dict1['Age'] = 8                    #更新age
>>> dict1['School'] = "TJPU"            #添加信息
>>> print("dict1['Age']:",dict1['Age'])
dict1['Age']: 8
>>> print("dict1['School']:",dict1['School'])
dict1['School']: TJPU
>>> |
```

5．字典元素的删除

既能删除字典中的单一元素，也能将整个字典清空，而且清空只需一项操作。

删除一个字典用 del 命令。例如：

```
>>> dict1 = {'Name': 'Runoob', 'Age': 7, 'Class': 'First'}
>>> del dict1['Name'] # 删除键 'Name'
>>> dict1
{'Class': 'First', 'Age': 7}
>>> dict1.clear()          # 删除字典元素
>>> dict1
{}
>>> print ("dict1['Age']: ", dict1['Age'])
Traceback (most recent call last):
  File "<pyshell#25>", line 1, in <module>
    print ("dict1['Age']: ", dict1['Age'])
KeyError: 'Age'
>>> del dict1              # 删除字典
>>> print ("dict1['Age']: ", dict1['Age'])
Traceback (most recent call last):
  File "<pyshell#27>", line 1, in <module>
    print ("dict1['Age']: ", dict1['Age'])
NameError: name 'dict1' is not defined
>>> dict1
Traceback (most recent call last):
  File "<pyshell#28>", line 1, in <module>
    dict1
NameError: name 'dict1' is not defined
>>> |
```

第一次引发异常是因为字典中已无元素(空字典)，试图访问键'age'会出错；第二次引发异常是因为前面已执行了 del 操作，字典已不复存在，当然不能访问键'age'；第三次引发异常也是因为字典不存在，所以两次引发异常的名称均为"NameError"。

6．字典键的特性

字典的值可以取任何 Python 对象，没有任何限制，它既可以是标准对象，也可以是用户自己定义的对象，但键不行。

关于字典的键，应注意以下两点。

(1) 同一个键不能出现两次。创建字典时，如果同一个键被赋值两次，则后一个值被记住，例如：

```
>>> dict1 = {'Name':'Runoob','Age':7,'Name':'小菜鸟'}
>>> print("dict1['Name']",dict1['Name'])
dict1['Name'] 小菜鸟
>>> |
```

(2) 键不可改变。可以用数字、字符串或元组作键，用列表则不行。例如：

```
>>> dict1 = {['Name']:'Runoob','Age':7}
Traceback (most recent call last):
  File "<pyshell#5>", line 1, in <module>
    dict1 = {['Name']:'Runoob','Age':7}
TypeError: unhashable type: 'list'
>>>
```

7. 字典的内建函数与方法

Python 字典包含的内建函数如表 2-15 所示。

表 2-15　Python 字典的内建函数

函　数	描　述	举　例

len(dict)	计算字典元素个数，即键的总数	>>> dict = {'Name': 'Runoob', 'Age': 7, 'Class': 'First'}
		>>> len(dict)
		3

str(dict)	输出字典，以可打印的字符串表示	>>> dict = {'Name': 'Runoob', 'Age': 7, 'Class': 'First'}
		>>> str(dict)
		"{'Name': 'Runoob', 'Class': 'First', 'Age': 7}"

type(variable)	返回输入的变量类型，如果变量是字典就返回字典类型	>>> dict = {'Name': 'Runoob', 'Age': 7, 'Class': 'First'}
		>>> type(dict)
		<class 'dict'>

Python 字典包含的内建方法如表 2-16 所示。

表 2-16　Python 字典的内建方法

函　数	描　述
radiansdict.clear()	删除字典内所有元素
radiansdict.copy()	返回一个字典的浅复制
radiansdict.fromkeys (seq[, val])	创建一个新字典，以序列 seq 中的元素作字典的键，val 为字典所有键对应的初始值(缺省时为 None)
radiansdict.get (key, default=None)	返回指定键的值，如果键不在字典中则返回 default 值
key in dict	如果键在字典 dict 里，则返回 True；否则返回 False
radiansdict.items()	以列表返回可遍历的(键，值)元组数组
radiansdict.keys()	以列表返回一个字典所有的键
radiansdict.setdefault(key, default=None)	和 get()类似，但如果键不存在于字典中，将会添加键并将值设为 default
radiansdict.update(dict2)	把字典 dict2 的键/值对更新到字典里
radiansdict.values()	以列表返回字典中的所有值

下面看几个典型的例子：

```
>>> #返回一个具有相同键-值对的新字典 (浅复制)
>>> x={'name':'admin','machines':['foo','bar','bax']}
>>> y=x.copy()
>>> y['name']='ylh' #替换值, 原字典不受影响
>>> y['machines'].remove('bar') #修改了某个值(原地修改不是替换), 原字典会改变
>>> y
{'name': 'ylh', 'machines': ['foo', 'bax']}
>>> x
{'name': 'admin', 'machines': ['foo', 'bax']}
>>>
```

```
>>> #使用给定的键建立新的字典, 每个键默认的对应的值为none
>>> {}.fromkeys(['name','sex','age'])
{'name': None, 'age': None, 'sex': None}
>>> dict.fromkeys(['name','sex','age'])
{'name': None, 'age': None, 'sex': None}
>>> dict.fromkeys(['name','sex','age'],'(unknown)')
{'name': '(unknown)', 'age': '(unknown)', 'sex': '(unknown)'}
>>>
>>> #访问指定键的值
>>> d={}
>>> print (d['name'])   #键不存在, 出错
Traceback (most recent call last):
  File "<pyshell#72>", line 1, in <module>
    print (d['name'])    #键不存在, 出错
KeyError: 'name'
>>> print (d.get('name'))
None
>>> d.get('name','N/A')
'N/A'
>>> d['name']='Eric'
>>> d.get('name')
'Eric'
>>>
>>> #利用一个字典更新另外一个字典
>>> d={'x':1,'y':2,'z':3}
>>> f={'y':5}
>>> d.update(f)
>>> d
{'x': 1, 'z': 3, 'y': 5}
>>>
```

2.7 集　合

集合

1. 集合概述

集合(set)是 Python 的基本数据类型，把不同的元素组合在一起便形成了集合。组成一个集合的成员称为该集合的元素(element)。在一个集合中不能有相同的元素。下面是集合的例子：

```
>>> li=['a','b','c','a']
>>> se =set(li)
>>> se
{'b', 'c', 'a'}
>>>
```

可以看到，相同的元素被自动删除了。

集合对象是一组无序排列的可哈希的值(即不可变数据结构的值，如数值、字符串、元组)，集合成员可以作为字典的键。相比之下，列表对象是不可哈希的，所以下面的语句会出错：

```
>>> li=[['a','b','c'],['a','c']]
>>> se = set(li)
Traceback (most recent call last):
  File "<pyshell#1>", line 1, in <module>
    se = set(li)
TypeError: unhashable type: 'list'
>>>
```

集合可以分为两类，即可变集合(set)与不可变集合(frozenset)。可变集合可添加和删除元素，是非可哈希的，不能用作字典的键，也不能作其他集合的元素。不可变集合与之相反。

2. 集合操作符和关系符号

集合有各种操作，各种操作符和关系符号如表 2-17 所示。

表 2-17 集合操作符和关系符号

数学符号	Python 符号	说 明
∈	in	是……的成员
∉	not in	不是……的成员
=	==	等于
≠	!=	不等于
⊂	<	是……的真子集
⊆	<=	是……的子集
⊃	>	是……的真超集
⊇	>=	是……的超集
∩	&	交集
∪			并集
-或\	-	差集或相对补集
Δ	^	对称差分

3. 集合的相关操作

1) 集合的创建

集合没有自己的语法格式，因此只能通过集合的工厂方法 set()和 frozenset()来创建。

```
>>> s = set('beginman')
>>> s
{'g', 'b', 'a', 'i', 'n', 'm', 'e'}
>>> t = frozenset('pythonman')
>>> t
frozenset({'y', 'h', 'a', 'p', 't', 'n', 'o', 'm'})
>>> type(s),type(t)
(<class 'set'>, <class 'frozenset'>)
>>> len(s),len(t)
(7, 8)
>>> s==t
False
>>> s=t
>>> s==t
True
>>>
```

创建空的可变集合的方法如下：

```
>>> s0 = set()
>>> s0
set()
```

2) 集合的访问

集合本身是无序的，因此不能像列表和元组那样，为集合创建索引或进行切片操作，只能循环遍历或使用 in、not in 来访问或判断集合元素。有关循环的内容将在第 3 章中进行具体介绍。

```
>>> 'a' in s
True
>>> 'z' in s
False
>>> for i in s:
        print (i,' ',end='')

y  h  a  p  t  n  o  m
>>>
```

3)　集合的更新

Python 内建了以下方法，可以实现集合的更新：

```
s.add()
s.update()
s.remove()
```

当然，只有可变集合才能更新，试图更新不可变集合将会出错。例如：

```
>>> s.add(0)
Traceback (most recent call last):
  File "<pyshell#12>", line 1, in <module>
    s.add(0)
AttributeError: 'frozenset' object has no attribute 'add'
>>> type(s)
<class 'frozenset'>
>>> se = set(s)
>>> se
{'y', 'h', 'a', 'p', 't', 'n', 'o', 'm'}
>>> type(se)
<class 'set'>
>>> se.add(0)
>>> se
{0, 'y', 'h', 'a', 'p', 't', 'n', 'o', 'm'}
>>> se.update('MM')
>>> se
{0, 'y', 'h', 'a', 'p', 't', 'n', 'o', 'm', 'M'}
>>> se.update('Django')
>>> se
{0, 'g', 'j', 'y', 'h', 'a', 'p', 't', 'n', 'o', 'm', 'M', 'D'}
>>> se.remove('D')
>>> se
{0, 'g', 'j', 'y', 'h', 'a', 'p', 't', 'n', 'o', 'm', 'M'}
>>>
```

内建的 del 命令可以删除集合本身。

4. 集合类型操作符

集合类型操作符有 7 类。

(1)　in, not in(是否是集合的元素)。

(2)　==和!=(集合等价与不等价)。

(3)　子集、超集(见表 2-17)。

```
>>> set('shop')<set('cheeshop')
True
>>> set('bookshop')>=set('shop')
True
>>>
```

(4)　并集(|)。给定两个集合 *A* 与 *B*，把它们所有的元素合并在一起组成的集合，叫作集合 *A* 与集合 *B* 的并集。并集运算符还有一个与之等价的方法 union()。例如：

```
>>> s1=set('begin')
>>> s2=set('man')
>>> s3=s1|s2
>>> s3
{'a', 'i', 'e', 'n', 'm', 'b', 'g'}
>>> s1.union(s2)
{'a', 'i', 'e', 'n', 'm', 'b', 'g'}
```

但 + 运算不可用于集合:

```
>>> s3New = s1+s2
Traceback (most recent call last):
  File "<pyshell#5>", line 1, in <module>
    s3New = s1+s2
TypeError: unsupported operand type(s) for +: 'set' and 'set'
>>>
```

(5) 交集(&)。给定两个集合 A 与 B,由所有属于集合 A 且属于集合 B 的元素所组成的集合,叫作集合 A 与集合 B 的交集。交集运算符还有一个与之等价的方法 intersection()。例如:

```
>>> s1&s2
{'n'}
>>> s1.intersection(s2)
{'n'}
>>>
```

(6) 差补(-)。与之等价的方法是 difference()。

```
>>> s1-s2
{'b', 'g', 'i', 'e'}
>>> s1.difference(s2)
{'b', 'g', 'i', 'e'}
>>>
```

(7) 对称差分(^)。对称差分所取得的元素属于 s1 和 s2,但不同时属于 s1 和 s2,其等价的方法是 symmetric_difference()。

```
>>> s1=set('begin')
>>> s2=set('man')
>>> s1^s2
{'i', 'g', 'a', 'e', 'b', 'm'}
>>> s1.symmetric_difference(s2)
{'i', 'g', 'a', 'e', 'b', 'm'}
>>>
```

注意集合之间的 and、or 运算:

```
>>> s1 and s2
{'n', 'a', 'm'}
>>> s1 or s2
{'e', 'i', 'b', 'n', 'g'}
>>>
```

s1 非空,为真,故 s2 就是集合"与"的结果;若 s1 为空,则结果一定为空。类似地,因为 s1 非空,为真,所以集合"或"的结果就是 s1;如果 s1 为空,那么结果就是 s2。

5. 集合转换为字符串和元组

```
>>> str(s1)
"{'e', 'i', 'b', 'n', 'g'}"
>>> tuple(s1)
('e', 'i', 'b', 'n', 'g')
>>>
```

6. 关于集合的内建函数和内建方法

(1) len():返回集合元素的个数。

(2)　set()、frozenset()：创建集合(属工厂函数)。

(3)　适合所有集合的方法，如表 2-18 所示。

表 2-18　适合所有集合的方法

方　法	操　作
s.issubset(t)	如果 s 是 t 的子集，则返回 True；否则返回 False
s.issuperset(t)	如果 s 是 t 的超集，则返回 True；否则返回 False
s.union(t)	返回一个新集合，该集合是 s 和 t 的并集
s.intersection(t)	返回一个新集合，该集合是 s 和 t 的交集
s.difference(t)	返回一个新集合，该集合是 s 的成员，但不是 t 的成员
s.symmetric_difference(t)	返回一个新集合，该集合是 s 或 t 的成员，但不是 s 和 t 共有的成员
s.copy()	返回一个新集合，它是集合 s 的浅复制

```
>>> s=set('cheeseshop')
>>> t=set('bookshop')
>>> s
{'p', 'h', 'e', 's', 'o', 'c'}
>>> t
{'p', 'h', 's', 'o', 'b', 'k'}
>>> s.issubset(t)
False
>>> s.issuperset(t)
False
>>> s.union(t)
{'p', 'h', 'e', 's', 'o', 'b', 'k', 'c'}
>>> s.intersection(t)
{'h', 'p', 's', 'o'}
>>> s.difference(t)
{'e', 'c'}
>>> s.symmetric_difference(t)
{'e', 'b', 'k', 'c'}
>>> s.copy()
{'e', 'p', 's', 'o', 'h', 'c'}
>>>
```

(4)　仅适合可变集合的方法，如表 2-19 所示。

表 2-19　仅适合可变集合的方法

方　法	操　作
s.update(t)	用 t 中的元素修改 s，即 s 现在包含 s 或 t 的成员
s.intersection_update(t)	s 中的成员是共同属于 s 和 t 中的元素
s.difference_update(t)	s 中的成员是属于 s 但不包含在 t 中的元素
s.symmetric_difference_update(t)	s 中的成员更新为那些包含在 s 或 t 中但不是 s 和 t 共有的元素
s.add(obj)	在集合 s 中添加对象 obj
s.remove(obj)	从集合 s 中删除对象 obj，如果 obj 不是集合 s 中的元素(obj not in s)，将引发 KeyError 错误
s.discard(obj)	如果 obj 是集合 s 中的元素，则从集合 s 中删除对象 obj；否则什么也不做
s.pop()	删除集合 s 中的任意一个对象，并返回它
s.clear()	删除集合 s 中的所有元素

```
>>> s.update(t)
>>> s
{'p', 'h', 'e', 's', 'o', 'b', 'k', 'c'}
>>> s=set('cheeseshop')
>>> t=set('bookshop')
>>> s.intersection_update(t)
>>> s
{'h', 'p', 's', 'o'}
>>> s=set('cheeseshop')
>>> t=set('bookshop')
>>> s.difference_update(t)
>>> s
{'e', 'c'}
>>> s=set('cheeseshop')
>>> t=set('bookshop')
>>> s.symmetric_difference_update(t)
>>> s
{'e', 'b', 'k', 'c'}
>>> s.add('o')
>>> s
{'e', 'o', 'b', 'k', 'c'}
>>> s.remove('b')
>>> s
{'e', 'o', 'k', 'c'}
>>> s.remove('a')
Traceback (most recent call last):
  File "<pyshell#69>", line 1, in <module>
    s.remove('a')
KeyError: 'a'
```

'a' 元素已不在集合中，试图删除将引发异常。

```
>>> s.discard('a')
>>> s
{'e', 'o', 'k', 'c'}
>>> s.discard('e')
>>> s
{'o', 'k', 'c'}
>>> s.pop()
'o'
>>> s
{'k', 'c'}
>>> s.clear()
>>> s
set()
>>> |
```

2.8 基本输入与输出

2.8.1 输出到屏幕

基本输入与输出

Python 2 使用 print 语句完成基本输出操作，而 Python 3 则采用 print()函数完成同样的操作。print()的基本格式如下：

```
print ([obj1,...][, sep=' '] [ , end='\n '])
```

(1) []表示其内的参数为可选参数，若省略所有参数，则表示输出一个空行。例如：

```
>>> print ()          #输出一个空行

>>> |
```

(2) 输出多个对象时，多个对象之间默认用空格分隔。例如：

```
>>> print (123,'abc',456,'xyz')
123 abc 456 xyz
>>>
```

(3) 输出多个对象时，对象之间可用参数 sep 指定分隔符。例如：

```
>>> print (123,'abc',456,'xyz',sep=',')
123,abc,456,xyz
>>>
```

(4) 可用参数 end 指定输出结束符。

print()函数默认以回车换行符作为结束符，其后的 print()函数将在新的一行上输出。也可以使用 end 参数指定结束符。例如：

```
>>> print ('Area '); print (2**2*3.14)      #默认以换行作为结束符，故输出两行
Area
12.56
>>>
>>> print ('Area',end='=') ; print(2**2*3.14)   #指定以"="作为结束符，故输出在一行上
Area=12.56
```

(5) 若希望前一个 print()函数输出后不换行，则可以使用 end=''(注意，此处的 "''" 是两个半角单引号)或 end=""，也即以空字符作为结束符。例如：

```
>>> print('Area=',end=''); print(2**2*3.14)
Area=12.56
```

(6) 输出序列时，可以在序列名前面加 "*"，使序列中的各元素以空格或指定的分隔符分隔输出。例如：

```
>>> L=[1,2,3]
>>> print(*L)
1 2 3
>>> print(*L,sep=',')
1,2,3
>>>
```

事实上，print()函数的功能远不止这些，本小节所讨论的仅仅是其最基本的用法，若配合 format()或 repr()函数，可实现格式化输出，具体内容可参见本书 4.3.2 小节。

2.8.2　键盘输入

Python 提供了输入函数，用于从计算机输入设备(默认为键盘)上读取数据。Python 2 提供的基本函数是 raw_input()，Python 3 则使用 input()函数，其格式如下：

```
input ( [prompt])
```

其中 prompt 为可选参数(字符串型)，用于提示用户输入信息。无论输入什么内容，该函数返回的均为字符串。若用户需要的是数值，则必须使用 int()函数或 float()函数进行类型转换。举例如下：

```
>>> age=input ()      #从键盘上输入18
18
>>> type(age)       #证实age的类型为字符串
<class 'str'>
>>> age=input('请输入年龄:')      #加入提示信息 "请输入年龄:"
请输入年龄:18
>>> age=int(input('请输入年龄:'))     #使用int()函数将输入的字符串转换为整数
请输入年龄:18
>>> type(age)
<class 'int'>
>>>
```

此外，还可以使用 eval()函数将 input()函数返回的字符串转换成多个数字，以便一次性从键盘上接收多个数值，使程序更加简洁。例如：

```
>>> a,b,c = eval(input ('请输入三角形边长，以逗号分隔：'))
请输入三角形边长，以逗号分隔：3,4.0,5
>>> type(a),type(b)
(<class 'int'>, <class 'float'>)
>>> a,b,c
(3, 4.0, 5)
>>>
```

2.9　正则表达式

正则表达式

正则表达式并不是 Python 的一部分。正则表达式是用于处理字符串的强大工具，它拥有自己独特的语法以及独立的处理引擎，效率上可能不如 str 自带的方法，但功能十分强大。Python 中内建了 re 模块以支持正则表达式。

正则表达式有两种基本操作，分别是匹配和替换。

匹配是指在一个文本字符串中搜索并匹配一个特殊表达式；替换是指在一个字符串中查找并替换一个特殊表达式的字符串。

2.9.1　基本元素

正则表达式定义了一系列的特殊字符元素，以执行匹配操作。表 2-20 列示了正则表达式的基本字符。

表 2-20　正则表达式的基本字符

字　符	描　述
text	匹配 text 字符串
.	匹配除换行符之外的任意单个字符
^	匹配一个字符串的开头
$	匹配一个字符串的末尾

在正则表达式中，还可用匹配限定符来约束匹配的次数。表 2-21 列示了正则表达式的匹配限定符。

表 2-21　正则表达式的匹配限定符

最大匹配	最小匹配	描　述
*	*?	重复匹配前表达式零次或多次
+	+?	重复匹配前表达式一次或多次
?	??	重复匹配前表达式零次或一次
{m}	{m}?	精确重复匹配前表达式 m 次
{m,}	{m,}?	至少重复匹配前表达式 m 次
{m,n}	{m,n}?	至少重复匹配前表达式 m 次，至多重复匹配前表达式 n 次

由表 2-20 和表 2-21 可知，".*" 为最大匹配，能匹配源字符串中所有能匹配的字符串。".*?" 为最小匹配，只匹配第一次出现的字符串。例如，d.*g 能匹配任意以 d 开头、以 g 结尾的字符串，如"debug"和"debugging"，甚至"dog is walking"都能匹配。而 d.*?g 只能匹配"debug"，在"dog is walking"字符串中则只能匹配到"dog"。

如果要实现更为复杂的匹配，可以用组合运算符，如表 2-22 所示。

表 2-22　组合运算符

组	描　述
[...]	匹配集合内的字符，如[a-z],[1-9]或[,./;']
[^...]	匹配除集合外的所有字符，相当于取反操作
A|B	匹配表达式 A 或 B，相当于 or 操作
(...)	表达式分组，每对括号为一组，如([a-b]+)([A-Z]+)([1-9]+)
\number	匹配在 number 表达式组内的文本

有一组特殊的字符序列，用来匹配具体的字符类型或字符环境。例如，\b 匹配字符边界，food\b 匹配"food"和"zoofood"，而和"foodies"不匹配。这些特殊的字符序列列示于表 2-23 中。

表 2-23　特殊字符序列

字　符	描　述
\A	只匹配字符串的开始
\b	匹配一个单词边界
\B	匹配一个单词的非边界
\d	匹配任意十进制数字字符，等价于 r'[0-9]'
\D	匹配任意非十进制数字字符，等价于 r'[^0-9]'
\s	匹配任意空白字符(空格符、tab 制表符、换行符、回车、换页符、垂直线符号)
\S	匹配任意非空白字符
\w	匹配任意字母、数字字符
\W	匹配任意非字母、数字字符
\Z	仅匹配字符串的尾部
\\	匹配反斜线字符

正则表达式中还有一套声明(assertion)，可用于对具体事件进行声明，如表 2-24 所示。

表 2-24　正则表达式声明

声　明	描　述
(? iLmsux)	匹配空字符串，iLmsux 字符对应表 2-25 所列的正则表达式修饰符
(? :...)	匹配圆括号内定义的表达式，但不填充字符组表
(? P)	匹配圆括号内定义的表达式，但匹配的表达式还可用作 name 标识的符号组
(? P=name)	匹配所有与前面命名的字符组相匹配的文本
(? #...)	引入注释，忽略圆括号内的内容
(? =...)	如果所提供的文本与下一个正则表达式元素匹配，这之间没有多余的文本就匹配。这允许在一个表达式中进行超前操作，而不影响正则表达式其余部分的分析。例如，"Martin"后紧跟"Brown"，则"Martin(? =Brown)"就只与"Martin"匹配
(? !...)	仅当指定表达式与下一个正则表达式元素不匹配时匹配，是(? =...)的反操作
(? <=...)	如果字符串当前位置的前缀字符串是给定文本就匹配，整个表达式就在当前位置终止，如(? <=abc)def 表达式与"abcdef"匹配。这种匹配是对前缀字符数量的精确匹配
(? <!...)	如果字符串当前位置的前缀字符串不是给定的正文就匹配，是(? <=...)的反操作

正则表达式还支持一些修饰符(见表 2-25)，它会影响正则表达式的执行方法。

表 2-25　正则表达式的常用修饰符

修饰符	描　　述
I	忽略表达式的大小写来匹配文本
L	根据当前语言环境解释单词。这种解释影响字母组(\w 和\W)以及字边界行为(\b 和\B)
M	多行匹配。就是匹配换行符两端的潜在匹配。影响正则表达式中的^$符号
S	使一个句点(.)匹配任何字符，包括换行符
U	根据 Unicode 字符集解释字母。此标志影响\w、\W、\b、\B 的行为

2.9.2　正则表达式的操作举例

通过 Python 内建的 re 模块，就可以在 Python 中利用正则表达式对字符串进行搜索、抽取和替换操作。例如，使用 re.search()函数能够执行一个基本的搜索操作，它能返回一个 MatchObject 对象；使用 re.findall()函数能够返回一个匹配列表。例如：

```
>>> import re
>>> a="this is my re module test"
>>> obj = re.search(r'.*is',a)
>>> print (obj)
<_sre.SRE_Match object; span=(0, 7), match='this is'>
>>> obj.group()
'this is'
>>> re.findall(r'.*is',a)
['this is']
>>>
```

搜索操作返回的 MatchObject 对象有很多方法可供使用，其功能如表 2-26 所示。

表 2-26　MatchObject 对象的常用方法

方　　法	描　　述
expand(template)	展开模板中用反斜线定义的内容
m.group([group,...])	返回匹配的文本，是个元组。此文本是与给定 group 或由其索引数字定义的组匹配的文本，如果没有给定组名，则返回所有匹配项
m.groups([default])	返回一个元组，该元组包含模式中与所有组匹配的文本。如果给出 default 参数，default 参数值就是与给定表达式不匹配的组的返回值。default 参数的默认取值为 None
m.groupdict([default])	返回一个字典，该字典包含匹配的所有子组。如果给出 default 参数，其值就是那些不匹配组的返回值。default 参数的默认取值为 None
m.start([group])	返回指定 group 的开始位置，或返回全部匹配的开始位置
m.end([group])	返回指定 group 的结束位置，或返回全部匹配的结束位置
m.span([group])	返回一个二元组(m.start(group), m.end(group))。如果 group 未包含在匹配值中，则返回(None, None)。如果省略 group，则使用整个匹配的子字符串
m.pos	传递给 match()或 search()函数的 pos 值
m.endpos	传递给 match()或 search()函数的 endpos 值
m.re	创建这个 MatchObject 对象的正则表达式对象
m.string	提供给 match()或 search()函数的字符串

使用 sub()函数或 subn()函数可以在字符串上执行替换操作。sub()函数的基本格式如下：

```
sub(pattern,replace,string[,count])
```

举例如下：

```
>>> str = 'The dog on my bed'
>>> rep = re.sub('dog','cat',str)
>>> print (rep)
The cat on my bed
>>>
```

其中的 replace 参数可接受函数。要获得替换的次数，可使用 subn()函数(基本格式同 sub()函数)，该函数返回一个元组，此元组包含替换了的文本及替换次数。

```
>>> str = 'The dog on my bed'
>>> rep = re.subn('dog','cat',str)
>>> print (rep)
('The cat on my bed', 1)
>>>
```

若需要用同一个正则表达式进行多次匹配操作，可以把正则表达式编译成内部语言，这样可以提高处理速度。编译正则表达式使用 compile()函数，其基本格式为：

```
compile(str[,flags])
```

其中，str 表示需要编译的正则表达式串，flags 是一个修饰标志符。正则表达式被编译后生成一个对象，该对象拥有多种方法和属性，如表 2-27 所示。

表 2-27　正则表达式编译后对象的方法/属性

方法/属性	描　　述
r.search(string[,pos[,endpos]])	同 search()函数，但此函数允许指定搜索的起点和终点
r.match(string[,pos[,endpos]])	同 match()函数，但此函数允许指定搜索的起点和终点
r.split(string[,max])	同 split()函数
r.findall(string)	同 findall()函数
r.sub(replace,string[,count])	同 sub()函数
r.subn(replace,string[,count])	同 subn()函数
r.flags	创建对象时定义的标志
r.groupindex	将 r'(? Pid)'定义的符号组名字映射为组序号的字典
r.pattern	在创建对象时使用的模式

有两个函数在此值得一提：一是 re.escape()函数；二是 re.getattr()函数。

1. re.escape()函数用于转义字符串

在使用 Python 的过程中，对转义字符的使用也有苦恼之时。因为有时需要使用一些特殊符号，如"$ * . ^"等的原意，有时需要的是被转义后的功能，并且转义字符的使用烦琐时，很容易出错，re.escape()是解决这一问题的灵丹妙药。

re.escape(pattern)可以对字符串中所有可能被解释为正则运算符的字符进行转义。如果字符串很长，且包含很多特殊字符，而又不想输入一大堆反斜杠，或者字符串来自用户(如通过 input 函数获取输入的内容)，且要用作正则表达式的一部分时，就可以使用这个函数。

现举例说明如下：

```
>>> re.escape('www.python.org')
'www\\.python\\.org'
>>> re.findall(re.escape('w.py'),"jw.pyji w.py.f")
['w.py', 'w.py']
>>>
```

这里的 re.escape('w.py')用作 re.findall 函数的正则表达式部分。

2．re.getattr()函数用于获取对象的引用

现举例说明如下：

```
>>> li=['a','b']
>>> getattr(li,'append')
<built-in method append of list object at 0x02508F58>
>>> getattr(li,'append')('c')          #相当于li.append('c')
>>> li
['a', 'b', 'c']
>>> handler=getattr(li,'append',None)
>>> handler
<built-in method append of list object at 0x02508F58>
>>> handler('cc')                       #相当于li.append('cc')
>>> li
['a', 'b', 'c', 'cc']
>>> result = handler('bb')
>>> li
['a', 'b', 'c', 'cc', 'bb']
>>> print (result)
None
>>> |
```

2.9.3 正则表达式测试工具

按照特定需求编写的正则表达式是否正确，初学者往往拿捏不准，因此，正则表达式测试工具应运而生，它为程序员编写正则表达式带来了极大的方便，不仅帮助程序员编写需要的正则表达式，还可以使用它理解别人编写的表达式。

目前，正则表达式测试工具软件非常多，如 RegexBuddy、RegexMagic、Regex Match Tracer、RegexTester 等。因篇幅有限，本小节仅介绍一款免费的国产正则表达式工具软件 Regex Match Tracer，简称 Match Tracer。

Match Tracer 是一款用来编写和调试正则表达式的工具软件，通过其可视化的界面，可以快速、正确地写出复杂的正则表达式。图 2-5 为 Match Tracer 启动后的界面。

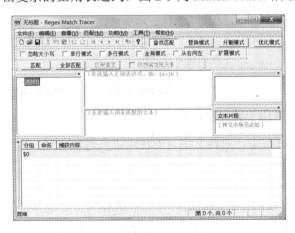

图 2-5 Match Tracer 界面

Match Tracer 软件的主要功能如下。

(1) 以语法着色形式显示表达式，使正则表达式便于阅读。

(2) 采用树和分组列表，同步显示正则表达式的结构，使复杂的表达式一目了然、长而不乱。

(3) 详细记录每一个匹配结果，包含分组结果以及匹配所花费的时间。

(4) 可进行"匹配""替换""分割"功能的正则表达式应用测试。

(5) 可进行"忽略大小写""单行模式""多行模式""全局模式""从左向右""扩展模式"等模式下的正则表达式测试。

(6) 可单独测试表达式中的一部分，有利于分段调试复杂的正则表达式。

(7) 可以设置一个匹配起始点，方便排查表达式错误。

(8) 支持高级正则语法，如递归匹配等。

(9) 可以保存文本片段，如表达式或者其他文本，也可以与任意其他编辑器进行相互拖动。

(10) 可以将当前表达式保存为一个"快照"，使用户放心地改写表达式。

(11) 强调编写"复杂"的正则表达式。

一个完善的表达式往往都是比较复杂的，如分析 html 的表达式。但是，复杂的表达式并不意味着低效。相反，因为复杂的表达式考虑得比较周全，所以匹配效率反而更高。Match Tracer 正是针对这种情况，着重考虑如何协助编写复杂而周全的表达式。

Match Tracer 软件可将测试好的表达式直接导出为程序语言代码，也可以直接从程序源代码的字符串中导入表达式；支持匹配结果、替换结果、分割结果的导出，整个表达式测试环境可以另存为一个项目。

下面详细介绍 Match Tracer 软件的最常用功能。

1. 查找匹配

"查找匹配"界面适合用来进行一般的正则表达式匹配测试。如图 2-6 所示，"查找匹配"界面中间有两个编辑框，上面的编辑框用于输入正则表达式，下面的编辑框用于显示匹配的文本；界面左侧中部是显示正则表达式结构的树结构控件；界面下方是列举正则表达式捕获组的列表框。

图 2-6　"查找匹配"界面

1) 正则表达式输入框

在正则表达式输入框内输入表达式时，表达式文本将根据表达式的语法自动进行着色。随着正则表达式的输入，正则表达式结构框和捕获组列表框会同步显示。当输入光标在编辑框中移动时，光标所在位置的当前表达式元素会突出显示。在表达式输入框中双击鼠标，鼠标所在位置的当前元素会被选中。

2) 匹配文本编辑框

编辑文本，用于测试正则表达式。

3) 表达式树结构框

在表达式输入框中输入表达式时，树结构会同步更新。当输入光标在输入框中移动时，树结构中相应的节点会被选中。单击树结构中的节点，表达式框中相应的元素会被选中。双击树结构框，表达式输入框会获得输入焦点。

4) 捕获组列表框

在输入框中输入表达式时，捕获组列表框会同步更新，列举当前表达式中的捕获组。单击捕获组列表框，匹配文本编辑框中的相应文本会被选中。双击捕获组列表框，表达式输入框将会获得输入焦点，如图 2-7 所示。

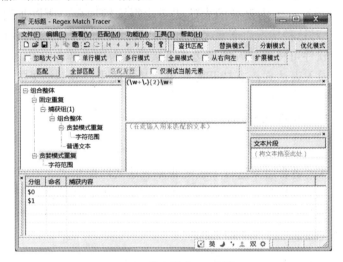

图 2-7　单击捕获组列表框

2. 替换模式

"替换模式"与"匹配模式"相比，增加了"替换为"输入框和替换结果框，如图 2-8 所示。图中写着"$1"字样的编辑框为"替换为"输入框。再往下的两个分隔开的编辑框中，左边是匹配文本输入框，右边是替换结果框。替换结果框为只读编辑框，因为是替换的结果，因此其中的内容不可再次编辑。

1) "替换为"输入框

在"替换为"输入框中输入时，以"$"开始的特殊符号会采用突出颜色显示。输入光标在"替换为"框中移动时，匹配文本框和结果框中对应的文本会被选中。

2) 替换结果框

单击"匹配"按钮或者"全部匹配"按钮时，替换结果会显示在替换结果框中。输入光标在替换结果框中移动时，匹配文本框和"替换为"输入框中对应的文本会被选中，实际运行效果如图 2-9 所示，待匹配文本中的网址都被统一替换为目标字段。

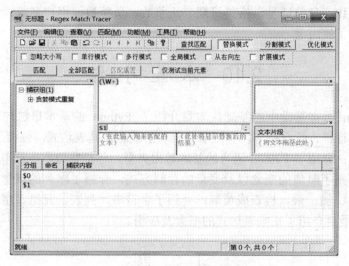

图 2-8　"替换模式"界面

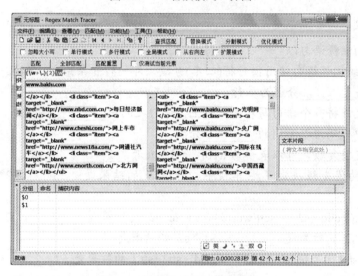

图 2-9　替换模式实际运行效果

3. "文件"菜单

"文件"菜单负责"正则表达式项目"的新建、打开和保存。正在进行编辑和测试的正则表达式、匹配文本以及相关的其他参数，可以一起作为一个"正则表达式项目"保存到一个文件中，下次打开后可继续进行编辑和测试。

2.9.4　正则表达式的在线测试

如果读者在实际编写正则表达式时，对匹配范围掌控不好，可以在正则表达式测试网站上修改正则匹配规则，通过这个正则测试网站可以清晰地看到匹配的内容。

此外，对于一些常用的正则表达式，如中文字符、双字节字符、空白行、E-mail 地址、网址、URL、手机(国内)、电话号码(国内)、正浮点数、负浮点数、整数、腾讯 QQ

号、邮政编码、IP、身份证号、格式日期、正整数、负整数、用户名等,该网站均直接给出,极大地方便了使用者。

2.10　本　章　小　结

作为 Python 语言基础中的基础,本章介绍了 Python 的基本语法与句法,包括标识符、注释符、换行符、续行符等,介绍了代码块的概念及其表达式,强调了 Python 文件的模块化组织方式;介绍了 Python 语言的基本数据类型,包括数值、字符串、列表、元组、字典、集合;介绍了赋值的概念以及变量的存储方式,介绍了序列的概念及其基本操作,包括索引、切片、加、乘、检查成员等;介绍了字符串、列表、元组、字典、集合中大量的函数(方法);最后介绍了正则表达式的概念及应用。

习　　题

一、填空题

1. Python 的注释语句以_____字符开始。

2. Python 的相邻语句使用换行符(回车)分隔,即一行一条语句。如果一行语句过长,可以使用续行符_____分解为多行。

3. Python 允许将多个语句写在同一行上,语句之间用_____隔开。

4. Python 中代码组以不同的_____分隔。

5. Python 支持复数,可以表示为 a+bj、a+bJ 或者_____。

6. 运算符的优先级决定了运算顺序,2*2**3 的结果是_____,2**3/2 的结果是_____。

7. s1 = set('hello'),s2 = set('world'),s1 & s2 的结果是_____,s1 | s2 的结果是_____,s1 - s2 的结果是_____,s1 ^ s2 的结果是_____。

8. 字符串 str1 = 'Hello', str2 = 'world', str1+str2 的结果是_____,str1*2 的结果是_____。

9. 当在多个正则表达式方法中使用同一匹配模式时,可以通过_____函数将匹配模式编译成内部语言,以提高处理速度。

10. 设字典 dict1 = {'addr': '天津', 'name': 'Bob', 'addr': '北京'},则语句 print(dict1['addr']) 的结果是_____。

二、选择题

1. (　　)不是 Python 语言的基本结构。

　　A. 链表　　　　　B. 元组　　　　　C. 字典　　　　　D. 集合

2. (　　)不属于 Python 的序列类型。

　　A. 字符串　　　　B. 列表　　　　　C. 集合　　　　　D. 元组

3. /和//都是 Python 的除法运算,6/3 的结果是(　　),6//3 的结果是(　　)。

　　A. 2　　　　　　B. 3　　　　　　C. 2.0　　　　　　D. 0

4. 以下(　　)变量的命名不正确。

　　A. mm_123　　　　　B. _mm123_　　　　C. 123_mm　　　　　D. _mm_123

5. type(1+2*3.14)的结果是(　　)。

　　A. <class 'int'>　　　　　　　　　B. <class 'float'>

　　C. <class 'str'>　　　　　　　　　D. <class 'complex'>

6. 有字符串 str='abcdefg'，那么 str[:-4:-2]的结果是(　　)。

　　A. 'ac'　　　　　　B. 'ge'　　　　　　C. 'ca'　　　　　　D. 'eg'

7. 执行下面的操作后，list2 的值是(　　)。

```
list1 = [4,5,6]
list2 = list1
list1[2] = 3
```

　　A. [4,5,6]　　　　B. [4,3,6]　　　　C. [4,5,3]　　　　D. 以上都不正确

8. 关于 Pyhton 中的变量，下列说法错误的是(　　)。

　　A. 变量不必事先声明　　　　　　B. 变量须先定义后使用

　　C. 对象无须指定类型　　　　　　D. 可以使用 del 释放变量

9. (　　)数据类型不可以作为字典的键。

　　A. 字符串　　　　B. 数字　　　　C. 元组　　　　　D. 列表

10. (　　)不属于集合的操作符。

　　A. &　　　　　　B. |　　　　　C. +　　　　　D. -

三、问答题

1. 现有一个元素均为整数的列表 L，里面有若干重复的元素，请使用一条语句把所有重复的元素删除，新的元素仍放于列表中。

2. 列表 smoke 中存放的是吸烟人的姓名，列表 drink 中存放的是喝酒人的姓名，请使用一条语句，以列表形式返回既吸烟又喝酒的人的姓名。

3. 下列 3 种方式打印字符串<Bob said "I'm OK">:

(1)　print(r'Bob said "I\'m OK"')

(2)　print(r'Bob said "I'm OK"')

(3)　print('Bob said "I\'m OK"')

问：哪种打印方式是正确的？不正确的打印方式的错误原因是什么？

4. 对元组 tup = (1,2,[3,4],'567')进行以下操作:

(1)　tup[0] = 8

(2)　tup[2][0] = 8

(3)　tup[3][0] = 8

(4)　tup[2] = [8,9]

问：上述哪些操作是正确的，请说明理由。

5. 有以下字符串定义:

```
str1 = 'abc'
str2 = str1.replace('a', 'A')
```

问：id(str1)是否等于 id(str2)？请说明理由。

四、实验操作题

1. 列表 names = ['Dave',['Mark', 'Ann'], 'Phil', 'Tom']，根据以下要求写出相应的列表操作。

(1) 获取元素'Mark';

(2) 将元素'Phil'换成'Jeff';

(3) 获取列表的长度;

(4) 向列表末尾添加'Kate'元素;

(5) 移除列表中的'Ann'元素;

(6) 将'Sydney'插入到列表下标为 2 的位置;

(7) 分别获取列表的前两个元素和后两个元素。

2. 写出下列各条命令的执行结果:

```
info = {"stu01":"张三","stu02":"李四","stu03":"王五"}
print(info)
print(info["stu01"])
print(info.get("stu04"))
print("stu03" in info)
info["stu02"] = "李四四"
print(info)
info["stu04"] = "赵六"
print(info)
del info["stu04"]
info.pop("stu03")
print(info)
```

3. 根据要求写出相应的正则表达式。

(1) 匹配正整数;

(2) 匹配负整数;

(3) 匹配整数;

(4) 匹配由 26 个大写英文字母组成的字符串;

(5) 匹配由 26 个小写英文字母组成的字符串;

(6) 匹配由 26 个英文字母组成的字符串;

(7) 匹配由数字和 26 个英文字母组成的字符串;

(8) 匹配中国邮政编码;

(9) 匹配身份证(15 位或 18 位)。

第 3 章

Python 流程控制

本章要点

(1) 顺序结构程序设计。

(2) 算法的概念。

(3) if 语句的基本格式及执行规则。

(4) if 语句嵌套的使用方法。

(5) for 语句的基本格式及执行规则。

(6) 列表推导式的用法。

(7) while 语句的基本格式及执行规则。

(8) 循环嵌套的使用方法。

(9) break、continue、pass 等关键字在循环中的使用方法。

(10) range()函数在循环中的使用。

学习目标

(1) 了解算法的概念。

(2) 理解选择结构和循环结构的执行过程。

(3) 掌握选择结构和循环结构的编程方法。

(4) 理解循环嵌套的执行过程。

(5) 运用流程控制编程解决一些实际问题。

　　本章将简要介绍算法的概念,扼要介绍顺序结构程序设计方法,详细介绍在 Python 中如何实现选择结构,即根据特定的条件执行或不执行某些语句。本章还将介绍循环结构,即根据特定的条件多次执行某些语句。本章的诸多示例程序表明,程序中只有使用选择结构和循环结构,才能充分挖掘和利用计算机的功能,从而编写程序完成各种各样的任务。

3.1　顺序结构程序设计

　　结构化程序设计包括 3 种基本结构,即顺序结构、选择结构和循环结构。顺序结构是最简单的一种结构,程序中的语句自上而下执行,既无"回头",又无"跳转",是一种"直线式"的执行。采用这种结构进行编程,只需按照问题的处理顺序,依次写出相应的语句即可。学习程序设计,首先应该从顺序结构开始,用最简单的算法描述操作过程。

**顺序结构
程序设计**

3.1.1　算法

　　面向过程的程序设计一般分为输入-处理-输出(Input-Processing-Output,IPO)3 个步骤,其中输入、输出反映了程序的交互性,一般是一个程序必需的步骤,而数据处理是指对数据进行的必要操作。对操作的描述体现了为解决一个问题而采取的方法和步骤,这就是所谓的算法(algorithm)。

　　古人云:"凡事预则立,不预则废。"无论做什么事情,事先将准备工作做好了,事情才能够成功、顺畅地进行。古人无疑是在告诫我们:做事情要有规划,无论想要达成的目标有多么艰难，只要着眼长远，认真做好规划，脚踏实地地走好每一步，做好当下，就一定能够达到预期的目的。相对于编程而言，算法正是古人所说的"预"。

下面举例说明计算机解题的算法。

【例 3-1】求 $y=|x|$。

本题目的算法描述如下：

(1) 从键盘上输入 x 的值。

(2) 如果 $x<0$，则 $y=-x$，否则 $y=x$。

(3) 输出 y 的值。

【例 3-2】通过三角形的 3 个边长求面积。

若已知三角形的 3 个边长 a、b、c，则求三角形面积的公式(海伦公式)为

$$\text{area} = \sqrt{s(s-a)(s-b)(s-c)}$$

其中 $s=(a+b+c)/2$。

本题算法描述如下：

(1) 从键盘上输入 a、b、c 的值；

(2) 计算 $s=(a+b+c)/2$；

(3) 计算面积 $\text{area} = \sqrt{s(s-a)(s-b)(s-c)}$；

(4) 输出面积。

3.1.2　顺序结构程序设计举例

【例 3-3】编程求三角形的面积：

按照前文分析的算法编程如下：

```
a, b, c = eval (input("请输入三角形边长，以逗号分隔:"))
s = (a+b+c)/2
area = (s*(s-a)*(s-b)*(s-c))**0.5
print("三角形的面积: %.2f " % area)
```

程序自上而下顺序执行，首先输入三角形的边长，然后计算边长和的一半，再利用海伦公式求三角形面积，最后输出三角形的面积。运行结果为：

```
请输入三角形边长，以逗号分隔:3,4,5
三角形的面积: 6.00
>>>
```

在输入三角形的 3 条边时，一定要保证任意两边之和大于第三边；否则将出现给负数开平方的情况，程序将出现异常并退出。因此，有必要对输入的 3 个数做判断，这正是选择结构程序设计要解决的问题。

【例 3-4】求 $ax^2+bx+c=0$ 方程的根，a、b、c 由键盘输入，设 $b^2-4ac \geq 0$。

求根公式(韦达定理)为

$$x_1 = \frac{-b+\sqrt{b^2-4ac}}{2a}, \quad x_2 = \frac{-b-\sqrt{b^2-4ac}}{2a}$$

令

$$p = \frac{-b}{2a}, \quad q = \frac{\sqrt{b^2-4ac}}{2a},$$

则 $x_1=p+q$，$x_2=p-q$。

求方程根的源程序如下：

```
a, b, c = eval (input("请输入系数a,b,c，以逗号分隔:"))
disc = b*b - 4*a*c
p = -b/(2*a)
q = disc**0.5 / (2*a)
x1 = p + q ; x2 = p - q
print("方程的根: \nx1=%.2f\nx2=%.2f"%(x1,x2))
```

程序同样是按照自上而下的顺序执行的，首先输入系数 a、b、c 的值，然后计算判别式 $disc$ 的值，再利用韦达定理求两个实根，最后按顺序输出两个实根。运行结果为：

```
请输入系数a,b,c，以逗号分隔:1,2,1
方程的根:
x1=-1.00
x2=-1.00
>>>
```

为了保证程序的健壮性，输入方程的 3 个系数后，应该作出判断，以避免 $b^2-4ac<0$ 导致的程序异常退出，这正是 3.2 节要解决的主要问题。

3.2 选择结构程序设计

选择结构
程序设计

选择结构根据给定的条件满足或不满足分别执行不同的语句，它可分为单分支、双分支和多分支选择结构。Python 提供了实现选择结构的 if 语句。

if 语句的基本内容包括 if、if-else、if-elif-else、三元运算符、比较运算符等。

Python 3 的条件语句是通过测试某个条件是否成立(True 或者 False、真值或者假值、0 或者 1)来决定执行的代码块。if 后面的条件可以是一个，也可以是多个。多个条件通过布尔操作符与(and)、或(or)、非(not)进行组合，形成复合条件表达式。

3.2.1 单分支选择结构

单分支选择结构的一般形式为：

```
if condition_1:
    statements_1
```

其执行过程是：如果 condition_1 为 True，则执行 statements_1 语句块(代码块)。

该 if 语句由三部分组成，即关键字、判断结果真假的条件表达式以及当表达式为真时执行的代码块。

代码块是条件为真时执行的一组代码，在代码前放置空格来缩进语句即可创建代码块。前文已提及，Python 要求严格缩进，不能第一次使用 Tab 键缩进，第二次使用空格键缩进，要做到缩进方式的统一。另外，在集成开发环境中，缩进是自动完成的，换句话说，输入冒号(:)并按回车键之后，下一行一般将自动缩进 4 个空格。

单分支选择结构的执行过程如图 3-1 所示。

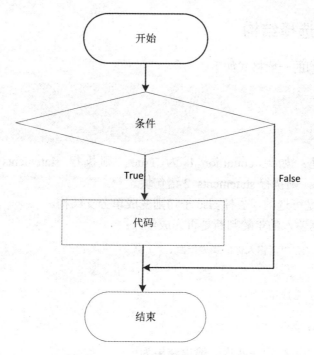

图 3-1　单分支选择结构的执行过程

【例 3-5】简单的 if 语句：

```
var1 = 50
if var1:
    print ("if-1 表达式条件为 True 或 1")
    print (var1)

var2 = 0
if var2:
    print ("if-2 表达式条件为 True 或 1")
    print (var2)
print ("Good bye!")
```

执行以上代码，输出结果为：

```
if-1表达式条件为True或1
50
Good bye!
>>>
```

从结果可以看到，变量 var2 为 0，因此对应的 if 内的语句块没有被执行。

注意：

①　每个条件表达式后面都要使用冒号(:)，表示接下来是满足条件后要执行的语句块。

②　在 Python 中没有类似于 C 语言的 switch－case 语句。

③　标准值 False 和 None、所有类型的数字 0(浮点型、整型和其他类型)、空数据结构(空字符串、空元组、空列表、空字典、空集合)都为假或者 0。

④　if 语句块如果仅有一条语句，则可以和 if 语句写在同一行上，但 ":" 不能省略。

3.2.2　双分支选择结构

双分支选择结构的一般格式如下:

```
if condition_1:
    statements_1
else:
    statements_2
```

其执行过程是: 如果 condition_1 为 True, 则执行 statements_1 语句块; 如果 condition_1 为 False, 则执行 statements_2 语句块。

其中 else 子句是可选的, 去掉 else 子句则变成单分支结构。

【例 3-6】根据输入的年龄判断是否为成年人:

```
age = int(input("请输入你的周岁年龄: "))
print("")
if age < 18:
    print("你是未成年人")
else :
    print("你是成年人")
```

执行以上代码, 运行程序两次, 输出结果为:

```
请输入你的周岁年龄: 17

你是未成年人
>>> ================
>>>
请输入你的周岁年龄: 18

你是成年人
>>>
```

3.2.3　多分支选择结构

多分支选择结构的一般形式如下:

```
if condition_1:
    statements_1
elif condition_2:
    statements_2
else:
    statements_3
```

其执行过程是: 如果 condition_1 为 True, 则执行 statements_1 语句块; 如果 condition_1 为 False, 则判断 condition_2; 如果 condition_2 为 True, 则执行 statements_2 语句块; 如果 condition_2 为 False, 则执行 statements_3 语句块。

Python 中用 elif 代替了 else if, 所以 if 语句的关键字为 if-elif-else。和 else 一样, elif 子句是可选的, 然而不同的是, if 语句可以有任意数量的 elif 子句, 但最多只能有一个 else 子句。

【例 3-7】根据动物的年龄, 计算对应于人类的年龄:

```
age = int(input("请输入狗的年龄: "))
print("")
if age < 0:
    print("请输入正确的年龄!")
elif age == 1:
    print("相当于 14 岁的人。")
elif age == 2:
    print("相当于 22 岁的人。")
elif age > 2:
    human = 22 + (age -2)*5
    print("对应人的年龄: ", human)
```

执行以上代码，输出结果为：

```
请输入狗的年龄: 8

对应人的年龄:  52
>>>
```

3.2.4　三元运算符

Python 三元运算符的语法格式为：

```
X if C else Y。
```

其中 C 是条件表达式，X 是 C 为 True 时的结果，Y 是 C 为 False 时的结果。有了三元运算符后，只需要一行就可以完成条件判断和赋值操作。

【例 3-8】三元运算符的应用：

```
x, y = 8, 7
larger = x if x > y else y
print(larger)
```

执行以上代码，输出结果为：

```
8
>>>
```

也可以用正常的 if-else 语句完成上述功能，代码如下：

```
x, y = 8, 7
if x > y:
    larger = x
else:
    larger = y
print(larger)
```

可见，使用三元运算符能使程序更加简洁、紧凑。

3.2.5　比较运算符

比较运算符也称关系运算符，前一章介绍运算符时，已在表 2-1 中列出。为方便读者阅读，本章单独将比较运算符列举于表 3-1 中。

表 3-1　比较运算符及其含义

比较运算符	含　义		
<	小于	如 2<3　值为 True	3<1 值为 False
<=	小于或等于	如 4<=4　值为 True	4<=1 值为 False
>	大于	如 9>7　值为 True	7>8 值为 False
>=	大于或等于	如 9>=9　值为 True	7>=8 值为 False
==	等于，比较对象是否相等	如 5==5　值为 True	4= =8 值为 False
!=	不等于	如 5!=4　值为 True	4!=4 值为 False
is	a is b	a 和 b 是同一个对象	
is not	a is not b	a 和 b 不是同一个对象	
in	a in b	a 是 b 容器中的元素	
not in	a not in b	a 不是 b 容器中的元素	

下面看几个例子。

【例 3-9】"=="运算符的功能：

```
# 使用常量
print(5 == 7)
# 使用变量
x = 5
y = 5
print(x == y)
```

执行以上代码，输出结果为：

```
False
True
>>>
```

【例 3-10】演示猜数字功能：

```
x = int(input("请输入数字: "))
if x < 0:
    print('输入的数字小于 0')
elif x == 0:
    print('输入的数字为 0')
elif x == 1:
    print('输入的数字为 1')
else:
    print('输入的数字大于等于 2')
```

执行以上代码 4 次，输出结果分别为：

```
请输入数字: 5
输入的数字大于等于2
>>> ===============
>>>
请输入数字: -1
输入的数字小于0
>>> ===============
>>>
请输入数字: 1
输入的数字为1
>>> ===============
>>>
请输入数字: 0
输入的数字为0
>>>
```

【例 3-11】判断列表是否相等：

```
a = c = [1,2]
b =[1,2]
print(a==c)
print(a==b)
print (a is c)
print (a is b)
```

执行以上代码，输出结果为：

```
True
True
True
False
>>>
```

注意： 此程序说明 a 和 b 值相等，但不是同一个对象。

【例 3-12】字符串应用：

```
x = "hello"
if 'e' in x:
    print("yes")
else:
print("no")
```

执行以上代码，输出结果为：

```
yes
>>>
```

3.2.6　逻辑运算符

逻辑运算符只有 3 个，即与(and)、或(or)、非(not)，其功能已列于表 2-1 中。它们用来连接多个条件表达式，从而构成复合条件表达式，或称为逻辑表达式。and 和 or 具有逻辑短路的特点，即当连接多个表达式时，只计算必须要计算的值。如：

```
>>> 3>5 and a<10
False
>>>
```

变量 a 未赋值，为何不出错呢？因为 3>5 的结果为假，最终结果已经确定，后面的计算不再执行，所以不会显示出错信息。

本章例 3-3 采用顺序程序设计方法求解三角形面积时，曾提及需要判断输入的 3 个数是否能构成三角形，下面对该例进行完善。

【例 3-13】完善求解三角形面积的程序：

```
a, b, c = eval (input("请输入三角形边长，以逗号分隔:"))
if (a+b)>c and (b+c)>a and (c+a>b):    #判断任意两边之和是否大于第三边
    s = (a+b+c)/2
    area = (s*(s-a)*(s-b)*(s-c))**0.5
    print("三角形的面积: %.2f " % area)
else:
    print("你输入的三个数不能构成三角形，无法求面积。")
```

先后输入不同的数据，运行结果为：

请输入三角形边长，以逗号分隔:2, 3, 7
你输入的三个数不能构成三角形，无法求面积。
>>>
请输入三角形边长，以逗号分隔:2, 3, 4
三角形的面积：2.90
>>>

3.2.7　选择结构的嵌套

在嵌套的选择结构中，可以把 if-elif-else 结构放在另一个 if-elif-else 结构中。一般形式如下：

```
if condition_1:
    statements_1
    if condition_2:
        statements_2
    elif condition_3:
        statements_3
    else:
        statements_4
elif condition_4:
    statements_5
else:
    statements_6
```

【例 3-14】判断输入的数字是否可以被 3 或 5 整除：

```
number=int(input("输入一个数字："))
if number%3==0:
    if number%5==0:
        print ("你输入的数字可以整除 3 或5")
    else:
        print ("你输入的数字可以整除 3，但不能整除 5")
else:
    if number%5==0:
        print ("你输入的数字可以整除 5，但不能整除 3")
    else:
        print ("你输入的数字不能整除 3 或 5")
```

执行以上代码，运行 4 次，输出结果为：

输入一个数字：15
你输入的数字可以整除 3 或5
>>> ==============================
>>>
输入一个数字：9
你输入的数字可以整除 3，但不能整除 5
>>> ==============================
>>>
输入一个数字：20
你输入的数字可以整除 5，但不能整除 3
>>> ==============================
>>>
输入一个数字：23
你输入的数字不能整除 3 或 5
>>>

3.3　循环结构程序设计

本节将介绍 Python 循环语句的使用。Python 中的循环语句有 for 和 while 两种，本节先介绍 for 循环，然后介绍 while 循环，再介绍两者的嵌套使用。

3.3.1　for 循环

1. for 循环基本结构

for 循环的一般格式如下：

```
for <variable> in <sequence>:
    <statements_1>
[else:
    <statements_2> ]
```

其中的 else 子句是可选项，其功能稍后再做介绍。

for 循环的控制流程如图 3-2 所示。

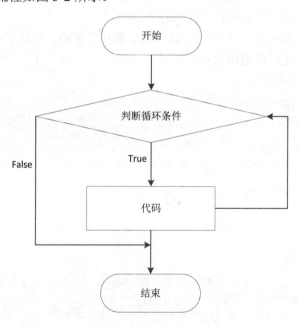

图 3-2　for 循环的控制流程

当确切地知道循环次数时，大多采用 for 循环进行编程，这时常常辅以 range()函数，该函数用于产生一个等差数列，本章最后对此予以介绍。

【例 3-15】天天向上的力量。

假如你的高考成绩是 600 分，以此作为"功力"的基数(初始功力)，如果每天努力 1‰，大学四年之后，你将有多大的功力？学习如逆水行舟，不进则退。假设你每天都不努力，相当于你每天懈怠 1‰，同样经过四年，你的功力还剩多少呢？让我们编程计算一下吧：

```
#天天向上的力量
a=600   #初始功力
for i in range(365*4):  #四年共有 365*4 天
    a=a*(1+0.001)       #每天进步 1‰
print("天天向上，四年后你的功力将是：",int(a))      #进步四年之后的功力

#日日懈怠的后果
b=600   #初始功力
for i in range(365*4):  #四年共有 365*4 天
    b=b*(1-0.001)       #每天退步 1‰
print("日日懈怠，四年后你的功力将是：",int(b))      #退步四年之后的功力

print("两者功力差异为"+str(round(a/b))+"倍。")
```

执行以上代码，输出结果为：

```
天天向上，四年后你的功力将是： 2581
日日懈怠，四年后你的功力将是： 139
两者功力差异为19倍。
>>>
```

程序输出结果表现出惊人的差异，天天努力的功力比天天懈怠高出近 20 倍。

通过这个简单的例子不难感悟到，每天比别人多付出一点，日积月累的差距非常显著。记住天天向上的力量，让你自己变得越来越好。

除了限定次数的循环外，使用 for 循环可以遍历字符串、元组、列表、字典、集合等各种数据结构，甚至还可以遍历文件。

【例 3-16】遍历字符串：

```
word = input("输入字符串：")
tripleWord = ""
for w in word:
    tripleWord += w*3
print("三倍字符串是：" + tripleWord + "。")
```

执行以上代码，输出结果为：

```
输入字符串：aeiou
三倍字符串是：aaaeeeiiiooouuu。
>>>
```

【例 3-17】遍历元组：

```
languages = ("C", "C++", "JAVA", "Python")
for x in languages:
print (x)
```

执行以上代码，输出结果为：

```
C
C++
JAVA
Python
>>>
```

【例 3-18】遍历列表：

```
people = ["美国人","英国人","德国人","法国人","韩国人","俄国人","Chinese",]
for i in range(len(people)):
    people[i] = people[i][0:2]
print(people)
```

执行以上代码，输出结果为：

```
['美国', '英国', '德国', '法国', '韩国', '俄国', 'Chinese']
>>>
```

注意：

① range(len(people))相当于 range(7)，for 循环的 i 变量取值从 0 到 6，即 i=0，1，2，3，4，5，6。

② people[i][0:2]是取每个 people 列表元素的前两个字符。

【例 3-19】 遍历字典：

```
months = {'January':1, 'February':2, 'March':3, 'April':4, 'May':5}
for key in months:
    print(key,'--',months[key],end=' ')    #end 保证同行输出并隔 2 个空格(详见 2.8.1 小节)
print()                              #换行
for value in months.values():             #使用字典方法 values()
    print('values = ',value,end=' ')
print()
for key, value in months.items():          #使用字典方法 items()
    print(key,'--',value,end=' ')
```

执行以上代码，输出结果为：

```
January -- 1 February -- 2 April -- 4 March -- 3 May -- 5
values = 1 values = 2 values = 4 values = 3 values = 5
January -- 1 February -- 2 April -- 4 March -- 3 May -- 5
>>>
```

注意： 在早期的 Python 版本中，字典元素的输出顺序与存储顺序不一致。上面的输出结果源自 Python 3.4 版本，循环迭代时，字典中的键和值都均能保证被处理，但处理顺序不确定。如果顺序很重要，需要将键值保存在单独的列表中或者排序输出。Python 3.6 版本改写了字典的内部算法，在此之后的字典是有序的，输出顺序即是存储顺序。下面 Python 3.8 版本的输出结果：

```
January -- 1 February -- 2 March -- 3 April -- 4 May -- 5
values = 1 values = 2 values = 3 values = 4 values = 5
January -- 1 February -- 2 March -- 3 April -- 4 May -- 5
>>>
```

【例 3-20】 遍历字典——输出社会主义核心价值观：

```
values={"国家层面":["富强","民主","文明","和谐"],
       "社会层面":["自由","平等","公正","法治"],
       "个人层面":["爱国","敬业","诚信","友善"]}
print("社会主义核心价值观:")
for key in values:
    value=values[key]
    print(key + ":" + ','.join(value))
```

执行以上代码，输出结果为：

```
社会主义核心价值观:
国家层面:富强,民主,文明,和谐
社会层面:自由,平等,公正,法治
个人层面:爱国,敬业,诚信,友善
>>>
```

【例 3-21】 遍历集合：

```
s={'p','y','t','h','o','n'}
for i in s:
    print(i,end=' ')
```

执行以上代码，输出结果为：

```
o t n h y p
>>>
```

每次运行时，输出结果的顺序是随机的，这也表明，集合的元素是无序的。

【例 3-22】文本文件的行遍历：

```
firstName = input("输入姓氏: ")
file = open("xingming.txt",'r')
for f in file:
    if f.startswith(firstName):
        print (f.rstrip())
file.close()
```

执行以上代码，输出结果为：

```
输入姓氏: 张
张伯
张仲
张叔
张季
>>>
```

注意：

① open()函数用于打开文件，即建立程序和文件的连接，允许程序从文件中读取数据。把程序和文件放到同一个文件夹中，就可以只用文件名，而不用文件的完整路径；

② xingming.txt 中有 6 个名字，分别是张伯、张仲、张叔、张季、李刚、王明，文本文件的每一行由一个换行符结束，rstrip()函数用于移除这个字符；

③ close()函数用于关闭文件，即断开程序和文件的连接；

④ open()和 close()两个函数将在第 5 章作具体介绍。

2. 列表推导式

如果 list1 是一个列表，那么

```
[f(x) for x in list1]
```

将创建一个新列表，并将 list1 中的每个元素通过 f(x)映射到这个新的列表中。新的列表称为列表推导式，其中 f(x)为 Python 的内建函数或用户自定义函数。

【例 3-23】列表推导式举例：

```
list1 = [2.3, 3.4, 4.5, 5.6, 6.7]
print ([int(x) for x in list1])        #将 list1 中所有数转换为整数(割尾取整)
print ([int(x) for x in [2.3,3.4,4.5,5.6,6.7]])#将列表中所有数转换为整数
print ([int(x)**2 for x in list1])     #打印 list1 中所有数的平方
print ([int(x)**2 for x in list1 if int(x) % 2 == 0]) #只打印偶数的平方
```

执行以上代码，输出结果为：

```
[2, 3, 4, 5, 6]
[2, 3, 4, 5, 6]
[4, 9, 16, 25, 36]
[4, 16, 36]
>>>
```

注意：除列表外，列表推导式也可以应用在其他对象上，如字符串、元组和用 range()函数产生的算术表达式。

【例 3-24】应用在其他对象上的列表推导式：

```
print ([ord(x) for x in "abcd"])
print ([int(x)**0.5 for x in (-1,9,16) if x >= 0])
print ([x**3 for x in range(3)])
```

执行以上代码，输出结果为：

```
[97, 98, 99, 100]
[3.0, 4.0]
[0, 1, 8]
>>>
```

注意：除了列表生成式外，还可以构建字典生成式、集合生成式等，但不能构造元组生成式，因为元组是不可变的，不能以这种方法来"生成"。例如：

```
print ([chr(x) for x in range(33,43)])
print ((chr(x) for x in range(33,43)))     #不能构造元组生成式
print ({chr(x) for x in range(33,43)})
print ({chr(x):x for x in range(33,43)})
```

执行代码的结果为：

```
['!', '"', '#', '$', '%', '&', '"', '(', ')', '*']
<generator object <genexpr> at 0x0000000003002DD0>
{'"', '*', '(', '$', '!', '%', '#', ')', '&', '"'}
{'!': 33, '"': 34, '#': 35, '$': 36, '%': 37, '&': 38, '"': 39, '(': 40, ')': 41, '*': 42}
>>>
```

3.3.2　while 循环

Python 中 while 循环的一般形式如下：

while 循环

```
while <expression>:
    <statements_1>
[else:
    <statements_2> ]
```

与 for 循环一样，后面的 else 子句也是可选项，其功能稍后再做介绍。

while 循环的执行流程如图 3-3 所示。

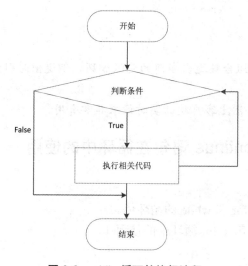

图 3-3　while 循环的执行流程

注意：与 C 语言不同，在 Python 中没有 do...while 循环。

【例 3-25】使用 while 循环语句计算 1 到 n 的总和，这里 n=100：

```
n = int(input("输入一个数字:"))        #输入一个数，并转换成整数
sum = 0                                #求和变量初始化为 0
counter = 1                            #计数器初始化为 1
while counter <= n:                    #计数器<=100 时
    sum += counter                     #求和变量加上 counter
    counter += 1                       #计数器增 1
print("1 到%d 之和为: %d" % (n,sum))    #打印结果
```

执行以上代码，输出结果为：

```
输入一个数字:100
1到100之和为: 5050
>>>
```

注意：使用复合赋值运算符或称增强赋值运算符(+=、-=、*=、/=、//=、%=、**= 等)，代码显得更加紧凑、简洁，并且易读，读者应掌握这种用法。

【例 3-26】通过设置条件表达式永远为 True 来实现无限循环：

```
a = 1
while a == 1 :  # 表达式永远为 True
    num = int(input("输入一个数字  :"))
    print ("你输入的数字是: ", num)
```

执行以上代码，输出结果为：

```
输入一个数字  :1
你输入的数字是:  1
输入一个数字  :-1
你输入的数字是:  -1
输入一个数字  :1234567890987654321
你输入的数字是:  1234567890987654321
输入一个数字  :
Traceback (most recent call last):
  File "C:/Windows/System32/hh.py", line 3, in <module>
    num = int(input("输入一个数字  :"))
  File "C:\Users\Administrator\AppData\Local\Programs\Python\Python35-32\lib\idl
elib\PyShell.py", line 1389, in readline
    line = self._line_buffer or self.shell.readline()
KeyboardInterrupt
>>>
```

注意：

① 可以按 Ctrl+C 组合键退出当前的无限循环，但退出时引发 Keyboard Interrupt(键盘中断)异常；

② 无限循环对服务器上客户端的实时请求非常有用。

3.3.3 break 和 continue 语句在循环中的使用

break 和 continue 语句
在循环中的使用

1. break 语句

break 语句用于跳出 for 和 while 的循环体。

【例 3-27】break 语句在 for 循环中的使用：

```
for letter in 'helloworld':
    if letter == 'l':
```

```
        break
    print ('当前字母 :', letter)
```

执行以上代码，输出结果为：

```
当前字母 : h
当前字母 : e
>>>
```

【例 3-28】 break 语句在 while 循环中的使用：

```
var = 5
while var > 0:
    print ('当前变量值是 :', var)
    var -= 1
    if var == 3:
        break
```

执行以上代码，输出结果为：

```
当前变量值是 : 5
当前变量值是 : 4
>>>
```

2. continue 语句

continue 语句用来告诉 Python 跳过当前循环体中的剩余语句，然后继续进行下一轮循环。

【例 3-29】 continue 语句在 for 循环中的使用：

```
for letter in 'helloworld':
    if letter == 'l':
        continue
    print ('当前字母 :', letter)
```

执行以上代码，输出结果为：

```
当前字母 : h
当前字母 : e
当前字母 : o
当前字母 : w
当前字母 : o
当前字母 : r
当前字母 : d
>>>
```

【例 3-30】 continue 语句在 while 循环中的使用：

```
var = 5
while var > 0:
    var -= 1
    if var == 3:
        continue
    else:
        print ('当前变量值是 :', var)
```

执行以上代码，输出结果为：

```
当前变量值是 : 4
当前变量值是 : 2
当前变量值是 : 1
当前变量值是 : 0
>>>
```

3.3.4　循环中使用 else 分支

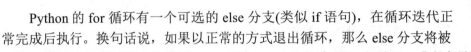

循环中使用
else 分支

1. for 循环中使用 else 分支

Python 的 for 循环有一个可选的 else 分支(类似 if 语句)，在循环迭代正常完成后执行。换句话说，如果以正常的方式退出循环，那么 else 分支将被执行；但如果在循环体内执行了 break 语句、return 语句而退出循环，或者有异常出现而退出循环，那么 else 分支将不会被执行。考虑一个简单的例子：

【例 3-31】执行 else 分支的 for 循环：

```
for i in range(5):
    print(i)
else:
    print("没有更多的数字")
```

执行以上代码，输出结果为：

```
0
1
2
3
4
没有更多的数字
>>>
```

循环正常完成，所以 else 分支也被执行，并打印"没有更多的数字"。

如果循环所迭代的序列是空的，else 分支依然会被执行。

【例 3-32】迭代序列为空时执行 else 分支：

```
for i in {}:
    print(i)
else:
    print("for 循环后执行该语句")
```

执行以上代码，输出结果为：

```
for循环后执行该语句
>>>
```

如果用 break 语句终止循环，那么 else 分支将不会被执行。

【例 3-33】不执行 else 分支的 for 循环：

```
sites = ["Baidu", "Google","Lenovo","Apple"]
for site in sites:
    if site == "Lenovo":
        print("联想集团!")
        break
else:
    print("没有匹配数据!")
print("完成循环!")
```

执行以上代码，输出结果为：

```
联想集团!
完成循环!
>>>
```

注意：执行程序时，在循环到"Lenovo"时会跳出循环体，else 分支不再执行。

2. while 循环中使用 else 分支

与 for 语句一样，while 以正常的方式退出循环(不是执行 break、return 语句)时，else 子句才被执行。

【例 3-34】else 分支在 while 循环中的使用:

```
cou = 0
while cou <= 3:
    print (cou, " 小于或等于 3")
    cou += 1
else:
    print (cou, " 大于 3")
```

执行以上代码，输出结果为:

```
0   小于或等于  3
1   小于或等于  3
2   小于或等于  3
3   小于或等于  3
4   大于  3
>>>
```

类似 if 语句的语法，如果 while 循环体中只有一条语句，也可以将该语句与 while 写在同一行中。

【例 3-35】单行循环体:

```
var = 1
while (var): print ('hello Python')
print ("bye!")
```

在本例程序中，循环体只有一行，与 while 写在了同一行，可能书写起来比较方便，但这样的代码可读性差，希望读者将这一行代码移到下一行并合理地缩进。另一个原因是，如果要添加新的代码，读者还是需要把它移到下一行，使用标准的形式。

执行以上代码，输出结果如图 3-4 所示。本例程序采用了死循环，不得不使用 Ctrl+C 组合键中断执行，因此最后退出时引发了与例 3-26 一样的键盘中断(Keyboard Interrupt)异常。

```
hello Python
hello Python
hello Python
hello PythonTraceback (most recent call last):
  File "D:\Python34\text1.py", line 2, in <module>
    while (var): print ('hello Python')
  File "C:\Users\Administrator\AppData\Local\Progr
ams\Python\Python35-32\lib\idlelib\PyShell.py", li
ne 1347, in write
    return self.shell.write(s, self.tags)
KeyboardInterrupt
>>>
```

图 3-4 例 3-35 的运行结果

3.3.5 循环的嵌套

1. for 循环嵌套

循环的嵌套

Python 语言允许在一个循环体内嵌入另一个循环，其一般格式如下:

```
for <variable1> in <sequence1>:
```

```
    for <variable2> in <sequence2>:
        <statements_1>
    <statements_2>
```

【例 3-36】双重循环的应用：

```
for i in range(5,10):
    for j in range(5,10):
        print (i,"*",j,"=",i*j,end='')
        print("\t",end='')
```

执行以上代码，输出结果为：

```
5 * 5 = 25      5 * 6 = 30      5 * 7 = 35      5 * 8 = 40      5 * 9 = 45
6 * 5 = 30      6 * 6 = 36      6 * 7 = 42      6 * 8 = 48      6 * 9 = 54
7 * 5 = 35      7 * 6 = 42      7 * 7 = 49      7 * 8 = 56      7 * 9 = 63
8 * 5 = 40      8 * 6 = 48      8 * 7 = 56      8 * 8 = 64      8 * 9 = 72
9 * 5 = 45      9 * 6 = 54      9 * 7 = 63      9 * 8 = 72      9 * 9 = 81
>>>
```

第 1 行设定变量 i 从 5 到 10(不含 10)变化，每次自动加 1。

第 2 行设定变量 j 从 5 到 10(不含 10)变化，每次自动加 1。

第 3 行是打印语句，因为 print()函数的最后有 end=''(两个单引号，中间无空格，不是双引号，也可以用两个双引号，见下例)，所以每一次循环都不会换行。

第 4 行是表示输出一个制表符之后不换行。

注意：

① 双重循环的缩进格式很重要，这里再次强调，Python 有非常严格的语法规定；

② for 语句的判断标准是先判断后执行，所以 i=10 是不执行的，因此该程序是从 5*5=25 计算到 9*9=81。

【例 3-37】双重循环输出举例：

```
number = int(input("输入一个数字: "))
for i in range(0,number):
    for j in range(0,i+1):
        print("*",end="")
print()
```

执行以上代码，输出结果为：

```
输入一个数字：4
*
**
***
****
>>>
```

2. while 循环嵌套

Python 中 while 循环的嵌套形式如下：

```
while <expression1>:
    while <expression2>:
        <statements_1>
    <statements_2>
```

while 循环也可以在循环体内嵌入其他的循环体，如在 while 循环中可以嵌入 for 循环；反之，也可以在 for 循环中嵌入 while 循环。

【例 3-38】 使用嵌套循环输出 20～50 的素数：

```
i = 20
while(i < 50):
    j = 2
    while(j <= (i/j)):
        if not(i%j): break
        j = j + 1
    if (j > i/j): print (i, " 是素数")
    i = i + 1
```

执行以上代码，输出结果为：

```
23    是素数
29    是素数
31    是素数
37    是素数
41    是素数
43    是素数
47    是素数
>>>
```

3. for 循环、while 循环互相嵌套

前文单独列举了 for 循环和 while 循环嵌套的例子。事实上，两种循环也可以互相嵌套，此处不再举例。

3.3.6　pass 在循环中的使用

Python 的 pass 是空语句，旨在保持程序结构的完整性。pass 不做任何事情，一般用作占位语句。

pass 在循环中的使用

【例 3-39】 pass 语句的使用：

```
for letter in 'hello':
    if letter == 'l':
        pass
        print ('执行 pass 语句')
    print ('当前字母:', letter)
```

执行以上代码，输出结果为：

```
当前字母: h
当前字母: e
执行 pass 语句
当前字母: l
执行 pass 语句
当前字母: l
当前字母: o
>>>
```

3.4　range()函数

前文已经多次使用 range()函数，读者对这一内建函数的用法已略知一二。由于其应用颇广，本节对此单独作详细介绍。

range()函数

函数原型：range(start,end,step)

参数含义：

start：计数从 start 开始，默认从 0 开始，如 range(5)等价于 range(0,5)。

end：计数到 end 结束，但不包括 end。例如：range(0,5)产生的序列是 0, 1, 2, 3, 4，没有 5。

step：每次跳跃的间距，或称为步长，默认值为 1，如 range(0,5)等价于 range(0, 5, 1)。

例如：

range(3,12,2)产生的序列为 3、5、7、9、11。

range(0,22,4)产生的序列为 0、4、8、12、16、20。

range(-10,20,5)产生的序列为-10、-5、0、5、10、15(注意：没有 20)。

如果步长值为负数，并且初始值大于终止值，则 range()函数产生一个递减序列，它由初始值开始，递减至终止值。

例如：

range(4,0,-1) 产生的序列是 4、3、2、1。

range(8,-2,-3)产生的序列是 8、5、2、-1。

range(-1,-10,-2)产生的序列是-1、-3、-5、-7、-9。

使用 range()函数可以生成数字序列，而且可以使用单个参数、两个参数、3 个参数。

【例 3-40】使用 range()函数产生等差数列——单个参数的应用：

```
for i in range(6):
    print(i)
```

执行以上代码，输出结果为：

```
0
1
2
3
4
5
>>>
```

【例 3-41】使用 range()函数产生指定区间的值——两个参数的应用：

```
for i in range(5,10) :
    print(i)
```

执行以上代码，输出结果为：

```
5
6
7
8
9
>>>
```

【例 3-42】使用 range()函数产生偶数序列——3 个参数的应用：

```
for i in range(0, 10, 2) :
    print(i)
```

执行以上代码，输出结果为：

```
0
2
4
6
8
>>>
```

【例 3-43】 range()函数的应用——参数为负数：

```
for i in range(-10, -100, -20) :
print(i)
```

执行以上代码，输出结果为：

```
-10
-30
-50
-70
-90
>>>
```

也可以结合 range()和 len()函数以遍历一个序列的索引。

【例 3-44】 遍历列表：

```
a = ['Lenovo','Google','Baidu','Tencent','Alibaba','Apple','SINA']
for i in range(len(a)):
    print(i, a[i])
```

执行以上代码，输出结果为：

```
0 Lenovo
1 Google
2 Baidu
3 Tencent
4 Alibaba
5 Apple
6 SINA
>>>
```

还可以使用 range()函数来创建一个列表，并且打印出来。

【例 3-45】 创建列表：

```
print(list(range(5)))
```

执行以上代码，输出结果为：

```
[0, 1, 2, 3, 4]
>>>
```

在 Python 中不能声明矩阵，也不能列出维数，但可以利用列表中夹带列表的形式表示，即利用嵌套的列表来表示。

【例 3-46】 生成 3×3 的矩阵：

```
count = 1
array = []
for i in range(0, 3):
    tmp = []
    for j in range(0, 3):
        tmp.append(count)
        count =count + 1
    array.append(tmp)
print (array)
```

执行以上代码，输出结果为：

```
[[1, 2, 3], [4, 5, 6], [7, 8, 9]]
>>>
```

【例 3-47】矩阵初始化(全部元素赋 0 值)：

```
array = []
for i in range(0, 3):
    tmp = []
    for j in range(0, 3):
        tmp.append(0)
    array.append(tmp)
print (array)
```

执行以上代码，输出结果为：

```
[[0, 0, 0], [0, 0, 0], [0, 0, 0]]
>>>
```

尽管使用列表实现矩阵轻而易举，但借助第三方扩展库将更加方便、灵活，相关内容可参考第 9 章的例 9-4。

【例 3-48】编程实现排序功能：

```
a = [11, 21, 53, 32, 67, 82, 43]
for i in range(len(a) - 1, 0, -1):            #等价于 range(1, len(a), 1)
    for j in range(0, i):
        if a[j] > a[j + 1]:
            a[j], a[j + 1] = a[j + 1], a[j]
print (a)
```

执行以上代码，输出结果为：

```
[11, 21, 32, 43, 53, 67, 82]
>>>
```

逐行说明如下。

(1) a 是一个乱序的列表。

(2) range(len(a)-1,0,-1)也就是 range(6,0,-1)，意思是从 6 到 0 间隔-1 产生序列，也就是倒序的 range(1,7,1)，随后把这些值依次赋给 i，那么 i 的值将会是 6, 5, 4, 3, 2,1。

(3) 第 2 个 for 是内层循环，j 的值将随 i 而变化，每次分别是：0,1,2,3,4,5；0,1,2,3,4；0,1,2,3；0,1,2；0,1；0。

(4) 比较第 j 个元素和第 j+1 个元素的大小。

(5) 若 a[j]大，则交换第 j 个元素和第 j+1 个元素(即前面的大时交换)。

(6) 打印排序后的列表。

例 3-48 程序所用的排序算法是一个很有名的算法，称为"冒泡排序"。如果不想公开本例所用的算法，则可以用 C 或 C++语言编写这一部分代码，再编写相应的封装接口，将其实现为 Python 中的一个模块，引入 Python 程序中。

事实上，完全没有必要通过编程来实现排序，因为 Python 内建了 sort()函数，可直接用于排序，这样不仅使用方便，而且速度快，对数据类型的适应性也很强。

【例 3-49】直接调用 sort()函数实现排序：

```
a = [11, 21, 53, 32, 67, 82, 43]
a.sort()
print (a)
```

```
b = ['11', '21', '53', '32', '67', '82', '43']
b.sort()
print (b)
```

执行以上代码，输出结果为：

```
[11, 21, 32, 43, 53, 67, 82]
['11', '21', '32', '43', '53', '67', '82']
>>>
```

3.5 案 例 实 训

实训案例

3.5.1 案例实训 1：输出所有和为某个正整数的连续正数序列

小明很喜欢数学，有一天，他在做数学作业时，要求计算出 9~16 的和，他马上就写出了正确答案：100。但是他并不满足于此，他在想，究竟有多少种连续的正数序列和为100(至少包括两个数)？没多久，他就得到另一组连续正数和为 100 的序列：18，19，20，21，22。现在使用 Python 编程，找出所有和为 S 的连续正数序列。

题目描述：输入一个正整数 $S(S>2)$，输出所有和为 S 的连续正整数序列。要求先输出符合要求的序列数目，然后分行输出各个序列。

题目分析：1+2+…，"展右端"，即总是加最右端的数，直至其和等于输入数，或大于输入数；若等于输入数，则输出该序列；若大于输入数，则依次"砍左端"，即依次减掉最左端的数，直到序列和小于输入数。

算法如下：

(1) 输入数(大于 2 的正整数)；

(2) 找到输入数的 1/2，作为序列中值；

(3) 当前和=1+2；

(4) 当左端数>中值时，转(8)

(5) 如果序列和=输入数，则输出该序列，然后"展右端"，求新序列的和，转(4)；

(6) 如果序列和>输入数，则"砍左端"，转(4)；

(7) 如果序列和<输入数，则"展右端"，求新序列的和，转(4)；

(8) 输出序列。

程序如下：

```
# 求连续正数和问题
print("请输入大于 2 的正整数：")
tsum=int(input())
while(tsum<=2):
    print("请输入大于 2 的正整数：")
    tsum=int(input())
begin = 1  # 首元素
end = 2    # 尾元素
middle = (tsum + 1)>>1 # 右移一位，获取中间值，相当于除以 2
curSum = begin + end  # 连续序列的和(最小的连续序列和为 1+2=3，故从 3 开始)
output = [] # 保存结果的列表(有几个序列，其中就有几个子列表)
```

```
while begin < middle:      # "展右端, 砍左端"
    if curSum == tsum:  # 若 curSum==tsum, 则符合条件
        output.append([begin, end])  # 将序列的首尾元素列表(2元素)添加到 output
        end += 1     # 为寻找下一个可能的序列做准备
        curSum += end
    elif curSum > tsum:  # 若 curSum>tsum, 则从 curSum 中减去 begin, begin 再增 1
        curSum -= begin
        begin += 1
    else:                # 若 curSum<tsum, 则 end 先增加 1, curSum 再加上 end
        end += 1
        curSum += end
# 按照指定格式输出结果
if len(output)!=0:
    print("有{0}种序列: ".format(len(output)))
    for i in range(0,len(output),1):
        print("序列{0}: ".format(i+1))
        for j in range(output[i][0],output[i][1]+1):
            print(j,end=' ')
        print('\n')
else:
    print("没有满足条件的序列! ! ! ")
```

执行两次以上代码, 输出结果为:

```
请输入大于2的正整数:
100
有2种序列:
序列1:
9   10   11   12   13   14   15   16

序列2:
18   19   20   21   22

>>> ==========================
>>>
请输入大于2的正整数:
8
没有满足条件的序列! ! !
```

程序中使用了一个嵌套的 output 列表, 用于存储符合条件的序列, 但存储的是该序列的首尾两个数, 输出时则输出整个序列。

3.5.2 案例实训 2: 歌咏比赛评分程序

为庆祝中国共产党成立 100 周年, 某单位举行红歌大合唱比赛, 邀请了 10 位评委为各个参赛队评分。评分规则是: 去掉一个最高分, 去掉一个最低分, 以其余 8 位评委的平均分作为参赛队的最终得分。

题目分析: 此题抽象为数学问题, 就是从 10 个数中找出最大值和最小值, 去除这两个值, 然后对其余值求平均。

算法如下:

(1) 输入 10 个数(利用循环);

(2) 计算 10 个数的和;

(3) 求出最大值、最小值;

（4）从 10 个数的和中减掉最大值和最小值；

（5）求其余 8 个数的平均值；

（6）输出平均值。

采用一般的编程语言使用上面的算法流程编制程序时，不仅要设置多个变量记录信息，而且要自行编写程序或子函数来求和、计算最大值和最小值，并从总和中减掉它们。Python 语言拥有独特的列表数据结构，同时具有丰富的函数 sum()、max()、min()等，编程时免去了诸多麻烦，使程序非常简练、易读、易懂。程序如下：

```python
s=[]
for i in range(10):
    s.append(int(input("请输入第"+str(i+1)+"个评委的分数:")))
s.remove(max(s))
s.remove(min(s))
print("最终得分:",sum(s)/len(s))
```

执行以上代码，输出结果为：

```
请输入第1个评委的分数:90
请输入第2个评委的分数:80
请输入第3个评委的分数:95
请输入第4个评委的分数:98
请输入第5个评委的分数:99
请输入第6个评委的分数:88
请输入第7个评委的分数:92
请输入第8个评委的分数:93
请输入第9个评委的分数:90
请输入第10个评委的分数:90
最终得分: 92.0
>>>
```

下面给出实现同样功能的 C 语言程序：

```c
#include <stdio.h>
#define N 10
main()
{ int a[N],i,max(int[],int),min(int[],int),sum=0;
  for (i=0;i<N;i++)    //输入数据并求和
  { scanf("%d",&a[i]);
    sum+=a[i];
  }
  sum=sum-max(a,N)-min(a,N);  //去掉两个极值
  printf("%6.2f\n",sum/(N-2));
}
int max(int x[],int n)    //求最大值
{ int i,h=x[0];
  for (i=1;i<N;i++)
      if (x[i]>h)
          h=x[i];
  return h;
}
int min(int x[],int n)    //求最小值
{ int i,l=x[0];
  for (i=1;i<N;i++)
      if (x[i]<l)
          l=x[i];
  return l;
}
```

比较一下 Python 语言和 C 语言不难看出，编写完成同样功能的程序，前者仅仅使用 6 行代码，后者则用了 25 行，两者相差 4 倍有余。

古人云："工欲善其事，必先利其器。"完成同样的任务，选择 Python 语言进行编程，要"省力"得多，编程效率也高得多，代码也优雅得多。对于程序员而言，编写大型程序无疑是极其复杂而又繁重的脑力劳动，Python 语言的出现令无数程序员发出感慨：人生苦短，我用 Python！

3.6 本章小结

本章主要介绍了结构化程序设计的 3 种基本方法，即顺序、选择和循环。首先介绍了算法的概念，介绍了顺序结构程序设计的方法；其次介绍了 3 种选择结构程序设计方法，介绍了三元运算符、比较操作符与逻辑运算符，以及选择结构的嵌套用法；然后介绍了循环的控制结构、循环嵌套用法，以及循环辅助控制语句、else 子句；最后介绍了 range()函数的功能及各参数的用法，并列举了详尽的例子。

本章小结

习　　题

一、填空题

1. 一般而言，if、while、for 语句的行末要使用＿＿＿＿(标点符号)。

2. 下列程序的输出结果是＿＿＿＿。

```
a=3
b=3
print(a is b)
```

3. range(1,10,3)产生的等差数列是＿＿＿＿。

4. [x**3 for x in [1,2,3,4,5]]的结果是＿＿＿＿。

5. 下列程序的运行结果是＿＿＿＿。

```
str1="E:\TJPU\YLH\TEST.TXT"
for i in str1:
    if i!='\\':
        print(i,end='')
```

6. 列表 score 中存放了若干学生的成绩，其中有小于 60 分的。请使用一条语句将小于 60 分的成绩剔除：＿＿＿＿。

二、选择题

1. 执行下列语句后的显示结果是(　　)。

```
world="world"
print ("hello"+ world)
```

  A. hello world   B. "hello"world

C. hello world　　　　　　　　　　D. 语法错误

2. 下列 Python 语句中正确的是(　　)。

A. (min = x　if　x < y)　else　y　　B. max == x > y ？　x : y

C. if (x > y)　　print x　　　　　　D. while True : pass

3. 已知 x = 43，y = False；则表达式(x >= y and 'A' < 'B' and not y)的值是(　　)。

A. False　　　　　B. 语法错　　　　C. True　　　　　D. "假"

4. 以下程序的输出结果是(提示：ord('a')==97)(　　)。

```
lista = [1,2,3,4,5,'a','b','c','d','e']
print (lista[2] + ord(lista[5]))
```

A. 100　　　　　　　B. 'd'　　　　　　C. d　　　　　　D. TypeError

5. 下列(　　)语句在 Python 中是非法的。

A. x = y = z = 1　　　　　　　　　B. x = (y = z + 1)

C. x, y = y, x　　　　　　　　　　D. x　+=　y

6. 下面的循环体执行的次数与其他不同的是(　　)。

A.
```
i = 0
while( i <= 100):
    print (i)
    i = i + 1
```
B.
```
for i in range(100):
    print (i)
```

C.
```
for i in range(100, 0, -1):
    print (i)
```
D.
```
i = 100
while(i > 0):
    print (i)
    i = i - 1
```

三、问答题

1. 分析逻辑运算符"or"的短路求值特性。

2. Python 中 pass 语句的作用是什么？

3. 简述 Python 中 range()函数的用法。

4. Python 中 break、continue 语句的作用是什么？

四、实验操作题

1. 编写输出 10 以内素数的循环程序。

2. 使用 if-elif-else 语句判断输入的数字是正数、负数还是零。使用嵌套的 if 语句实现同样的功能。

3. 用 if 语句判断输入的一个数字是奇数还是偶数。

4. 用 if 语句判断用户输入的年份是否为闰年。

5. 使用标准格式输出阶乘(factorial)。整数的阶乘是所有小于及等于该数的正整数的积，即 $n!=1×2×3×\cdots×n$。0 的阶乘定义为 1。

6. 改进九九乘法表，用 for 语句和 range()函数实现。建议使用 end 换行。

7. 求指定区间内的水仙花数(也称阿姆斯特朗数)，要求使用循环语句和判断语句。

如果一个 n 位正整数等于其各位数字的立方之和，则称该数为水仙花数或阿姆斯特朗数，如 $3^3 + 7^3 + 0^3 = 370$。3 位水仙花数有：153，370，371，407。

第 4 章

函数与模块

本章要点

(1) Python 代码编写规范和风格。

(2) 函数的定义与调用。

(3) 函数参数的传递。

(4) Python 变量作用域。

(5) 函数与递归。

(6) 迭代器与生成器。

(7) Python 自定义模块。

(8) 输入输出语句的基本格式及执行规则。

(9) 匿名函数的定义与使用。

学习目标

(1) 了解"分治"的概念，熟悉 Python 的代码风格。

(2) 掌握构建自定义模块的方法，掌握模块化编程的程序设计方法。

(3) 理解递归函数的执行过程，掌握递归函数的编写方法。

(4) 全面、深入地了解内建模块，并能运用编程的方法解决实际问题。

本章主要讨论程序的另一种结构，即函数。

针对程序流程控制而言，函数的重要性与选择结构和循环结构是一样的。函数允许程序的控制在不同的代码片段之间切换。函数的重要意义在于可以在程序中清晰地分离不同的任务，将复杂的问题分解为若干个相对简单的子问题，并逐个解决，即"分而治之"，或称"分治"。函数允许按照这样的方式编写或阅读程序：首先关注所有任务；然后关注如何完成每项任务。换言之，函数允许按照"自顶向下、逐层细化"的理念编写程序。此外，函数还为代码重用提供了一种通用机制。

4.1 Python 代码编写规范

在 IDLE 中输入"import this"后，将直接显示"Python 之禅"(The Zen of Python)，这是指导 Python 编程的 19 条"纲领性"原则。这里先简单引用"Python 之禅"中前面的几句经典阐释。

(1) 优美胜于丑陋(Python 以编写优美的代码为目标)。

(2) 明了胜于晦涩(优美的代码应当是明了的，命名规范，风格相似)。

(3) 简洁胜于复杂(优美的代码应当是简洁的，不要有复杂的内部实现)。

(4) 复杂胜于凌乱(即使复杂不可避免，代码间也不能有难懂的关系，要保持接口简洁)。

(5) 扁平胜于嵌套(优美的代码应当是扁平的，不能有太多的嵌套)。

(6) 间隔胜于紧凑(优美的代码有适当的间隔，不要奢望一行代码解决问题)。

(7) 可读性很重要(优美的代码是可读的)。

其实，Python 最常用的编写代码风格还是 PEP8，作者正是 Python 之父——Guido van

Rossum，其中对于代码的布局、空格的使用、注释的写法、命名的规范等各方面都做了详尽的阐述，堪称 Python 代码风格指南。

4.1.1　Python 代码风格

Python 代码风格

Python 代码风格是使用 Python 编程时追求的一种风格，其精髓就是简洁、直观、易读、优雅。下面是 Python 编程时需要注意的几点。

1．避免劣化代码

(1)　避免只用大小写来区分不同的对象。

(2)　避免使用容易引起混淆的名称，变量名应"见名知义"。

(3)　不要害怕变量名过长。

2．代码中添加适当注释

(1)　行注释仅注释复杂的操作、算法、难理解的技巧或不够一目了然的代码。

(2)　注释和代码要隔开一定的距离，无论是行注释还是块注释。

(3)　给外部可访问的函数和方法(无论是否简单)添加文档注释，注释要清楚地描述方法的功能，并对参数、返回值和可能发生的异常进行说明，使外部调用的人仅看文档字符串(docstring)就能正确使用。

(4)　推荐在文件头中包含 copyright 声明、模块描述等。

(5)　注释应该是用来解释代码的功能、原因、想法的，不应该对代码本身进行解释。

(6)　对不需要的代码，应该将其删除，而不是将其注释掉。

3．适当添加空行使代码布局更为优雅、合理

(1)　在一组代码表达完一个完整的思路后，应该用空白行进行间隔，推荐在函数定义或者类定义之间空两行，在类定义与第一个方法之间，或需要进行语义分隔的地方空一行。空行是在不隔断代码之间内在联系的基础上插入的。

(2)　尽量保证上下文语义的易理解性。

(3)　避免过长的代码行，每行最好不要超过 80 个字符。

(4)　不要为了保持水平对齐而使用多余的空格。

4．编写函数的几个原则

(1)　函数设计要尽量短小，嵌套层次不宜过深。

(2)　函数声明应做到合理、简单、易于使用，函数名应能正确反映函数的大体功能，参数设计应简洁明了，参数个数不宜过多。

(3)　函数参数设计应考虑向下兼容。

(4)　一个函数只做一件事，每个函数都应有一个单一的、统一的目标，尽量保证函数语句粒度的一致性。

(5)　只有在真正必要的情况下才使用全局变量。

(6)　不要改变可变类型的参数，除非调用者希望这样做。

(7)　避免直接改变另一个文件模块中的变量。

5. 将常量集中到一个文件

Python 没有提供定义常量的直接方式，一般有两种方法来使用常量。

(1) 通过命名风格来提醒使用者该变量代表的意义为常量，如常量名所有字母大写，用下划线连接各个单词，如 MAX_NUMBER、PI 等。

(2) 通过自定义的类实现常量功能，常量要求符合两点：一是命名必须全部为大写字母；二是值一旦绑定便不可修改。

4.1.2　典型案例

典型案例

下面是一些典型的例子，用于简要说明 Python 的语法风格。

1. 采用同步赋值交换两个变量

交换两个变量的值时，C 语言代码如下：

```
int a = 3, b = 5;
int tmp = a;
a = b;
b = tmp;
```

若将其直接"翻译"成 3 行 Python 代码，则不是 Python 应有的风格，Python 风格的代码应该如下。

【例 4-1】Python 风格代码：

```
a, b = b, a
```

注意：Python 语法风格追求的是对 Python 语法的充分发挥，写出的 Python 代码不是看着像 C 或 Java 代码。

2. 不过分使用技巧

【例 4-2】逆序输出列表：

```
a = [1, 2, 3, 4, 5]
print (a[::-1])
```

执行以上代码，输出结果为：

```
[5, 4, 3, 2, 1]
```

该程序的作用就是将列表 a 逆序输出，由于采用列表切片的方式实现，看上去晦涩难懂，不符合 Python 的风格，故将上面的代码改写为：

```
a = [1, 2, 3, 4, 5]
a.reverse()
print (a)
```

虽然多写了一条语句，但看上去含义更明确，更易懂。

3. 利用 Python 风格实现字符串的格式化

本书 2.3 节介绍字符串时曾提及%s 的用法。一般来说，使用%s 进行字符串的格式化比较简洁，如下面的例子。

【例 4-3】字符串的格式化输出：

```
name = 'Tim'
sex = 'male'
print ('Hello %s, your sex is %s !' % (name, sex))
```

执行以上代码，输出结果为：
```
Hello Tim, your sex is male !
>>>
```
其实，%s 是比较影响可读性的，尤其是存在多个%s 时，很难看清楚哪个占位符对应哪个实参。比较有 Python 风格的代码如下：

```
value = {'name': 'Tim', 'sex': 'male'}
print ('Hello %(name)s, your sex is %(sex)s !' % value)
```

这种使用%占位符的形式，依旧不是 Python 最推荐的，最具 Python 风格的代码如下：

```
print ('Hello {name}, your sex is {sex} !'.format(name = 'Tim', sex = 'male'))
```

str.format()是 Python 最为推荐的字符串格式化方法，4.3.2 小节将具体介绍。

4．过多的分支尽可能使用字典来实现

【例 4-4】判断数字类型：

```
n = int(input("输入数字类型："))
if n == 0:
    print ("类型 0")
elif n == 1:
    print ("类型 1")
elif n == 2:
    print ("类型 2")
else:
    print ("其他类型")
```

执行以上代码，输出结果为：
```
输入数字类型：3
其他类型
>>>
```
上述代码使用字典来实现更好，更加简洁明了：

```
def f(x):
    return{
        0: "类型 0",
        1: "类型 1",
        2: "类型 2",
    }.get(x, "其他类型")
print(f(5))
```

4.2 函　　数

函数是组织好的、可重复使用的，用来实现单一或相关联功能的代码段。

进行结构化程序设计时，通常采用自顶向下、逐步细化的方式，将复杂的问题分解为若干个相对简单的子问题，分而治之。采用函数来实现时，顶层函数关注总体任务，底层函数关注如何具体完成最小的子任务，中间的各层函数则关注其下层如何实现。一个函数就是一个功能模块，各个模块各司其职，组合起来实现整个应用程序。函数使应用程序模块化，同时也为代码重用提供了一种通用机制。

函数有多种分类方法。从有无返回值的角度，可以把函数分为有返回值的函数和无返回值的函数；从主调函数和被调函数之间的数据传送角度来看，可将函数分为无参函数和有参函数；从函数定义的角度，可以把函数分为内建函数(也称内置函数)和用户自定义函数。

Python 提供了数十种内建函数，如 print()、input()、int()、float()、len()、sorted()等。在 IDLE 中使用 import builtins 和 dir(builtins)可以很方便地查看这些函数。编程时应尽量使用这些内建函数完成所需功能，但这些功能不可能满足所有需求，很多情况下还需要使用用户自定义函数。

4.2.1　函数定义

用户可以自己定义一个函数，用来完成某些功能。函数定义也常常称为函数声明。以下是函数定义应遵循的规则。

函数定义

(1) 函数定义以 def 关键字开头，后接函数标识符名称和圆括号(())，最后是冒号(:)。

(2) 函数命名应该能描述函数的功能，而且必须符合标识符的命名规则。

(3) 函数的形式参数(形参)必须放在圆括号中。

(4) 函数的第一行语句可以选择性地使用文档字符串，用于存放函数说明。

(5) 函数内容(语句块)放于冒号后，每条语句都要缩进相应数量的空格。

(6) 以"return [表达式]"结束函数，选择性地返回一个值给调用者。不带表达式的 return 相当于返回 None。

定义 Python 函数的一般格式如下：

```
def functionName ([parameter_1, parameter_2, parameter_3,...]):
    functionBody
```

def 是 define 的缩写，functionName 是由用户命名的函数名，后面的参数表中可以有零个或多个形参。如果有形参，则函数调用时，函数名后面的括号中一般要提供实际参数(实参)。在默认情况下，实参和形参是按函数声明中定义的顺序匹配的。当实参是一个表达式时，先要计算表达式的值，然后将该值传递给形参。相邻两个函数定义之间尽量用空行分隔。

【例 4-5】无参函数：

```
def hello() :
```

```
    "This is a function without parameter."
    print("Hello Python!")
hello()
```

执行以上代码，输出结果为：

```
Hello Python!
>>> |
```

【例 4-6】带参函数(一个或多个参数)：

```
def print_wel(name):
    "This is a function with a parameter."
    print("Welcome", name)
print_wel("Python")

def rectangle_area(wide, high):
    "This is a function with two parameters."
    return wide * high
w = 2
h = 3
print("wide =", w, "high =", h, " area =", rectangle_area(w, h))
```

执行以上代码，输出结果为：

```
Welcome Python
wide = 2 high = 3   area = 6
>>>
```

注意

① 在被调用前，函数定义必须先由 Python 解释器进行处理；

② 文档字符串可有可无。当文档字符串跨多行时，一般使用三引号作定界符。

4.2.2 函数调用

定义函数时，给定函数名，并且指定函数里包含的形参和代码块结构，这个函数的定义就已完成。这时可以通过另一个函数调用该函数，也可以直接在 Python 的命令行状态下调用。

函数调用

【例 4-7】定义函数：

```
def printme( str ):   #打印传入的任何字符串
    print (str)
    return
# 调用函数
printme("调用自定义函数!")
printme("再次调用自定义函数!")
```

执行以上代码，输出结果为：

```
调用自定义函数!
再次调用自定义函数!
>>>
```

直接在 Python 的命令行状态下也可以调用自定义函数，执行过程为：

```
>>> printme("从命令行直接调用自定义函数!")
从命令行直接调用自定义函数!
>>> |
```

注意：函数是可以嵌套定义的，但通常情况下不这样使用。

【例4-8】函数嵌套定义:

```
def fun1():
    x = 5
    def fun2():
        print (x)
    fun2()
#调用自定义函数
fun1()
```

执行以上代码,输出结果为:

```
5
>>>
```

4.2.3 按引用传递参数

按引用传递参数

在 Python 中,所有形参(变量)都是按引用传递的。如果在函数里修改形参,那么在调用这个函数的函数里,实参(如果是变量)也被改变了。

【例4-9】函数参数的传递及其"副作用":

```
def printme( mylist ):
    mylist.append([1,2,3])
    print ("函数内的值: ", mylist)
    return
#调用 printme 函数
mylist = [5,15,25]
printme( mylist )
print ("函数外的值: ", mylist)
```

执行以上代码,输出结果为:

```
函数内的值:  [5, 15, 25, [1, 2, 3]]
函数外的值:  [5, 15, 25, [1, 2, 3]]
>>>
```

第 2 章中曾提到,参数的传递都是对象的引用,因此,实参 mylist 与形参 mylist 引用的是同一个对象,它们的地址是一样的。正因为如此,printme 函数将形参 mylist 的值改变了,实参 mylist 的值自然也就改变了(即产生了"副作用")。这一点与 C 语言截然不同,使用时应特别注意。

注意:在本例程序中,形参和实参恰巧用了相同的标识符。其实,即使使用不同的标识符,得到的结果也一样。

4.2.4 参数类型

参数类型

以下是调用函数时可使用的参数类型:必需参数;关键字参数;默认参数;不定长参数。

1. 必需参数

必需参数须以正确的顺序传入函数,调用时的数量必须和声明时的一样。例如,调用printme()函数时,必须传入一个参数,否则会出现语法错误。

【例 4-10】 使用必需参数：

```
def printme( str ):
    print (str)
    return
#调用 printme 函数
printme("apple")
```

执行以上代码，输出结果为：

```
apple
>>>
```

2. 关键字参数

使用关键字参数允许函数调用时参数的顺序与声明时不一致，因为 Python 解释器能够用参数名匹配参数值。下面的程序在调用函数 printme()时使用了关键字参数。

【例 4-11】 使用关键字参数：

```
def printme( str ):
    print (str)
    return
#调用 printme 函数
printme( str = "hello world")
```

执行以上代码，输出结果为：

```
hello world
>>>
```

【例 4-12】 使用关键字参数的实参不需要指定顺序：

```
#自定义函数
def printme( name, sex ):
    print ("名字: ", name)
    print ("性别: ", sex)
    return
#调用 printme 函数
printme( sex="female", name="Mary" )
```

执行以上代码，输出结果为：

```
名字:  Mary
性别:  female
>>>
```

3. 默认参数

调用函数时，如果没有传递参数，则 Python 会使用默认参数值。在例 4-13 中，如果没有传入 age 参数，则使用默认值 35。

【例 4-13】 使用默认参数：

```
#自定义函数
def printme( name, age = 35 ):
    print ("名字: ", name)
    print ("年龄: ", age)
    return
#调用 printime 函数
printme( age=50, name="Mary" )
```

```
printme( name="Mary" )
```

执行以上代码，输出结果为：

```
名字： Mary
年龄： 50
名字： Mary
年龄： 35
>>>
```

4. 不定长参数

有时可能要求一个函数能处理比当初声明时更多的参数，这些参数叫作不定长参数。与上述两种参数不同，函数声明时不会在函数名后面的括号内指定参数的个数。

基本语法格式如下：

```
def functionname([formal_args,] *var_args_tuple ):
    function_suite
    return [expression]
```

加星号(*)的变量名会存放所有未命名的变量参数。如果在函数调用时没有指定参数，它就是一个空元组，这意味着调用这类函数时可以不向未命名的变量传递参数。

【例 4-14】使用不定长参数：

```
#自定义函数
def printme( arg1, *variable ):
    print (arg1)
    for var in variable:
        print (var)
    return
# 调用 printme 函数
printme( 1 )
printme( 4, 3, 2 )
```

执行以上代码，输出结果为：

```
1
4
3
2
>>>
```

4.2.5 return 语句

return [表达式]语句用于退出被调函数，并选择性地向调用者返回一个表达式。如前文所述，不带参数值的 return 语句返回的是 None。之前的例子都没有示范如何返回数值，例 4-15 对此做了示范。

return 语句

【例 4-15】使用 return 语句返回数值：

```
#自定义函数
def sum( arg1, arg2 ):
    total = arg1 + arg2
    return total
# 调用 sum 函数
total = sum( 110, 20 )
```

```
print (total)
```

执行以上代码，输出结果为：

```
130
>>>
```

4.2.6　变量的作用域与命名空间

Python 中的变量并不是在哪个位置都可以访问，访问权限取决于这个变量是在哪里赋值。变量的作用域决定在哪一部分程序中可以访问哪个特定的变量。根据变量的作用域可把变量分为两种基本类型，即全局变量和局部变量。

变量的作用域与命名空间

1. 全局变量和局部变量

定义在函数内部的变量拥有一个局部作用域，定义在函数外部的变量拥有全局作用域。局部变量只能在其被声明的函数内部访问，而全局变量可以在整个程序范围内访问。调用函数时，所有在函数内声明的变量名都将被加入到作用域中。

【例 4-16】全局变量与局部变量：

```
total = 0                      # total 在这里是全局变量
#自定义函数
def sum( arg1, arg2 ):
    total = arg1 + arg2        # total 在这里是局部变量
    print ("函数内是局部变量 : ", total)
    return total
#调用 sum 函数
sum( 2, 5 )
print ("函数外是全局变量 : ", total)
```

执行以上代码，输出结果为：

```
函数内是局部变量 ：  7
函数外是全局变量 ：  0
>>>
```

2. 变量的作用域和命名空间

变量是拥有匹配对象的名字(标识符)。命名空间是一个包含变量名称(键)和它们各自相应对象(值)的字典。一个 Python 表达式可以访问局部命名空间和全局命名空间里的变量。如果一个局部变量和一个全局变量重名，则局部变量会覆盖全局变量。

每个函数都有自己的命名空间，类的方法的作用域规则和一般函数的一样(第 6 章有关于类的介绍)。

Python 会智能地猜测一个变量是局部的还是全局的，它假设任何在函数内赋值的变量都是局部的。因此，如果要在一个函数里给全局变量赋值，就必须使用 global 语句。

global VarName 的表达式会告诉 Python， VarName 是一个全局变量，这样 Python 就不会在局部命名空间里寻找这个变量。

例如，如果在全局命名空间里定义一个变量 money，再在函数内给变量 money 赋值，然后 Python 会假定 money 是一个局部变量。然而并没有在访问前声明一个局部变量

money，结果就会出现 UnboundLocalError 错误。

【例 4-17】全局变量标识：

```
a = 20  #全局变量
def Add():
    global a  #全局变量标识
    a = a + 1
print (a)
Add()
print (a)
```

执行以上代码，输出结果为：

```
20
21
>>>
```

读者若想进一步理解作用域与命名空间的概念，可参见本书 6.1.3 一节。

4.2.7　函数与递归

递归是一种直接或间接调用自身的过程。在编程时，递归对解决一大类问题是十分有效的。

递归的特性有 3 点。

(1) 必须有一个明确的结束条件。

(2) 每次进入更深一层的递归时，问题规模比上次递归应有所减少。

(3) 递归效率不高，递归层次过多会导致栈溢出(在计算机中，函数调用是通过栈这种数据结构实现的，每当进入一个函数调用，栈就会加一层栈帧；每当函数返回，栈就会减一层栈帧。栈的大小不是无限的，因此，递归调用的次数过多，会导致栈溢出)。

下面展示如何用递归来解决实际问题。

1．阶乘

正整数的阶乘 $n!$ 是所有不大于该数的正整数之积。0 的阶乘定义为 1。

例如 $5!= 5×4×3×2×1$，得到的积是 120，即 $5!=120$。对于正整数 n，$n!= n×(n-1)×(n-2)×\cdots×1$，也可以表示为递归的形式：

$$n! = n×(n-1)×(n-2)×(n-3)×(n-4)×\cdots×2×1$$
$$= n×(n-1)!$$

【例 4-18】阶乘的递归实现：

```
def Fac(num):
    if num <= 1: return 1
    return num * Fac(num-1)
print(Fac(5))
```

执行以上代码，输出结果为：

```
120
>>>
```

2．斐波那契数列

意大利数学家斐波那契曾研究一种递归数列，后人称其为斐波那契数列。该数列的前两项均为 1，从第三项开始，每一项都等于其前两项之和。

实际上，斐波那契数列是一种递归数列。当 $n>1$ 时，该数列第 n 项等于其前面两项之和，所以，斐波那契数列可以写成以下的递归形式，即

$$F(n) = \begin{cases} 1 & n = 0,1 \\ F(n-1) + F(n-2) & n > 1 \end{cases}$$

【例 4-19】斐波那契数列递归算法：

```
def item( num ):
    if num == 0 :
        fi = 1
    elif num == 1:
        fi = 1
    else:
        fi = item ( num - 1) + item (num -2)
    return fi

def Fib( n ):
    i = 0
    while i < n:
        print (item(i),end=',')
        i += 1
Fib( 10 )
```

执行以上代码，输出结果为：

```
1, 1, 2, 3, 5, 8, 13, 21, 34, 55,
>>>
```

以上递归方法的递归次数太多时，效率低下，因此一般采用递推算法，通过列表来实现。

【例 4-20】斐波那契数列递推算法：

```
def Fib(num):
"""递推算法"""
    fib = [1]                   #用列表保存中间结果，初始值为 1
    for i in range(num):
        if i < 2:fib.append(i + 1)
        else:fib.append(sum(fib[-2:]))
    return fib
print(Fib(10))
```

执行以上代码，输出结果为：

```
[1, 1, 2, 3, 5, 8, 13, 21, 34, 55, 89]
>>>
```

3．整数因子分解

大于 1 的正整数 n 都可以分解为 $n = x_1 * x_2 * ... * x_m$。例如，当 $n=12$ 时，共有 8 种不同的分解式：

$12 = 12$

12 = 6×2

12 = 4×3

12 = 3×4

12 = 3×2×2

12 = 2×6

12 = 2×3×2

12 = 2×2×3

对于给定的正整数 n，计算 n 共有多少种不同的分解式，就是所谓的"整数因子分解"。

【例 4-21】正整数 35 的因子分解：

```python
count=0
def fac(num):
    global count
    n = num +1
    A=[]
    for i in range(2,n):
        if num % i==0:
            A.append(i)
            l=len(A)
    for i in range(0,l):
        if int(num/A[i])==1:
            count += 1
        else:
            fac(int(num/A[i]))
    return count
if __name__ == "__main__":
    print (fac(35))
```

执行以上代码，输出结果为：

```
3
>>>
```

因为整数 35 有 3 种因子分解方法，即 35=35、35=5×7、35=7×5，所以输出结果为 3。

注意：关于语句 "if__name__ == "__main__":" 的几点说明。

① 一般来说，用 Python 写的文件既可以独立运行，又可以作为模块被其他程序调用。

② 当程序自身运行时，其__name__的值就是字符串"__main__"；如果是被其他程序调用，那么其__name__的值就不再是字符串"__main__"。这个判断的作用就是使其后的代码块只有在自身运行的情况下才执行，如果只是被调用，就不执行了。

③ 简单来说，这条语句的主要功能在于保留了一个脚本独立运行的能力，同时又使该脚本的功能函数与类能够成为其他脚本的拓展(6.3.3 小节还要对此做详细介绍)。

④ 这条语句通常可以用来给一个模块做测试，在项目整体运行时测试的代码将不会被执行。

4. 快速排序

快速排序(quicksort)是对冒泡排序的一种改进，由 C. A. R. Hoare 在 1962 年提出。它的基本思想是：通过一趟排序，将要排序的数据分割成独立的两部分，其中一部分的所有数据比另一部分的所有数据都要小，然后再按此方法对这两部分数据分别进行快速排序。

【例 4-22】快速排序：

```
def quicksort(array):
"""快速排序算法"""
    less = []
    more = []
    if len(array) <= 1:
        return array
    p = array.pop()
    for x in array:
        if x > p:
            more.append(x)
        else:
            less.append(x)
    return quicksort(less) + [p] + quicksort(more)
array1 = [21,32,42,53,34,25,57,54,78,89]
print (quicksort(array1))
```

执行以上代码，输出结果为：

```
[21, 25, 32, 34, 42, 53, 54, 57, 78, 89]
>>> |
```

5. 归并排序

归并排序使用二分法，归根结底是分治的思想。用列表存储数据，将其不停地分为左边和右边两部分，然后依此递归地分下去，再将它们按照两个有序列表合并起来。

【例 4-23】归并排序：

```
def mergeSort(list1):
    if len(list1) <= 1:
        return list1
    mid = int (len(list1)/2)
    left = mergeSort(list1[0:mid])
    right = mergeSort(list1[mid:len(list1)])
    return merge(left, right)

def merge(l, r):
    c = []
    i,j = 0,0
    while j < len(l) and i < len(r):
        if l[j] >= r[i]:
            c.append(r[i])
            i = i + 1
        else:
            c.append(l[j])
            j = j + 1
    for i in (l[j:] if i == len(r) else r[i:]):
        c.append(i)
    return c
if __name__ == '__main__':
    list2 = [-4, 0, 82, 3, 56, 19,-12,1]
    print (mergeSort(list2))
```

执行以上代码，输出结果为：

```
[-12, -4, 0, 1, 3, 19, 56, 82]
>>> |
```

4.2.8 迭代器与生成器

1. 迭代器

迭代器与生成器

迭代器(iterator)是 Python 最强大的功能之一，是访问数据结构元素的一种方式。迭代器是一个可以记住遍历位置的对象。迭代器对象从数据结构的第一个元素开始访问，直到所有元素被访问结束为止。迭代器只能向前，不会后退。迭代器有两个基本的方法，即 iter()和 next()。字符串、列表、元组、字典、集合等数据结构都可用于创建迭代器。

【例 4-24】迭代器示例：

```
list=["12","23","34","45"]
it = iter(list)      # 创建迭代器对象
print (next(it))     # 输出迭代器的下一个元素
print (next(it))     # 输出迭代器的下一个元素
print (next(it))     # 输出迭代器的下一个元素
print (next(it))     # 输出迭代器的下一个元素
string = "hello"
st = iter(string)    # 创建迭代器对象
print (next(st))     # 输出迭代器的下一个元素
print (next(st))     # 输出迭代器的下一个元素
tup1 = ('Google', 'Run', 1997, 2017)
tu = iter(tup1)      # 创建迭代器对象
print (next(tu))     # 输出迭代器的下一个元素
print (next(tu))     # 输出迭代器的下一个元素
```

执行以上代码，输出结果为：

```
12
23
34
45
h
e
Google
Run
>>>
```

注意：迭代器对象可以使用常规的 for 语句进行遍历。

【例 4-25】用 for 循环遍历迭代器：

```
list=["12","23","34","45"]
it = iter(list)         # 创建迭代器对象
for x in it:
    print (x, end="   ")

string = "hello"
st = iter(string)       # 创建迭代器对象
for x in st:
    print (x, end="   ")

tup1 = ('Google', 'Run', 2017, 2018)
tu = iter(tup1)         # 创建迭代器对象
```

```
for x in tu:
    print (x, end="   ")
```

执行以上代码，输出结果为：

```
12  23  34  45  h  e  l  l  o  Google  Run  2017  2018
>>> |
```

注意：也可以在循环中使用 next()函数。

【例 4-26】 用 while 循环遍历迭代器：

```
string = "hello"
st = iter(string)      # 创建迭代器对象
i = 0                  # 循环控制变量
while (i < 5):
    print (next(st),end="   ")
    i = i + 1
```

执行以上代码，输出结果为：

```
h  e  l  l  o
>>>
```

2. 生成器

在 Python 中，使用 yield 的函数被称为生成器(generator)。与普通函数不同的是，生成器是一个返回迭代器的函数，只能用于迭代操作。可以更简单地理解，生成器就是一个迭代器。在调用生成器运行的过程中，每次遇到 yield 时，函数会暂停并保存当前所有的运行信息，返回 yield 的值，并在下一次执行 next()方法时从当前位置继续运行。

【例 4-27】 生成器示例：

```
def fib(n):          # 生成器函数 - 斐波那契
    a, b, counter = 0, 1, 0
    while True:
        if (counter > n):
            return
        yield a
        a, b = b, a + b
        counter += 1

f = fib(15)          # f 是一个迭代器，由生成器返回生成
i = 0
while i < 15:
    print (next(f), end=" ")
    i = i + 1
```

执行以上代码，输出结果为：

```
0 1 1 2 3 5 8 13 21 34 55 89 144 233 377 610
>>> |
```

yield 的作用就是把一个函数变成一个生成器函数，带有 yield 的函数不再是一个普通函数，Python 解释器会将其视为一个生成器函数。

生成器函数和普通函数的执行流程不同。函数是顺序执行，遇到 return 语句或者执行完最后一条语句就返回。而变成生成器的函数，在每次调用 next()时执行，遇到 yield 语句返回，再次执行时从上次返回的 yield 语句处继续执行。

如果没有“yield a”语句，fib()函数就不是一个生成器函数，就无法返回迭代器，因

而 while 循环中的 next()函数就无法使用，从而打印错误信息 "TypeError: 'NoneType' object is not an iterator"。

4.2.9 自定义模块

自定义模块

Python 脚本可以在其集成开发环境 IDE 下运行，但如果从 IDE 中退出再进入，那么定义的所有方法和变量都会消失。为此 Python 提供了一个办法，把这些定义存放在文件中，为一些脚本或者交互式的解释器使用，这个文件称为模块。

模块具有以下特点。

(1) 模块让使用者能够有逻辑地组织自己的 Python 代码段。

(2) 把相关的代码分配到一个模块里能让代码更好用、更易懂。

(3) 模块也是 Python 对象，具有随机的名字属性用来绑定或引用。

(4) 模块是一个包含所有已经定义的函数和变量的文件，模块里也能包含可执行代码。

(5) 模块后缀名是.py，模块可以被别的程序导入，以使用该模块中的函数等功能。这也是使用 Python 标准库的方法。

一个叫 function 的模块里的 Python 代码一般都能在一个叫 function.py 的文件中找到。

【例 4-28】一个简单的模块 function.py：

```
def Add( arg1, arg2 ):
    total = arg1 + arg2
    return total
def Sub( arg1, arg2 ):
    diff = arg1 - arg2
    return diff
def printme( str ):
    print (str)
    return
```

1. import 语句

如果需要使用 Python 源文件，只需在另一个源文件里执行 import 语句，语法格式如下：

```
import module1[, module2[,... moduleN]]
```

当解释器遇到 import 语句时，模块当前搜索路径就会被导入 Python 解释器。搜索路径是一个解释器先进行搜索的所有目录的列表。如果想要导入 function.py 模块，需要把 import 命令放在脚本的顶端。例如：

```
import function                 # 导入模块 function.py
function.printme("hello Python")   # 调用模块里包含的函数，不能漏写
"function."
```

执行以上代码，输出结果为：

```
hello Python
>>> 
```

2. from…import 语句

Python 的 from…import 语句让使用者从模块中导入一个指定的部分到当前命名空间中，其语法格式如下：

```
from modname import name1[, name2[, ... nameN]]
```

例如，如果需要导入模块 function 中的 Add 函数，则可使用语句：

```
from function import Add
```

这个声明不会把整个 function 模块导入当前的命名空间中，它只会将 function 里单个 Add 函数导入执行这个声明的模块的全局符号表中。例如：

```
from function import printme, Sub, Add   #仅导入 printme、Sub、Add 这 3 个函数
from function import *       #导入 function 中的全部对象(包括函数、类等)
```

应尽量少用 from module import *，因为判定一个特殊的函数或属性是从哪来的有些困难，并且会使调试和重构更困难。

3. 定位模块

当导入一个模块时，Python 解析器对模块位置的搜索顺序是：

① 当前目录；

② 如果不在当前目录，则 Python 搜索在 shell 变量 PYTHONPATH 下的每个目录。如果找不到，Python 会查看默认路径。Linux 下，默认路径一般为/usr/local/lib/python/。Windows 下的模块搜索路径存储在 system 模块的 sys.path 变量中，如图 4-1 所示，变量里包含当前目录、PYTHONPATH 和由安装过程决定的默认目录。

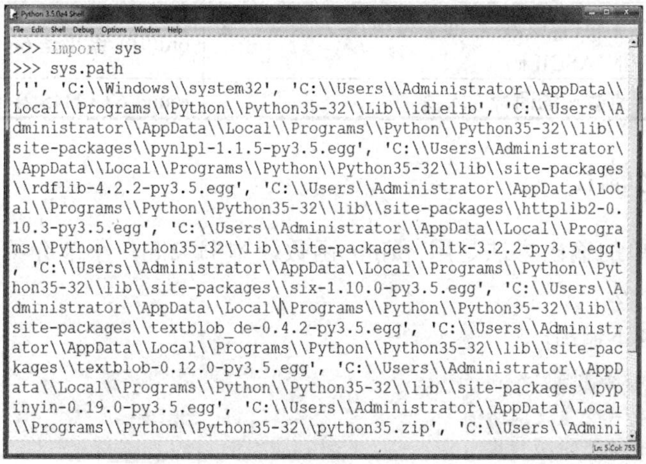

图 4-1 Windows 中的模块路径示例

4. PYTHONPATH 变量

作为环境变量，PYTHONPATH 由装在一个列表里的许多目录组成。PYTHONPATH 的语法和 Shell 变量 PATH 是一样的。

在 Windows 系统中，典型的 PYTHONPATH 如下：

```
set PYTHONPATH=c:\python34\lib
```

在 Linux 系统中，典型的 PYTHONPATH 如下：

```
set PYTHONPATH=/usr/local/lib/python
```

4.3　标　准　模　块

Python 本身自带一些标准的模块库，有些模块直接被构建在解释器里，这些虽然不是 Python 语言内建的功能，但是它却能很高效地使用，甚至系统级调用也没有问题。这些组件会根据不同的操作系统进行不同形式的配置，如 winreg 模块就只会提供给 Windows 系统。

4.3.1　内建函数

内建函数

range()函数为内建函数的一种，前文已经提及，此处不再赘述。

部分内建函数如表 4-1 所示。

表 4-1　Python 部分内建函数

内建函数	功　　能	实　　例
int()	将一个字符串或数字转换为整型	int(2.34)结果是 2，int("15")结果是 15
chr()	用一个范围在 0~255 的整数作参数，返回一个对应的字符	chr(67) 结果是 C
ord()	以一个字符(长度为 1 的字符串)作为参数，返回对应的 ASCII 码	ord('B') 结果是 66
round()	返回浮点数 x 的四舍五入值	round(67.12345,2) 结果是 67.12

4.3.2　格式化输出

格式化输出

Python 最简单的输出方法是用 print()函数，本书 2.8.1 小节介绍了该函数的最基本用法。

【例 4-29】基本输出：

```
print ("四项基本原则：")
print("\t 坚持社会主义道路")
print("\t 坚持无产阶级专政")
print("\t 坚持共产党的领导")
print("\t 坚持马列主义、毛泽东思想")
```

执行以上代码，输出结果为：

```
四项基本原则：
        坚持社会主义道路
        坚持无产阶级专政
        坚持共产党的领导
        坚持马列主义、毛泽东思想
```

给 print()函数传递零个或多个用逗号隔开的表达式，并借助 format ()或 repr()函数，把传递的表达式转换成一个字符串表达式，并将结果写到标准输出设备(屏幕)上。

① format()函数：返回一个用户易读的表达形式。

② repr()函数：产生一个解释器易读的表达形式。

1．format()函数的使用

如果希望输出形式更加多样，可以使用 str.format()函数格式化输出内容。现通过几个例子说明 str.format()函数的用法。

【例 4-30】简单的格式化输出：

```
print('{}: "{}!"'.format('hello', 'Python'))
```

执行以上代码，输出结果为：

```
hello: "Python!"
>>>
```

注意：花括号及其里面的字符(称为格式化字段)将会被 format()中的参数替换。在花括号中可以放入数字，用于指向传入对象在 format()中的位置。

【例 4-31】带有对象传入顺序的格式化输出：

```
print('{0} 和 {1}'.format('Google', 'Apple'))
print('{1} 和 {0}'.format('Google', 'Apple'))
```

执行以上代码，输出结果为：

```
Google 和 Apple
Apple 和 Google
>>>
```

如果在 format()中使用关键字参数，那么它们的值会指向使用该名字的参数。

【例 4-32】使用关键字参数的格式化输出：

```
print('{name}网址: {site}'.format(name='百度', site='www.baidu.com'))
```

执行以上代码，输出结果为：

```
百度网址: www.baidu.com
>>>
```

注意：位置及关键字参数可以任意结合。

【例 4-33】同时使用对象传入顺序和关键字参数的格式化输出：

```
print('网站 {0}, {1}, 和 {other}。'.format('baidu', 'meituan',other='taobao'))
```

执行以上代码，输出结果为：

```
网站 baidu, meituan, 和 taobao。
>>>
```

注意：可选项 ':' 和格式标识符可以跟着字段名，可以对值更好地进行格式化。

下面的例子将圆周率 PI 保留到小数点后两位。

【例 4-34】使用格式标识符的格式化输出：

```
import math
print(' PI 的值近似是 {0:.2f}。'.format(math.pi))
```

执行以上代码，输出结果为：

```
PI 的值近似是 3.14。
>>>
```

在 ':' 后传入一个整数，可以保证该域至少有该整数的宽度，在美化表格时很有用。

【例4-35】表格式格式化输出：

```
tables = {'baidu': 1, 'meituan': 2, 'taobao': 3}
for name, number in tables.items():
    print('{0:8} -----> {1:8d}'.format(name, number))
```

执行以上代码，输出结果为：

```
taobao   ----->           3
meituan  ----->           2
baidu    ----->           1
>>>
```

还可以设置对齐方式，设置用各种进制输出整型数据。

【例4-36】各种对齐方式、各种进制数据的格式化输出：

```
print("{:8}".format(48))            #数值类型默认靠右对齐
print("{:8}".format("abcde"))       #字符串类型默认靠左对齐
print("{:<10}".format("abcde"))     #设置靠左对齐
print("{:>10}".format("abcde"))     #设置靠右对齐
print("{:^10}".format("abcde"))     #设置居中，两侧补空格
print("{:*^10}".format("abcde"))    #设置居中，两侧补*
print("{:8b}".format(48))           #用二进制形式输出
print("{:8o}".format(48))           #用八进制形式输出
print("{:8d}".format(48))           #用十进制形式输出
print("{:8x}".format(48))           #用十六进制形式输出
```

执行以上代码，输出结果为：

```
      48
abcde
abcde
     abcde
  abcde
**abcde***
  110000
      60
      48
      30
```

2. repr()函数的使用

repr()将字符串转化为供解释器读取的形式。repr()的输出对 Python 比较友好，返回的是一个对象的"官方"字符串表示。

【例4-37】repr()函数示例：

```
print (repr('Hello,Python.'))
print (repr(0.1))
x = 13 * 3.25
y = 20 * 34
s = 'x is ' + repr(x) + '||||y is ' + repr(y)
print (s)
print (repr('hello,Python\n'))
print (repr((x, y, ('word', 'world'))))
print (repr('Hello'))
obj='Hello,Python.'
print (obj==eval(repr(obj)))
```

执行以上代码，输出结果为：

```
'Hello,Python.'
0.1
x is 42.25||||y is 680
'hello,Python\n'
(42.25, 680, ('word', 'world'))
'Hello'
True
>>>
```

4.3.3　内建模块

Python 标准库中提供了不少内建模块，这些内建模块中又包含了很多实用的内建函数。下面是使用 Python 标准库中模块的几个例子。

内建模块

1.　时间模块

Python 程序能用很多方式处理日期和时间，其中转换日期格式是一个常见的功能。Python 提供 time 和 calendar 模块可以用于格式化日期和时间。时间间隔是以秒为单位的浮点小数，每个时间戳都是用从 1970 年 1 月 1 日 0 时 0 分 0 秒至今经过多长时间来表示的。Python 的时间(time)模块下有很多函数可以转换常见的日期格式，如函数 time.time()用于获取当前时间戳。

【例 4-38】时间模块的使用：

```
import time  # 引入 time 模块
ticks = time.time()
print ("当前时间戳为:", ticks)
```

执行以上代码，输出结果为：

```
当前时间戳为: 1641472777.4508018
>>>
```

时间模块包含不少内建函数，既有与时间处理相关的函数，也有转换时间格式的函数，如表 4-2 所示。

表 4-2　时间模块的部分内建函数

函　数	描　述
time.altzone	返回格林威治西部的夏令时地区的偏移秒数。如果该地区在格林威治东部，则会返回负值(如西欧，包括英国)。对夏令时启用地区才能使用
time.asctime([tupletime])	接受时间元组并返回一个可读的形式为 "Tue Dec 11 18:07:14 2008" (2008 年 12 月 11 日周二 18 时 07 分 14 秒)的 24 个字符的字符串
time.clock()	用以浮点数计算的秒数返回当前的 CPU 时间。用来衡量不同程序的耗时，比 time.time()更有用
time.ctime([secs])	作用相当于 asctime(localtime(secs))，未给参数相当于 asctime()
time.gmtime([secs])	接收时间戳(1970 纪元后经过的浮点秒数)并返回格林威治天文时间下的时间元组(假设为 t)。注：t.tm_isdst 始终为 0
time.localtime([secs]	接收时间戳(1970 纪元后经过的浮点秒数)并返回当地时间下的时间元组 t(t.tm_isdst 可取 0 或 1，取决于当地当时是不是夏令时)

函　数	描　述
time.mktime(tupletime)	接受时间元组并返回时间戳(1970 纪元后经过的浮点秒数)
time.sleep(secs)	推迟调用线程的运行，secs 指秒数
time.strftime(fmt[,tupletime])	接收一个时间元组，并返回以可读字符串表示的当地时间，格式由 fmt 决定
time.strptime(str,fmt='%a %b %d %H:%M:%S %Y')	根据 fmt 的格式把一个时间字符串解析为时间元组
time.time( )	返回当前时间的时间戳(1970 纪元后经过的浮点秒数)
time.tzset()	根据环境变量 TZ 重新初始化时间相关设置

2. 日历模块

日历(calendar)模块中的函数都是与日历相关的，如打印某月的字符月历。这里约定，星期一是默认的每周第一天，星期天是默认的最后一天。calendar 模块有很多方法用来处理年历和月历，如打印某月的月历。

【例 4-39】获取某月日历：

```
import calendar
cal = calendar.month(2022, 2)
print ("以下输出 2022 年 2 月份的日历:")
print (cal)
```

执行以上代码，输出结果为：

```
以下输出2022年2月份的日历:
    February 2022
Mo Tu We Th Fr Sa Su
    1  2  3  4  5  6
 7  8  9 10 11 12 13
14 15 16 17 18 19 20
21 22 23 24 25 26 27
28
```

calendar 模块包含的常用内建函数如表 4-3 所示。

表 4-3　calendar 模块的常用内建函数

函　数	描　述
calendar.calendar(year,w=2,l=1,c=6)	返回一个多行字符串格式的 year 年年历，3 个月一行，间隔距离为 c。每日宽度间隔为 w 字符。每行长度为 21×w +18+2×c。1 是每星期行数
calendar.firstweekday( )	返回当前每周起始日期的设置。在默认情况下，首次载入 calendar 模块时返回 0，即星期一
calendar.isleap(year)	是闰年返回 True，否则返回 False
calendar.leapdays(y1,y2)	返回在 y1、y2 两年之间的闰年总数
calendar.month(year,month,w=2,l=1)	返回一个多行字符串格式的 year 年 month 月日历，两行标题，一周一行。每日宽度间隔为 w 字符。每行的长度为 7* w+6。1 是每星期的行数

函　　数	描　　述
calendar.monthcalendar(year,month)	返回一个整数的单层嵌套列表。每个子列表装载代表一个星期的整数。year 年 month 月外的日期都设为 0；范围内的日子都由该月第几日表示，从 1 开始
calendar.monthrange(year,month)	返回两个整数。第一个是该月的星期几的日期码，第二个是该月的日期码。日从 0(星期一)到 6(星期日)；月从 1 到 12
calendar.prcal(year,w=2,l=1,c=6)	相当于 print(calendar.calendar(year,w,l,c))
calendar.prmonth(year,month,w=2,l=1)	相当于 print(calendar.calendar(year，w，1，c))
calendar.setfirstweekday(weekday)	设置每周的起始日期码，0(星期一)到 6(星期日)
calendar.timegm(tupletime)	和 time.gmtime 相反：接受一个时间元组形式，返回该时刻的时间戳(1970 纪元后经过的浮点秒数)
calendar.weekday(year,month,day)	返回给定日期的日期码，0(星期一)到 6(星期日)，月份为 1(一月)到 12(十二月)

3．获取随机数(random)模块

Python 中的 random 模块用于生成随机数。下面介绍 random 模块中最常用的几个函数。

1)　random.random

random.random()用于生成一个 0~1 的随机浮点数 $x(0 \leqslant x < 1.0)$。

2)　random.uniform

random.uniform(a, b)用于生成一个指定范围内的随机浮点数，两个参数中一个是上限、一个是下限。如果 $a>b$，则生成的随机数 n 的范围为：$a \leqslant n \leqslant b$；如果 $a<b$，则 $b \leqslant n \leqslant a$。

3)　random.randint

random.randint(a, b)，用于生成一个指定范围内的整数。其中参数 a 是下限，b 是上限，下限小于等于上限。生成的随机数 n 的范围为 $a \leqslant n \leqslant b$。

4)　random.randrange

random.randrange([start,] stop[, step])，从指定范围内，按指定基数递增的集合中获取一个随机数。例如：random.randrange(20, 100, 2)，结果相当于从[20, 22, 24, 26, …, 96, 98]序列中获取一个随机数。

5)　random.choice

random.choice 从序列中获取一个随机元素返回。其函数原型为 random.choice (sequence)。参数 sequence 表示一个有序类型，可以是字符串、列表、元组等。

不难看出，random.randrange(20, 100, 2)在结果上与 random.choice(range(20, 100, 2)是等效的，都是随机产生 20~100 的一个偶数。

6)　random.shuffle

random.shuffle 的函数原型为：random.shuffle(x[, random])，用于将一个序列中的元素打乱。例如：

```
>>> L = ["Python", "is", "a","powerful,", "simple", "language"]
>>> random.shuffle(L)
>>> print(L)
['Python', 'is', 'language', 'powerful,', 'simple', 'a']
>>> random.shuffle(L)
>>> print(L)
['is', 'a', 'powerful,', 'simple', 'Python', 'language']
>>>
```

7) random.sample

random.sample 的函数原型为 random.sample(sequence, k),从指定序列中随机获取指定长度的片段,但不会修改原有序列。

需要说明的是,上面的 7 个函数都是随机函数,既然是"随机"的,就意味着每次返回的结果都可能不一样。在不同的机器上运行,结果更是如此。

4.4 匿 名 函 数

匿名函数

Python 使用 lambda 来创建匿名函数。所谓匿名,是指不再使用 def 关键字以标准的形式定义一个函数。

lambda 表达式具有以下特点。

(1) lambda 函数只是一个表达式,函数体比 def 简单很多。

(2) lambda 函数的主体是一个表达式,而不是一个代码块,因而仅仅能在 lambda 表达式中封装有限的逻辑。

(3) lambda 函数拥有自己的命名空间,且不能访问自有参数列表之外或全局命名空间里的参数。

(4) 虽然 lambda 函数看起来只能写一行,却不等同于 C 或 C++的内联函数,后者的目的是调用小函数时不占用栈内存,从而提高运行效率。

lambda 函数的语法只包含一个语句,格式如下:

```
lambda [arg1 [,arg2,...,argn]]:expression
```

【例 4-40】lambda 函数的使用——加法与减法:

```
#自定义函数
sum = lambda arg1, arg2: arg1 + arg2
sub = lambda arg1, arg2: arg1 - arg2
# 调用 sum 函数
print ("相加的值: ", sum( 10, 22 ))
print ("相减的值: ", sub ( 20, 5 ))
```

执行以上代码,输出结果为:

```
相加的值: 32
相减的值: 15
>>>
```

【例 4-41】lambda 函数的使用——立方与乘幂:

```
cube = lambda x : x**3
print(cube(3))              # 27
power = lambda x, y : x ** y
print(power(2, 10))         # 1024
```

执行以上代码，输出结果为：

```
27
1024
>>> |
```

【例 4-42】lambda 函数的使用——按姓氏排序：

```
names = ["Kitty Smit","Wart Kay","Jack Backus","Jim Gold"]
names.sort(key = lambda name:name.split()[-1])
print(",".join(names))
```

执行以上代码，输出结果为：

```
Jack Backus,Jim Gold,Wart Kay,Kitty Smit
>>>
```

注意：Python 在调用 lambda 表达式时绕过函数的栈分配。lambda 表达式运作起来就像一个函数，当被调用时，创建一个框架对象。

4.5 Python 工具箱

Python 工具箱

Python 提供了很多可供直接使用的文件包，前文介绍了 time 和 calendar 两个模块，下面简要介绍 os 和 file 两个模块。

1. os(操作系统)模块

os 模块提供了非常丰富的方法用来处理文件和目录，使用时一定要加上导入语句 import os。

os 模块常用的内建函数如表 4-4 所示。

表 4-4 os 模块常用的内建函数

函　数	描　述
os.access(path, mode)	检验权限模式
os.chdir(path)	改变当前工作目录
os.chflags(path, flags)	设置路径的标记为数字标记
os.chmod(path, mode)	更改权限
os.chown(path, uid, gid)	更改文件所有者
os.chroot(path)	改变当前进程的根目录
os.close(fd)	关闭文件描述符 fd
os.lchmod(path, mode)	修改连接文件权限
os.dup(fd)	复制文件描述符 fd
os.dup2(fd, fd2)	将一个文件描述符 fd 复制到另一个 fd2
os.fchdir(fd)	通过文件描述符改变当前工作目录
os.fchmod(fd, mode)	改变一个文件的访问权限，该文件由参数 fd 指定，参数 mode 是 Unix 下的文件访问权限
os.fchown(fd, uid, gid)	修改一个文件的所有权，这个函数修改一个文件的用户 ID 和用户组 ID，该文件由文件描述符 fd 指定

续表

函　数	描　述
os.fdatasync(fd)	强制将文件写入磁盘，该文件由文件描述符 fd 指定，但是不强制更新文件的状态信息
os.fdopen(fd[, mode[, bufsize]])	通过文件描述符 fd 创建一个文件对象，并返回这个文件对象
os.fpathconf(fd, name)	返回一个打开文件的系统配置信息。name 为检索的系统配置值，它也许是一个定义系统值的字符串，这些名字在很多标准中指定(POSIX.1，Unix 95，Unix 98 和其他)
os.fstat(fd)	返回文件描述符 fd 的状态，如 stat()
os.fstatvfs(fd)	返回包含文件描述符 fd 的文件系统的信息，如 statvfs()
os.fsync(fd)	强制将文件描述符为 fd 的文件写入硬盘
os.ftruncate(fd, length)	裁剪文件描述符 fd 对应的文件，所以它最大不能超过文件大小

2. file(文件)模块

file 对象使用 open()函数来创建，可以直接使用，不需要导入。file 模块常用的内建函数如表 4-5 所示。

表 4-5　file 模块的常用内建函数

函　数	描　述
file.close()	关闭文件。关闭后文件不能再进行读、写操作
file.flush()	刷新文件内部缓冲，直接把内部缓冲区的数据立刻写入文件，而不是被动地等待输出缓冲区写入
file.fileno()	返回一个整型的文件描述符(file descriptor FD 整型)，可以用在如 os 模块的 read 方法等一些底层操作上
file.isatty()	如果文件连接到一个终端设备，则返回 True；否则返回 False
file.next()	返回文件下一行
file.read([size])	从文件读取指定的字节数，如果未给定或为负则读取所有字节
file.readline([size])	读取整行，包括“\n”字符
file.readlines([sizehint])	读取所有行并返回列表，若给定 sizehint>0，返回总和大约为 sizehint 字节的行，实际读取值可能比 sizehint 大，因为需要填充缓冲区
file.seek(offset[, whence])	设置文件当前位置
file.tell()	返回文件当前位置

3. 一些有用的方法或功能

在实际编写程序的过程中，经常会用到一些常用的方法或功能，如表 4-6 所示。

表 4-6　常用方法或功能

方法或功能	说　明
locals()	返回当前变量作用域中的变量集合
"+"操作符	用于字符串时将连接两个字符串，用于数字时将两个数字相加
with 关键字	可用于处理打开文件的关闭工作，也可与 as 关键字结合使用
sys.stdout	Python 中所谓的"标准输出"，可以从标准块 sys 模块访问
pickle 模块	容易而高效地将 Python 数据对象保存到磁盘以及从磁盘恢复
help()	允许在 IDLE Shell 中访问 Python 文档
find()	在一个字符串中查找特定子串
setup.py 程序	提供模块的元数据，用来构建、安装和上传打包的发布
len()	提供某个数据对象的长度，或者统计一个集合的项数，如列表中的项数

4.6　案例实训："哥德巴赫猜想"的验证

　　本案例用于验证"哥德巴赫猜想"。1742 年，德国数学家哥德巴赫提出一个未经证明的数学猜想："任何一个大于 2 的偶数均可表示为两个素数之和"，简称："1+1"。这一猜想被称为"哥德巴赫猜想"。 哥德巴赫猜想是世界公认的数学难题，我国著名数学家陈景润院士对此作了毕生的研究，已证明了"1+2"。

　　陈景润在逆境中潜心学习、忘我钻研，取得解析数论研究领域多项重大成果。1973 年在《中国科学：数学》(SCIENTIA SINICA Mathematica)上发表了"1+2"的详细证明，引起国际数学界的巨大轰动，被公认是对哥德巴赫猜想研究的重大贡献，是筛法理论的光辉顶点，国际数学界称之为"陈氏定理"，至今仍在哥德巴赫猜想研究中保持世界领先水平。

　　本例运行时，要求输入一个大于 2 的偶数，程序运行后，输出两个素数，其和正好等于该偶数。程序如下：

```python
# 导入数学模块
import math
# 判断是否为素数
def is_primer(num):
    flag = 1
    if num==1 or num==2:
        flag = 1
    else:
        end=int(math.sqrt(num))
        # 循环次数为该数的平方根取整
        for j in range(2,end+1):
            # 余数为 0，除尽，不是素数
            if num%j==0:
                flag = 0
    return flag
# 判断哥德巴赫猜想是否成立
```

```python
def is_gdbh(num):
    flag1 = 0
    if num % 2 == 0 and num > 2:
        # 循环次数为偶数的一半
        for j in range(1,num//2+1):
            # 判断由偶数拆分成的两个数是否均为素数
            bl1 =is_primer(j)
            bl2 =is_primer(num-j)
            if bl1==1 and bl2==1:
                print("{0}={1}+{2}".format(num, j, num - j))
                flag1 = 1
                break
    return flag1
# 测试函数
def test():
    print("输入一个大于 2 的偶数：")
    x=int(input())
    while x<=2 or x%2==1:
        print("输入一个大于 2 的偶数：")
        x=int(input())
    if is_gdbh(x)==1:
        print("{0}能写成两个素数的和,符合哥德巴赫猜想。".format(x))
# 执行测试函数
if __name__ == "__main__":
        test()
```

执行以上代码，输出结果为：

```
输入一个大于2的偶数:
385498
385498=5+385493
385498能写成两个素数的和,符合哥德巴赫猜想。
>>>
```

在本例中，主函数是__main__，它调用 test 函数，test 调用 is_gdbh 函数，is_gdbh 调用 is_primer 函数，体现出了模块化设计与分工：__main__总揽全局，test 测试所输入的函数是否符合条件，符合条件才调用 is_gdbh 函数验证哥德巴赫猜想，而验证哥德巴赫猜想的过程中需要判断一个数是否为素数，这一任务由最底层的函数 is_primer 去完成。

本程序中的 4 个函数体现了分工合作的思想。在我们的社会中，小到人与人之间，大到国与国之间，也都是分工合作的，合作者之间互相帮助、各取所长，共同解决问题。同时，合作共赢也是构建人类命运共同体的前提和核心，分工和合作更是实现共赢必不可少的条件。

4.7　本章小结

本章小结

本章介绍了与函数相关的内容。首先介绍了 Python 代码编写规范、代码的风格，并举例加以说明；然后介绍了自定义函数和自定义模块两部分，包括函数的定义、递归、变量作用域与命名空间、迭代器与生成器等；随后介绍了模块导入语句的使用、Python 常用的内建函数(如输入和输出函数等)的使用，尤其是详细介绍了格式化输出的方法；介绍了匿名函数的语法格式及其使用方法；最后介绍了 os 模块、file 模块以及其他常用方法或功能。

习　　题

一、填空题

1. 函数定义以关键字_____开始，该行最后以_____结束。

2. 没有 return 语句的函数将返回_____。

3. 函数定义时声明的参数称为_____，而函数调用时提供的参数称为_____。

4. 使用关键字_____可以在一个函数中设置一个全局变量。

5. 设有 f=lambda x , y :{x:y}，则 f(2,3)的值是_____。

6. Python 包含了数量众多的模块，通过_____语句可以导入模块，并使用其定义的功能。

7. 设 Python 中有模块 m，如果希望同时导入 m 中的所有成员，则可以采用_____的导入形式。

8. 建立模块 big.py，模块内容如下：

```
def B () :
    print ('Python')
def A () :
    print ('hello')
```

为了调用模块中的 A()函数，应先使用语句_____。

二、选择题

1. 下列选项中，不属于函数优点的是(　　)。

    A. 减少代码重复　　　　　　　　B. 使程序模块化

    C. 使程序便于阅读　　　　　　　D. 便于发挥程序员的创造力

2. 以下关于函数的说法，正确的是(　　)。

    A. 函数定义时必须有形参

    B. 函数中定义的变量只在该函数体中起作用

    C. 函数定义时必须带 return 语句

    D. 实参与形参的个数可以不相同，类型可以任意

3. 以下关于函数的说法，正确的是(　　)。

    A. 函数的实际参数和形式参数必须同名

    B. 函数的形式参数既可以是变量也可以是常量

    C. 函数的实际参数不可以是表达式

    D. 函数的实际参数可以是其他函数的调用

4. 有以下两个程序。

程序 1:

```
a=[1,2,3,4,5]
def  f(a):
    a=a+[6]
f(a)
print(a)
程序 2:
b=[1,2,3,4,5]
def  f(b):
    b+=[6]
f(b)
print(b)
```

下列说法正确的是(　　)。

    A. 两个程序均能正确运行，但结果不同

    B. 两个程序的运行结果相同

    C. 程序 1 能正确运行，程序 2 不能

    D. 程序 1 不能正确运行，程序 2 能

5. 已知 f=lambda a, b:a+b，则 f([4],[1,2,3,5])的值是(　　)。

    A. [1,2,3,5,4]　　　　B. 15　　　　　　C. [4,1,2,3,5]　　　　D. {1,2,3,4,5}

6. 下列语句的运行结果是(　　)。

```
f1=lambda a:a*3
f2=lambda a:a**3
print(f1(f2(4)))
```

    A. 106　　　　　　B. 148　　　　　　C. 136　　　　　　D. 192

7. 下列程序执行后，w 的值是(　　)。

```
def f(a,b):
    return a**3+b**2
w=f(f(1,2),5)
print(w)
```

    A. 100　　　　　　B. 150　　　　　　C. 35　　　　　　D. 9

三、问答题

1. 简单叙述 Python 函数参数的类型。

2. 什么是匿名函数？它有什么用处？

3. 如何在函数里面设置一个全局变量？

4. Python 是如何进行类型转换的？

5. Python 是如何进行内存管理的？

四、实验操作题

1. 编程输出斐波那契数列的前若干项，即根据用户输入的正整数，输出数列的各项，如输入正整数 5，则输出斐波那契数列的前 5 项：1、1、2、3、5。

2. 用函数实现最大公约数算法和最小公倍数算法，并且编写测试程序测试这两个算法。

3. 编程获取 5 天前的年月日。

4. 编程将字符串转换为大写字母，或者将字符串转换为小写字母。

5. 使用函数库完成十进制转换为二进制、八进制、十六进制的运算。

第 5 章

文件与目录操作

本章要点

(1) 文件和文件对象。

(2) 文本文件的读写。

(3) os 模块的文件操作方法。

(4) shutil 模块的文件操作方法。

(5) CSV、Excel 文件的基本操作。

(6) HTML、XML 文档的基本操作。

学习目标

(1) 掌握文件的基本操作以及对目录的操作方法。

(2) 掌握 CSV、Excel 文件的读写方法。

(3) 掌握 HTML、XML 文档的操作方法。

前文介绍的 input、print 函数是与外部交互的函数，它们是对标准输入输出设备(即键盘和屏幕)进行操作的。此外，Python 还可以对文件进行操作，实现更多的外部交互。本章 5.1 节介绍打开文件、关闭文件、创建文件、读写文件等基本操作。在对文件和文件夹进行操作时会用到 os 模块和 shutil 模块，本章 5.2 节对此予以介绍。除一般文件外，Python 还可以对 CSV、Excel、HTML、XML 等文件进行创建、读写等操作，5.3 节至 5.6 节将做具体介绍。

5.1 文件的基本操作

5.1.1 打开文件

打开文件

使用文件之前，需首先打开文件，然后进行读、写、添加等操作。Python 打开文件使用 open 函数，其语法格式为：

```
open(name[,mode[,buffering]])
```

其中，文件名 name 为必选参数；模式 mode 和缓冲 buffering 是可选参数。该函数返回一个文件对象。

【例 5-1】打开一个文本文件：

```
f = open(r"C:\Users\test.txt")
```

上述语句直接打开一个指定的文件，如果文件不存在则引发 FileNotFoundError 异常。这里的 f 是一个文件对象，它与指定的文件建立了关联，很多文献称 f 为文件描述符，实际上它可视为指定文件的"句柄"，所有对指定文件的后续操作都将通过这个句柄进行，直到使用后面将要介绍的 close()函数关闭指定文件为止。

如果 open 函数后面的参数中只带一个文件名，只是获得了能读取文件内容的文件对象(即上面的 f)。若要在文件中写入内容，就必须提供一个模式参数来显式地声明。open 函数中的模式参数如表 5-1 所示。

表 5-1　open 函数模式参数表

模式参数值	说　　明
r'(只读)	以读模式打开一个文本文件
w'(只写)	以写模式打开一个文本文件
a'(追加)	以追加模式打开一个文本文件
b(二进制)	二进制模式(与其他模式组合使用)
+(读写)	读/写模式(与其他模式组合使用)

其中，读模式是默认模式。写模式即向文件中写入内容。+参数可以用到其他任何模式中，指明读和写都是允许的。b 模式用于改变处理文件的方法。一般来说，Python 处理文本文件(包括字符)时没有问题，但如果处理的是一些其他类型的文件(二进制文件)，如声音剪辑或图像等，则应在模式参数中增加 b，明确指出按二进制形式来处理文件。

模式参数组合及其说明如表 5-2 所示。

表 5-2　模式参数组合及其描述

模式参数组合	说　　明
r+	以读写模式打开一个文本文件
w+	以读/写模式打开一个新的文本文件
a+	以读/写模式打开一个文本文件
rb	以读模式打开一个二进制文件
wb	以写模式打开一个二进制文件
ab	以追加模式打开一个二进制文件
rb+	以读写模式打开一个二进制文件
wb+	以读/写模式打开一个新的二进制文件
ab+	以读/写模式打开一个二进制文件

这里需要强调一下使用二进制模式的理由。使用二进制模式读写文件时，与使用文本模式不会有很大区别。但是，在使用二进制模式时，Python 会原样给出文件中的内容，在文本模式下则不一定。Python 对于文本文件的操作方式中唯一要用到的技巧是标准化换行符。一般来说，换行符(\n)表示结束一行并另起一行，这也是 Unix 系统中的规范，但在 Windows 中一行结束的标志是\r\n。为使程序能跨平台运行，Python 在这里做了一些自动转换：当在 Windows 下用文本模式读文件中的文本时，Python 将\r\n 转换成\n；相反地，在 Windows 下用文本模式向文件中写文本时，Python 将\n 转换成\r\n。

在使用二进制文件时可能会出现问题，因为文件中可能包含被解释成换行符的字节，而使用文本模式时会自动转换，这样会破坏二进制数据，所以使用二进制模式时，不会发生转换。

注意：通过在模式参数中使用 U 参数能在打开文件时使用通用的换行符支持模式，在这种模式下，所有的换行符(\r\n、\r 或\n)都被转换成\n，而不考虑所运行的平台。

open 函数的第三个参数控制文件的缓冲，对参数值的说明如表 5-3 所示。

表 5-3　open 函数缓冲参数表

参数值	描　述
0(False)	I/O 无缓冲，即所有读写操作直接针对硬盘
1(True)	I/O 有缓冲，即使用内存代替硬盘
>1	大于 1 的数字表示缓冲区的大小(以字节为单位)
-1(或任何负数)	表示使用默认的缓冲区大小

5.1.2　关闭文件

文件使用完毕后应及时关闭。在 Python 中关闭文件用 close 方法。通常，Python 会在文件不用后自动将其关闭，不过这一功能没有保证，因为 Python 可能会缓存写入数据，如果程序因为某种原因崩溃，数据就有可能没有完整地写入文件中，从而引发文件故障。因此，最好还是养成自己关闭文件的习惯。如果一个文件在关闭后还对其进行操作，则会引发 ValueError 异常。

关闭文件

【例 5-2】关闭文本文件。

要关闭例 5-1 中的 f 文件对象，可以使用以下语句：

```
f.close()
```

该语句执行后，f 与 test.txt 的关联不复存在，当然也就不能再对 test.txt 文件进行读写了，除非再度打开。

5.1.3　在文本文件中读取数据

在文本文件中读取数据的语法格式为：

在文本文件中
读取数据

```
f.read([size])          #size 为读取的长度，以字节为单位
f.readline([size])      #读一行，如果定义了 size，有可能返回的只是一行的一部分
f.readlines([size])     #把文件每一行作为列表的一个成员，并返回这个列表。
```

read()读取从当前位置直到文件末尾的内容，并作为字符串返回，赋给变量。如果是刚刚打开的文件对象，则读取整个文件。read(size)读取从文件当前位置开始的 size 个字符。若 size 未给定或为负数，则读取从当前位置开始的所有内容。

readline()读取从当前位置到行末(即下一个换行符)的所有字符(包括结束符)，并作为字符串返回，赋给变量。size 限定读取的字节数。

readlines()读取从当前位置直到文件末尾的所有行，并将这些行构成列表返回，赋给变量。其实，readlines()的内部是通过循环调用 readline()来实现的。如果提供 size 参数(size 是表示读取内容的总长)，则可能只读到文件的一部分。

【例 5-3】读取文本文件内容：

假设在 C:\Users 目录下有一个文本文件 test.txt，文本内容为"Hello World!"：

```
>>> f = open(r"C:\Users\test.txt")
>>> f.read(5)
'Hello'
>>> f.close()
>>> f = open(r"C:\Users\test.txt")
>>> f.readline()
'Hello World!'
>>> f.close()
```

可以看出，readline()将文件对象 f(也就是文本文件 test.txt)的一行内容读出来了。

5.1.4　创建文本文件

在 Python 中，以写模式打开文本文件即可创建一个文本文件，语法格式为：

创建文本文件

```
open(name, 'w' [,buffering])          #创建空文件
```

【例 5-4】创建文本文件。

在 C 盘的 Users 目录下创建一个文本文件 text. txt，可使用下面的语句：

```
f = open(r'C:\Users\text.txt','w')
```

语句执行后将在相应的目录下生成一个名为 text.txt 的文件。因尚未向其中添加数据，其字节数为 0。

5.1.5　向文本文件中添加数据

向文本文件中
添加数据

向文件中写入数据的函数是 write()和 writelines()，其语法格式为：

```
f.write(str)          #把 str 写到文件中，write()并不会在 str 后加上一个换行符
f.writelines(seq)     #把 seq 的内容全部写到文件中(多行一次性写入)
                      #这个函数也只是忠实地写入，不会在每行后面加上任何东西
```

【例 5-5】向文本文件中添加数据。

假设向 D:\xunlian\test.txt 文件中写入数据，可以使用下列语句：

```
>>> f = open(r"D:\xunlian\test.txt",'w')
>>> str = 'Welcome to China!'
>>> f.write(str)
17
>>> f.close()
>>> f = open(r"D:\xunlian\test.txt",'r')
>>> f.read()
'Welcome to China!'
>>> f.close()
```

其中的 17 表示向文本文件 test.txt 中写入了 17 个字符。

5.1.6　文件指针

假设读取文本文件 test.txt，文本内容为"Welcome to China!"，当用两个 read 方法读取时，第一个 read 返回'Welcome to China!'，第二个 read 返回''，即不能重复读取，这是为什么呢？

这种现象与文件指针有关。对文件操作时，文件内部会有文件指针来定位当前位置，控制文件指针位置可以实现重复读取，用 seek 方法可以控制文件指针的位置，其语法格式为：

```
seek(offset[, whence])          #移动文件指针
```

各参数的含义如下。

offset：偏移量。一般是相对于文件的开头来计算的，且一般为正数。

whence：偏移相对位置。whence 可以为 0，表示从头开始计算；为 1 则表示以当前位置为原点进行计算；为 2 则表示以文件末尾为原点进行计算。

注意：如果文件以 a 或 a+的模式打开，每次进行写操作时，文件操作标记都会自动返回到文件末尾。

偏移相对位置常量有 SEEK_SET、SEEK_CUR、SEEK_END。

os.SEEK_SET：表示文件的起始位置，即 0(默认情况)，此时 offset 必须为 0 或正数。

os.SEEK_CUR：表示文件的当前位置，即 1，此时 offset 可以为负数。

os.SEEK_END：表示文件的结束位置，即 2，此时 offset 通常为负数。

欲获取文件指针位置，可以使用 tell 方法，其语法格式为：

```
f.tell()                        #返回文件操作标记的当前位置，以文件的开头为原点
```

【例 5-6】获取文件指针的当前位置。

上一例中，test.txt 文件中文本内容为"Welcome to China!"，若第二次读取则会输出''，可以使用 seek 函数使其从头开始读取：

```
>>> f = open(r"D:\xunlian\test.txt",'r')
>>> f.readline()
'Welcome to China!'
>>> f.seek(0)
0
>>> f.readline()
'Welcome to China!'
>>> f.tell()
17
>>> f.close()
```

可见，从文件中读出"Welcome to China!"后，文件指针的当前位置为 17。

5.1.7　截断文件

截断文件使用 truncate 方法，把文件截成规定的大小，默认截取到当前文件操作标记的位置。截断文件的语法格式为：

截断文件

```
f.truncate([size])
```

如果 size 比文件的大小还要大，依据系统的不同，可能是不改变文件，也可能是用 0 把文件补到相应的大小，还可能是把一些随机的内容加上去。

【例 5-7】截断文件。

在 test.txt 文件中又写入一行："Thank you very much!"，看截断后能否再输出：

```
>>> f = open(r"D:\xunlian\test.txt",'r+')
>>> f.truncate(18)
18
>>> f.readline()
'Welcome to China! '
>>> f.readline()
''
>>> f.close()
```

可以看出，截断后读出的内容为空串，即第 18 个字符以后的内容读不出来，亦即截断后不能再输出。

5.1.8　复制、删除、移动、更名文件

复制文件使用 shutil 模块中的方法，涉及的方法有 copy、copyfile、copytree。下面分别对各个方法进行说明：

文件的复制、删除、移动、更名

```
shutil.copy(src, dst)        #复制数据从 src 到 dst(src 为文件，dst 可以为目录)
shutil.copyfile(src, dst)    #复制数据从 src 到 dst(src 和 dst 均为文件)
shutil.copytree(src, dst)    #递归复制文件夹，其中 src 和 dst 均为目录，且 dst 不存在
```

删除文件使用 os 模块中的 remove 方法：

```
os.remove(path)              #删除 path 指定的文件
```

移动文件使用 shutil 模块中的 move 方法：

```
shutil.move(src, dst)        #移动数据从 src 到 dst，src 和 dst 可以为文件，也可以为目录
```

重命名文件或目录使用 os 模块中的 rename 方法：

```
os.rename(old, new)          #old 为原文件名，new 为更改后的文件名
```

【例 5-8】使用 copy 方法复制文件：

```
>>> import shutil
>>> import os
>>> os.chdir(r'D:')
>>> shutil.copy(r'D:\xunlian\test1.txt','D:\practice')
'D:\\practice\\test1.txt'
>>> shutil.copy(r'D:\practice\test1.txt',r'D:\practice\test2.txt')
'D:\\practice\\test2.txt'
```

第一个 shutil.copy()将 D:\xunlian 下的 test1.txt 文件复制到 D:\practice 文件夹下；第二个 shutil.copy()将 D:\practice 下的 test1.txt 文件复制到此文件夹下，命名为 test2.txt。

在 copy 方法中，如果 dst 是文件夹，则把 src 文件复制到该文件夹中；如果 dst 是文件，则把 src 文件复制到 dst 文件中，即复制+重命名。本例及后面部分例题中用到的 os.chdir()是 os 模块中切换到指定目录所用的方法。

【例 5-9】使用 copyfile 方法复制文件。

使用 copyfile 方法的前提是目标文件具有写权限；否则将产生 IoError 错误。使用 glob(pathname)函数返回所有匹配的文件路径列表，这里既可以是绝对路径，也可以是相对路径。

```
>>> import shutil
>>> import glob
>>> import os
>>> os.chdir(r'D:\practice')
>>> print('before:',glob.glob('list.*'))
before: ['list.txt']
>>> shutil.copyfile('list.txt','list.txt.copy')
'list.txt.copy'
>>> print('after:',glob.glob('list.*'))
after: ['list.txt', 'list.txt.copy']
```

可以看到，shutil.copyfile()将 D:\practice 文件夹下的 list.txt 复制并命名为 list.txt.copy。

【例 5-10】使用 copytree 方法复制文件：

```
>>> import os
>>> import shutil
>>> import tempfile
>>> dir1 = tempfile.mktemp('.dir')    #返回一个临时文件的路径，但不创建该临时文件
>>> os.mkdir(dir1)
>>> dir2 = dir1 + '.copy'
>>> print(dir1,dir2)
C:\Users\BBQ\AppData\Local\Temp\tmppgkpkj16.dir C:\Users\BBQ\AppData\Local\
Temp\tmppgkpkj16.dir.copy
>>> shutil.copytree(dir1,dir2)
'C:\\Users\\BBQ\\AppData\\Local\\Temp\\tmppgkpkj16.dir.copy'
```

shutil.copytree()将创建的临时文件 dir1 复制到 dir2 即 dir1.copy。

【例 5-11】文件删除。

使用 remove()方法删除 D:\practice 目录下的 text.txt 文件：

```
import os
os.chdir(r'D:\practice')
os.remove('text.txt')
```

执行上述命令后，D:\practice 目录下的 text.txt 文件不复存在。

【例 5-12】文件移动。

使用 move 方法将文件或文件夹移动到另一目录，使用 glob 函数获得文件路径。

```
>>> import shutil
>>> import glob
>>> import os
>>> os.chdir(r'D:\practice')
>>> print('before:',glob.glob('new.*'))
before: ['new.txt']
>>> shutil.move('new.txt','new.out')
'new.out'
>>> print('after:',glob.glob('new.*'))
after: ['new.out']
```

shutil.move()将 D:\practice 目录下的 new.txt 移动到当前目录下，命名为 new.out。

【例 5-13】文件重命名。

把当前目录下的文件 text.txt 重命名为 text1.txt，使用的语句为：

```
os.rename('text.txt','text1.txt')
```

5.2　指定目录下的文件操作

5.2.1　获取当前目录

获取 Python 当前脚本运行目录的方法为 getcwd()，其语法格式为：

```
os.getcwd()
```

获取当前目录

【例 5-14】得到当前工作空间的目录：

```
>>> import os
>>> f = os.getcwd()
>>> f
'D:\\practice'
```

5.2.2　获取当前目录下的内容

os 模块下的 listdir 方法用于获取当前目录下所有的文件和目录名，其语法格式为：

```
os.listdir()
```

获取当前目录下
的内容

【例 5-15】获取指定文件夹下的所有文件及文件夹，如果指定的文件夹不存在，则返回相应的提示信息：

```
import os
def list_dir(dir_path):
    if os.path.exists(dir_path):
        return os.listdir(dir_path)
    else:
        return '目录'+ dir_path + '不存在'
```

```
if __name__ == "__main__":
    f=list_dir(r"d:\practice")     #该目录存在
    print(f)
    f=list_dir(r"d:\practices")    #该目录不存在
    print(f)
```

上述代码执行结果为：

```
['list.txt', 'list.txt.copy', 'new.out', 'test1.txt', 'test2.txt',
'text1.txt']
目录D:\practices不存在
>>>
```

5.2.3　创建、删除目录

创建、删除目录

创建单个目录的语法格式为：

```
os.mkdir("file")
```

删除目录有两种方法，分别调用 os 模块的 rmdir 方法和 shutil 模块的 rmtree 方法，不同的是前者只能删除空目录，而后者空目录和非空目录均可删除。

```
os.rmdir("dir")          #只能删除空目录
shutil.rmtree("dir")     #空目录、有内容的目录都可以删除
```

【例 5-16】创建新目录：

```
import os
os.mkdir(r'D:\newdir')
```

【例 5-17】删除空目录，首先判断是否是空目录：

```
import os
def delete_dir(dir):
if os.path.isdir(dir):
    for item in os.listdir(dir):
if item!='System Volume Information':
        delete_dir(os.path.join(dir, item))
    if not os.listdir(dir):
        os.rmdir(dir)

f = delete_dir(r'D:\newdir')
```

运行上面的代码，将删除 D 盘下的 newdir 目录(前提是目录为空)。

【例 5-18】使用 rmtree 方法删除目录：

```
import shutil
dir_path = r'D:\test'
shutil.rmtree(dir_path)
```

5.3　CSV 文件

CSV 是逗号分隔值(Comma-Separated Values)的缩写，其文件以纯文本形式存储表格数据(数字和文本)。CSV 并不是一种单一的、定义明确的格式(尽管 RFC4180 有一个被通常使用的定义)。因此在实践中，术语 CSV 泛指具有以下特征的任何文件。

(1) 纯文本，使用某个字符集，如 ASCII、Unicode、EBCDIC 或 GB2312。

(2) 由记录组成(典型的是每行一条记录)。

(3) 每条记录被分隔符分隔为字段(典型分隔符有逗号、分号或制表符；有时分隔符可以包括可选的空格)。

(4) 每条记录都有同样的字段序列。

通常可以使用 WORDPAD、NOTEPAD(记事本)或 Excel 来打开 CSV 文件。

一般情况下，用 Excel 生成的文件扩展名是 xls 或 xlsx，如果直接重命名为 CSV 扩展名(下称 CSV 格式)，会报错。其解决方法是，将 Excel 生成的表直接保存为 CSV 格式，或将原有文件另存为 CSV 格式。

Python 本身就带有 CSV 包，使用时先用 import csv 命令导入即可。使用 CSV 包可以对 CSV 文件进行读、写操作。

5.3.1 读 CSV 文件

在 Python 的 csv 模块中有读 CSV 文件的方法 reader()，下面举例说明如何使用 reader 函数读取 CSV 文件。

【例 5-19】CSV 文件的读取。

有以下 CSV 文件：

80082	4432	4355	2345
9888.43	4325.6	89331	435
43772.9	477	9334	325

读取 CSV 数据的代码及运行结果为：

```
>>> import csv
>>> csv_reader = csv.reader(open(r'D:\xunlian\one.csv',encoding='utf-8'))
>>> for row in csv_reader:
        print(row)

['80082\t4432\t4355\t2345']
['9888.43\t4325.6\t89331\t435']
['43772.9\t477\t9334\t325']
```

5.3.2 写 CSV 文件

在 Python 中，写 CSV 文件使用 csv 模块中的 writer 方法和 writerow 方法。writer 方法用于将数据转化为带分隔符的字符串(给定文件对象的模式必须为'w')；writerow 方法用于将一行数据写入文件中。

【例 5-20】在上述 CSV 文件中写入数据"1，2，3，4"：

```
import csv
list = ['1','2','3','4']
out = open(r'D:\xunlian\one.csv','w')
csv_writer = csv.writer(out)
csv_writer.writerow(list)
out.close()
```

直接使用这种写法可能会导致文件每一行后面多一个空行。解决方案如下：

```
out = open(r'D:\xunlian\one.csv','w',newline='')
csv_writer = csv.writer(out, dialect='excel')
csv_writer.writerow(list)
out.close()
```

将上述代码放入一个程序中，运行后可以得到图 5-1 所示的 one.csv 文件。

图 5-1　例 5-20 运行结果

5.4　Excel 文件

在学习和工作过程中，经常用到 Excel 文件，Python 也可以处理 Excel 文件。操作 Excel 文件主要用到 xlrd 和 xlwt 两个库，xlrd 是读 Excel 文件的模块，xlwt 是写 Excel 文件的模块。

在对 Excel 文件进行读写操作时，需要先下载并安装 xlrd 库和 xlwt 库。

5.4.1　使用 xlrd 读 Excel 文件

xlrd 提供的接口较多，常用的是：

```
open_workbook()                    #打开指定的 Excel 文件，返回一个 Book 对象
```

通过 Book 对象可以得到各个 Sheet 对象(一个 Excel 文件可以有多个 Sheet，每个 Sheet 就是一张表格)，例如：

```
Book.nsheets                   #返回 Sheet 的数目
Book.sheets()                  #返回所有 Sheet 对象的 list
Book.sheet_by_index(index)     #返回指定索引处的 Sheet，相当于
Book.sheets()[index]
Book.sheet_names()             #返回所有 Sheet 对象名字的 list
Book.sheet_by_name(name)       #根据指定 Sheet 对象名字返回 Sheet
```

通过 Sheet 对象可以获取各个单元格，每个单元格是一个 Cell 对象：

```
Sheet.name                     #返回表格的名称
Sheet.nrows                    #返回表格的行数
Sheet.ncols                    #返回表格的列数
Sheet.row(r)                   #获取指定行，返回 Cell 对象的 list
Sheet.row_values(r)            #获取指定行的值，返回 list
Sheet.col(c)                   #获取指定列，返回 Cell 对象的 list
Sheet.col_values(c)            #获取指定列的值，返回 list
```

```
Sheet.cell(r, c)               #根据位置获取 Cell 对象
Sheet.cell_value(r, c)         #根据位置获取 Cell 对象的值
Cell.value                     #返回单元格的值
```

【例 5-21】使用 xrld 读 Excel 文件。

test.xls 文档的内容如下:

1	2	3	4	5	6
a	b	c	d	e	f
7	8	9	0	1	2
g	h	i	j	k	l

使用 xlrd 读取此文档的代码为:

```
import xlrd
wb = xlrd.open_workbook( r'D:\xunlian\test.xls')
# 打印每张表的最后一列
# 方法 1
for s in wb.sheets():
    print("The last column of sheet %s:" %(s.name))
    for i in range(s.nrows) :
        print(s.row(i)[-1].value)
# 方法 2
for i in range(wb.nsheets):
    s = wb.sheet_by_index(i)
    print("The last column of sheet %s:" %(s.name))
    for v in s.col_values(s.ncols - 1) :
        print(v)
# 方法 3
for name in wb.sheet_names( ):
    print("The last column of sheet %s:" % (name))
    s = wb.sheet_by_name(name)
    c = s.ncols -1
    for r in range(s.nrows) :
        print(s.cell_value(r, c))
```

将上述代码放入一个程序中, 运行结果为:

```
The last column of sheet Sheet1:
6.0
f
2.0
l
The last column of sheet Sheet1:
6.0
f
2.0
l
The last column of sheet Sheet1:
6.0
f
2.0
l
```

5.4.2 使用 xlwt 写 Excel 文件

xlwt 提供的接口相对 xlrd 来说要少, 主要有以下几个:

```
Workbook()                     #构造函数, 返回一个工作簿的对象
```

```
Workbook.add_sheet(name)          #添加了一个名为 name 的表，类型为 Worksheet
Workbook.get_sheet(index)         #可以根据索引返回 Worksheet(前提是已经添加到
                                  Workbook 中)
Worksheet.write(r, c, vlaue)      #将 vlaue 填充到指定位置
Worksheet.row(n)                  #返回指定的行
Row.write(c, value)               #在某一行的指定列写入 value
Worksheet.col(n)                  #返回指定的列
```

通过对 Row.height 或 Column.width 赋值可以改变行或列默认的高度或宽度(单位：0.05 pt，即 1/20 pt)。最后保存文件：

```
Workbook.save(filename)           #保存文件
```

注意：

① xlwt 模块至多能写 65535 行、256 列，如果超过这个范围，程序运行就会出现错误，这时需要通过其他一些途径来解决。如果只注重数据的处理，那么可以采用 csv 模块来替代。

② 文件默认的编码方式是 ASCII，如果要改变编码方式，指定 Workbook()的 encoding 参数即可，如 Workbook(encoding='utf-8')。

③ 表的单元格默认是不可以重复写的，如果有需要，在调用 add_sheet()时指定参数 cell_overwrite_ok=True 即可。

【例 5-22】 向新的 Excel 文件中写入数据并保存文件：

```
import xlwt
book = xlwt.Workbook(encoding='utf-8')
sheet = book.add_sheet('sheet_test', cell_overwrite_ok=True)
sheet.write(0, 0, 'mike')
sheet.row(0).write(1, '&')
sheet.write(0, 2, 'jack')
sheet.col(2).width = 300
book.save(r'D:\xunlian\test1.xls')
```

将上述代码放入一个程序中，运行后可以得到图 5-2 所示的 test1.xls 文件。

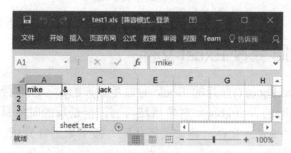

图 5-2　例 5-22 运行结果

除了写入数据外，xlwt 还可以改变单元格格式。write 方法允许接受一个 XFStyle(Excel File Style)类型的参数，并置于最后。

使用 easyxf()可快速生成 XFStyle 对象。

【例 5-23】 使用 xlwt 改变单元格格式：

```
import datetime, xlwt
f = xlwt.Font()
f.name = 'Arial'
f.height = 240
p = xlwt.Pattern()
p.pattern = xlwt.Pattern.SOLID_PATTERN
p.pattern_fore_colour = 0x0A
s = xlwt.XFStyle()
s.num_format_str = '0.00%'
s.font = f
s.pattern = p
s1 = xlwt.XFStyle()
s1.num_format_str = 'YYYY-MM-DD'
s1.font = f
s1.pattern = p
a = 8
b = 10
wb = xlwt.Workbook()
ws = wb.add_sheet('out1')
#以百分比的形式显示，保留两位小数
ws.write(0,3,float(a/b),s)
#显示日期
ws.row(0).write(4,datetime.date(2017,6,1),s1)
wb.save(r'D:\xunlian\out.xls')
```

将上述代码放入一个程序中，运行后可以得到图 5-3 所示的 out.xls 文件。

图 5-3　例 5-23 运行结果

5.4.3　使用 xlutils 修改 Excel 文件

通过 xlrd.open_workbook()打开的 Book 对象是只读的，不能直接对其进行修改操作，而 xlwt.Workbook()返回的 Workbook 对象虽然可写，但是写的时候只能从零写起，若需要修改一个已存在数据的 Excel 文件，将如何操作呢？接下来进行介绍。

使用 xlutils.copy 中的 copy()方法，可以将 xlrd.Book 对象转化为 xlwt.Workbook 对象，这样就可以直接对已存在的 Excel 文件进行修改了。

【例 5-24】使用 xlutils 修改 Excel 文件：

```
import xlrd
import xlutils.copy
book = xlrd.open_workbook(r'D:\xunlian\out.xls',formatting_info=True)
wtbook = xlutils.copy.copy(book)
```

```
wtsheet = wtbook.get_sheet(0)
wtsheet.write(0, 0, "it has been changed.")
wtbook.save(r'D:\xunlian\out.xls')
```

将上述代码放入一个程序中，运行后可以得到图 5-4 所示的 out.xls 文件。

图 5-4　例 5-24 运行结果

注意：

①　调用 xlrd.open_workbook()时，如果不指定 formatting_info=True，那么修改后整个文档的样式会丢失。对一个单元格进行 write 操作时，如果不指定样式，也会将原来的样式丢失。

②　注意调用 copy()的方法。也可以通过声明 from xlutils.copy import copy 来直接调用 copy()。

5.5　HTML 文件

HTML 是超文本标记语言(Hyper Text Markup Language)的缩写，它通过标记符来标记要显示网页中的各个部分。网页文件本身是一种文本文件，通过在文本文件中添加标记符，可以告诉浏览器如何显示其中的内容，如怎样显示内容、如何布局等。

本节用 Beautiful Soup(Python 的一个库)来操作 HTML 文件，Beautiful Soup 最主要的功能是从网页中抓取数据。

5.5.1　Beautiful Soup 安装

在这里推荐使用 Beautiful Soup 4，不过它已经被移植到 BS4 了，也就是说，需要使用 import bs4 命令导入 BS4，所以这里用的版本是 Beautiful Soup 4.6.0 (简称 BS4)。

可以利用 pip 来安装 Beautiful Soup。其方法是：下载后缀为.whl 的 Beautiful Soup 安装包，在 DOS 命令提示符窗口下进入 Python 安装位置的 Scripts 文件夹，将安装包复制到此文件夹下，再在命令提示符窗口下运行以下命令：

```
pip install beautifulsoup4-4.6.0-py3-none-any.whl
```

接下来需要安装 lxml。其方法是：下载对应系统和版本的安装包，如后缀名为.whl，运行 pip install name.whl 即可；如后缀名为.exe，运行 easy_install name.exe 即可。

Beautiful Soup 支持 Python 标准库中的 HTML 解析器,同时也支持一些第三方的解析器,如果没有安装第三方解析器,则 Python 会使用默认的解析器,但 lxml 解析器功能更加强大,速度也更快。

5.5.2 创建 Beautiful Soup 对象

欲创建 Beautiful Soup 对象,首先需要从 BS4 中导入 Beautiful Soup 模块,使用的命令为:

```
from bs4 import Beautiful Soup
```

创建 Beautiful Soup 对象时,既可以直接创建,也可以通过本地的 HTML 文档间接创建。

1. 直接创建 Beautiful Soup 对象

使用:

```
soup = Beautiful Soup(html)
```

该语句可直接由网页字符串创建 Beautiful Soup 对象(html 是字符串,其内容为网页文本),也可先使用 urllib 模块的 urllib.request.urlopen(url)方法打开 url 网页,再通过 Beautiful Soup(html)方法创建 Beautiful Soup 对象。例如:

```
>>> import urllib.request
>>> from bs4 import Beautiful Soup
>>> url = 'https://baike.baidu.com'
>>> html = urllib.request.urlopen(url)
>>> print(html)
<http.client.HTTPResponse object at 0x000002AA693BD278>
>>> soup = Beautiful Soup(html,"html.parser")
>>> print(soup.prettify())
<!DOCTYPE html>
<!--STATUS OK-->
<html>
 <head>
  <meta charset="utf-8"/>
  <meta content="IE=Edge" http-equiv="X-UA-Compatible">
  <meta content="always" name="referrer"/>
  <meta content="百度百科是一部内容开放、自由的网络百科全书,旨在创造一个涵盖所有
领域知识,服务所有互联网用户的中文知识性百科全书。在这里可以参与词条编辑,分享贡献
你的知识。" name="description"/>
  <title>
   百度百科_全球最大的中文百科全书
  </title>
```

其中,prettify()方法的作用是格式化 soup 对象的内容。

2. 通过本地 HTML 文档间接创建 Beautiful Soup 对象

使用本地 HTML 文档 index.html 创建 Beautiful Soup 对象的代码为:

```
a = open('index.html')
soup = Beautiful Soup(a)
```

【例 5-25】使用本地 HTML 文档创建 Beautiful Soup 对象。

有下面一段 HTML 文档(存放在 D:\xunlian 目录下,文件名为 hello.html):

```
<!DOCTYPE html>
<html>
<head>
    <meta charset="UTF-8">
    <title>Hello World!</title>
</head>
<body>
<p class="title" name="hey"><b>it's a fantastic place</b>
<a href="http://something.com/elsie" class="sister" id="link1"><!-- Elsie --></a>
</p>
</body>
</html>
```

上述 HTML 文档格式化输出的代码及其运行结果如下：

```
>>> from bs4 import BeautifulSoup
>>> a = open(r'D:\xunlian\hello.html')
>>> soup = BeautifulSoup(a)
>>> print(soup.prettify())
<!DOCTYPE html>
<html>
 <head>
  <meta charset="utf-8"/>
  <title>
   Hello World!
  </title>
 </head>
 <body>
  <p class="title" name="hey">
   <b>
    it's a fantastic place
   </b>
   <a class="sister" href="http://something.com/elsie" id="link1">
    <!-- Elsie -->
   </a>
  </p>
 </body>
</html>
```

5.5.3　解析 HTML 文件

Beautiful Soup 将复杂的 HTML 文档转换成一个复杂的树形结构，每个节点都是 Python 对象，所有对象可以归纳为以下 4 种，即 Tag、NavigableString、BeautifulSoup、Comment。

1. Tag

通俗来说，Tag 就是 HTML 中的标签。例如，对于以下 title 标签而言

```
<title>Hello World! </title>
```

Tag 指的就是首尾标志加上中间的内容。下面的例子展示了如何使用 Beautiful Soup 来获取 Tag。

【例 5-26】获取 title 标签和 head 标签：

```
>>> print(soup.title)
<title>Hello World!</title>
>>> print(soup.head)
<head>
<meta charset="utf-8"/>
<title>Hello World!</title>
</head>
```

使用"soup.标签名"可以轻松地获取指定的标签，不过找到的只是符合要求的第一个标签。要想查找符合要求的所有标签，可采用本节最后介绍的 find_all()方法。

Tag 有两个重要的属性，即 name 和 attrs，下面通过两个例子说明如何获取。

【例 5-27】获取 name 属性：

```
>>> print(soup.name)
[document]
>>> print(soup.head.name)
head
```

soup 对象本身比较特殊，它的 name 即为[document]，对于其他内部标签，输出的值便为标签本身的名称。

【例 5-28】获取 attrs 属性：

```
>>> print(soup.p.attrs)
{'class': ['title'], 'name': 'hey'}
```

在这里把 p 标签的所有属性显示出来，得到的类型是一个字典。若想单独获取某个属性，如获取 class，可以这样写：

```
>>> print(soup.p['class'])
['title']
```

或者使用 get 方法，传入属性名称：

```
>>> print(soup.p.get('class'))
['title']
```

2. Navigable String

前面提到获取标签内容，这里介绍如何获取标签内部的文字。

【例 5-29】获取标签内部文字：

```
>>> print(soup.b.string)
it's a fantastic place
```

标签内部文字类型为一个 Navigable String，即可以遍历的字符串。

3. Beautiful Soup

Beautiful Soup 对象表示的是一个文档的全部内容，大多数情况下可以把它当作 Tag 对象，它是一个特殊的 Tag，可以分别获取它的类型、名称及属性。

【例 5-30】获取 Beautiful Soup 对象的类型、名称和属性：

```
>>> print(type(soup.name))
<class 'str'>
>>> print(soup.name)
[document]
>>> print(soup.attrs)
{}
```

4. Comment

Comment 对象是一个特殊类型的 Navigable String 对象，其实输出的内容仍然不包括注释符号，但是如果不好好处理它，可能会给文本处理带来意想不到的麻烦。

【例 5-31】使用 comment 对象获取标签信息和属性：

```
>>> print(soup.a)
<a class="sister" href="http://something.com/elsie" id="link1"><!-- Elsie
--></a>
>>> print(soup.a.string)
 Elsie
>>> print(type(soup.a.string))
<class 'bs4.element.Comment'>
```

<a>…</a>标签里的内容实际上是注释，但是，如果利用.string 来输出它的内容，就会发现，它已经把注释符号去掉了。

前文已提及，简单的"soup.标签名"只能获取第一个符合要求的标签。本节最后介绍一下 find_all()方法，用来搜索符合条件的所有标签，并返回一个列表。

find_all()方法的语法格式为：

```
find_all(name, attrs, recursive, text, limit, **kwargs)
```

各参数的含义如下。

name：查找所有名为 name 的 tag。此参数可以为字符串、正则表达式、列表、True 和方法。

attrs：可以用一个字典的形式指定。

recursive：默认为 True，检索当前 tag 的所有子孙节点；若指定为 False，则只检索一级子节点。

text：用于指定待搜索字符串的内容，也可支持 name 参数的几种形式，但其返回的不是对象列表而是文本列表。若 name 和 text 两个参数同时出现，则 text 会作为 name 的一个附加条件，返回的还是带标签的列表。

limit：当 HTML 文档太大时，搜索会很慢。如果不需要搜索所有的结果，可使用 limit 参数限制返回结果的数量。

**kwargs：关键字参数。

【例 5-32】使用 find_all()方法搜索所有符合条件的标签或文本：

```
>>> soup.find_all('b')                    #name为字符串形式
[<b>it's a fantastic place</b>]
>>> import re
>>> soup.find_all(re.compile('b'))        #name为正则表达式形式
[<body>
<p class="title" name="hey"><b>it's a fantastic place</b>
<a class="sister" href="http://something.com/elsie" id="link1"><!-- Elsie
--></a>
</p>
</body>, <b>it's a fantastic place</b>]
>>> soup.find_all(['a','p','b'])          #name为列表形式
[<p class="title" name="hey"><b>it's a fantastic place</b>
<a class="sister" href="http://something.com/elsie" id="link1"><!-- Elsie
--></a>
</p>, <b>it's a fantastic place</b>, <a class="sister" href="http://someth
ing.com/elsie" id="link1"><!-- Elsie --></a>]
>>> soup.find_all(attrs={'id':'link1','href':re.compile('^http')}) #attrs
参数
[<a class="sister" href="http://something.com/elsie" id="link1"><!-- Elsie
--></a>]
>>> soup.find_all(text="Hello World!")    #text参数
['Hello World!']
>>> soup.find_all(id='link1')             #关键字参数
[<a class="sister" href="http://something.com/elsie" id="link1"><!-- Elsie
--></a>]
```

5.6　XML 文件

XML 是可扩展标记语言(eXtensible Markup Language)的缩写，其中的标记是关键部分。相对于 HTML 文件来说，XML 更注重数据内容，用来传输和存储数据。

可以先创建内容，然后使用限定标记来标记它，从而使每个单词、短语或块成为可识别、可分类的信息。

5.6.1　解析 XML 文件

在 Python 标准库中有 3 种方式来解析 XML，分别说明如下。

(1) SAX (Simple API for XML)：xml.sax 模块实现的是 SAX API，虽然速度和内存占

用方面有了很大提高，但是失去了便捷性。SAX 使用事件驱动模型，在解析过程中，通过触发事件并调用用户定义的回调函数来处理 XML 文件。其特点是速度较快，占用内存少。

(2) DOM(Document Object Model)：将 XML 数据在内存中解析成一棵树，即 DOM 在处理之前必须把基于 XML 文件生成的树状数据置于内存，通过对树的操作来操作 XML。xml.dom 提供了几个模块，各模块性能也有所不同。其特点是速度较慢，耗内存。

(3) ElementTree(元素树)：ElementTree 就像一个轻量级的 DOM，具有方便、友好的 API。其特点是代码可用性好，速度快，消耗内存少。

综合以上 3 种方式的特点，推荐使用 ElementTree 方式解析 XML。ElementTree 提供了两个对象将 XML 文档解析成树： ElementTree 将整个 XML 文档转化为树；Element 则代表树上的单个节点。对整个 XML 文档的交互(读取、写入、查找)一般是在 ElementTree 层面进行的；对单个 XML 元素及其子元素，则是在 Element 层面进行的。

下面介绍如何利用 ElementTree 解析 XML。

【例 5-33】本节用到的 XML 文件内容如图 5.5 所示。

图 5.5　例 5-33 文件内容

将下述代码放入一个程序中，以便运行：

```
#首先，加载文档：
import xml.etree.ElementTree as ET
t = ET.ElementTree(file=r'D:\xunlian\myxml.xml')
#获取根元素(root element)
t.getroot()
#查看根元素的属性
root=t.getroot()
print(root.tag, root.attrib)
#遍历根元素的子元素
for child_of_root in root:
    print(child_of_root.tag, child_of_root.attrib)
#使用索引访问特定子元素
print(root[0].tag, root[0].text)
#查找 XML 文档中所有元素，利用 Element 对象中 iter 方法实现
for elem in t.iter():
    print(elem.tag, elem.attrib)
#使用 iter 方法任意遍历某一 tag
for elem in t.iter(tag='branch'):
    print(elem.tag,elem.attrib)
#使用 XPath 查找元素，Element 对象中有一些 find 方法接受 XPath 路径或某一属性为参数
```

```
for elem in t.iterfind('branch/sub-branch'):
    print(elem.tag,elem.attrib)
for elem in t.iterfind("branch[@name='free00']"):
    print(elem.tag,elem.attrib)
```

代码执行运行结果为：
```
doc {}
branch {'name': 'codingpy.com', 'hash': '2g67ed90'}
branch {'name': 'free00', 'hash': 'h34900em'}
branch {'name': 'invalid'}
branch
text01,source

doc {}
branch {'name': 'codingpy.com', 'hash': '2g67ed90'}
branch {'name': 'free00', 'hash': 'h34900em'}
sub-branch {'name': 'subfree00'}
branch {'name': 'invalid'}
branch {'name': 'codingpy.com', 'hash': '2g67ed90'}
branch {'name': 'free00', 'hash': 'h34900em'}
branch {'name': 'invalid'}
sub-branch {'name': 'subfree00'}
sub-branch {'name': 'subfree00'}
```

需要注意的是，iterfind 方法会返回一个匹配所有元素的迭代器。ElementTree 中还有 find 方法和 findall 方法，find 方法会返回第一个与 XPath(XPath 是一门在 XML 文档中查找信息的语言，使用路径表达式在 XML 文档中选取节点)匹配的子元素，findall 方法以列表形式返回所有匹配的子元素。

5.6.2　创建 XML 文件

本节介绍如何利用 ElementTree 完成 XML 文档的构建。ElementTree 对象的 write 方法就可以实现这个需求。

一般来说，有两种主要使用场景。一是先读取一个 XML 文档进行修改，然后再将修改写入文档；二是创建一个新 XML 文档。

【例 5-34】通过 Element 来修改上例中的 XML 文档：

```
import xml.etree.ElementTree as ET
t = ET.ElementTree(file=r'D:\xunlian\myxml.xml')
root = t.getroot()
del root[2]
root[0].set('foo','bar')
for subelem in root:
    print(subelem.tag,subelem.attrib)
t.write(r'D:\xunlian\myxml.xml')
```

将上述代码放入一个程序中，运行结果为：
```
branch {'name': 'codingpy.com', 'hash': '2g67ed90', 'foo': 'bar'}
branch {'name': 'free00', 'hash': 'h34900em'}
>>>
```

在上面的代码中，删除了 root 元素的第三个子元素，为第一个子元素增加了新属性。这个树可以重新写入文件中。最终的 XML 文档如图 5-6 所示。

如果是重新构建一个完整的文档，ElementTree 模块提供了 SubElement 工厂函数，使创建元素的过程变得很简单。

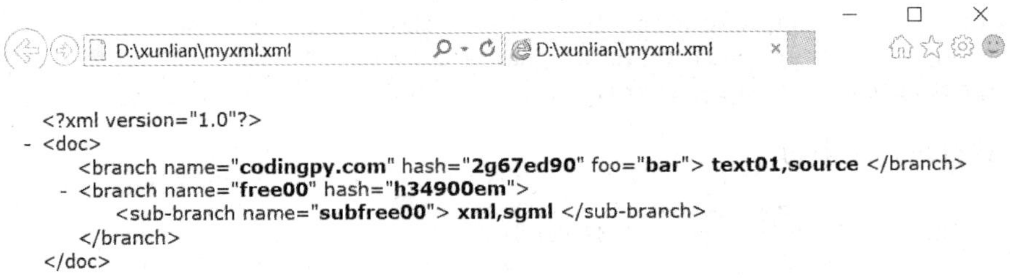

图 5-6 例 5-34 运行结果

【例 5-35】使用 SubElement 函数构建 XML 文档：

```
import xml.etree.ElementTree as ET
a = ET.Element('elem')
c = ET.SubElement(a,'child1')
c.text = 'sometext'
d = ET.SubElement(a,'child2')
b = ET.SubElement(d,'elem_b')
root = ET.Element('root')
root.extend((a,b))
tree = ET.ElementTree(root)
tree.write(r'D:\xunlian\first.xml')
```

将上述代码放入一个程序中，生成的 XML 文档如图 5-7 所示。

图 5-7 例 5-35 运行结果

5.7 案例实训：广告极限词过滤

为了保护消费者的合法权益，国家新广告法规定，禁止在广告用语中出现极限词。本实训案例对一个存放在文本文件中的广告进行自动过滤，将极限词自动替换为相应的非极限词。

广告放在文本文件 ad.txt 中，极限词过滤后放入另一个文本文件 newad.txt 中，处理步骤如下。

① 建立极限词与非极限词的对照表字典 d，键代表极限词，值代表非极限词。

② 以读、写方式分别打开 ad.txt 和 newad.txt 文件，文件对象名分别为 fin 和 fout。

③ 利用 fin.read()方法读取广告全文，放于字符串 s 中。

④ 以 for 循环遍历字典 d，找出其中的键，替换为值，并对各个敏感词进行计数输出。

⑤ 替换完毕后将最终的字符串 s 写入 fout。

⑥ 关闭 fin 和 fout 两个文件对象。

程序如下：

```
import re
d={"最":"较","首选":"优选","终极":"先进","永久":"长久","万能":"全能"}
c=[0 for i in range(len(d))]    #将极端词的出现次数均初始化为0
fin=open("ad.txt","r")
fout=open("newad.txt","w")
s=fin.read()                    #获取广告全文
i=0
for key,value in d.items():
    c[i]=s.count(key)           #统计单个极限词出现的次数
    if c[i]>0:
        s=re.sub(key,value,s)   #把"键"替换为"值"
        print('极限词 "{0}" 替换为 "{1}" 共计 {2} 次。'.format(key,
value,c[i]))
fout.write(s)
fin.close()
fout.close()
```

过滤前的广告全文如图 5-8 所示。

图 5-8 过滤前的广告全文

程序输出结果为：

极限词 "最" 替换为 "较" 共计 2 次。
极限词 "首选" 替换为 "优选" 共计 1 次。
极限词 "终极" 替换为 "先进" 共计 1 次。
极限词 "永久" 替换为 "长久" 共计 1 次。

过滤后的广告全文如图 5-9 所示。

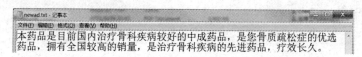

图 5-9 过滤后的广告全文

可以看出，所有的广告极限词均已被替换为非极限词，达到了广告词过滤的目的。

本例只是抛砖引玉，给出一个广告极限词过滤的简单雏形，离实用还相去甚远，程序尚有很多有待改进与完善之处。首先，广告文件名应该从键盘上输入，甚至在图形用户界面下通过打开对话框进行选择；其次，实际应用中，极限词多达数百种，不宜固定在程序中，而应当从文件中读取，如从 Excel 表格中读取甚至从数据库中读取；最后，极限词替换的结果可能很多，不宜在屏幕上显示，而应写入到一个文件中。

5.8 本章小结

本章首先介绍了文本文件的基本操作，包括打开文件、读写文件、关闭文件，然后介绍了通过 os、shutil 模块中的方法对文件和目录进行复制、删除、移动、更名等操作；最后介绍了对 4 种特殊文件的操作，即：使用 CSV 包对 csv 文件进行读写操作，使用 xlrd、xlwt 和 xlutils 库读写与修改 Excel 文件，使用 Beautiful Soup 库解析 HTML 文档，以 3 种方式解析 XML 文档以及利用 ET 构建 XML 文档。

习　题

一、填空题

1. 获取文件指针的方法是_____，当偏移相对位置为_____时，offset 必须为 0 或正数。

2. os 模块和 shutil 模块都有删除目录的方法，其中_____只能删除空目录，而_____对空目录和非空目录均可删除。

3. 使用 Beautiful Soup 解析 HTML 文档时，解析后的节点对象有 4 种，分别为_____、_____、_____、_____。

二、选择题

1. 在高级语言中，对文件操作的一般步骤是(　　)。
    A. 操作-修改-关闭　　　　　　　　　B. 读写-打开-关闭
    C. 打开-操作-关闭　　　　　　　　　D. 读-写-关闭

2. 下列程序的输出结果是(　　)。

```python
import os
f = open(r'D:\test.txt','w+')
f.write('Python')
f.seek(0)
m = f.read(3)
print(m)
f.close()
```

    A. Pyt　　　　　　B. Python　　　　　　C. yth　　　　　　D. Py

3. 对 Excel 操作的说法，错误的是(　　)。
    A. xlrd 库提供读取 Excel 文件的方法　　　B. xlwt 库提供写 Excel 文件的方法
    C. xlutils 库用于修改 Excel 文件　　　　　D. 写 Excel 文件可以用 writter 方法

三、问答题

1. 简单解释文本文件和二进制文件的区别。

2. 简单分析本章介绍的 3 种解析 XML 方式的区别。

四、实践操作题

1. 假设在 D 盘下有一个名为 some.txt 的文件:

(1)　写入文本"This is my frist Python program";

(2)　读取文本的 5 个字节;

(3)　将文本文件移动到 C 盘下,并验证是否移动成功(当前盘为 C)。

2. 获取当前工作空间目录,并获取当前目录下的所有内容。

3. 在 Excel 中创建 csv 文件,命名为 sec.csv。

(1)　编程将下面 3 行数据写入文件 sec.csv;

```
a    1    2    3
b    4    5    6
c    7    8    9
```

(2)　读取该文件内容。

4. 将输入的字符串写入 text.txt 文件中,直到输入 E 结束,如果输入 Ctrl+Z,则终止程序运行。注意要保证打开的文件能正常关闭。

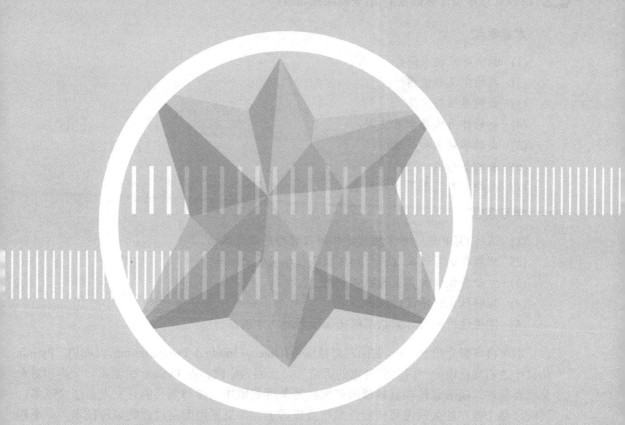

第 6 章

面向对象编程

本章要点

(1) 面向对象技术简介。

(2) 类的定义与使用。

(3) 类的属性与方法。

(4) 类的作用域与命名空间。

(5) 类的单继承和多继承。

(6) 类的多态性。

(7) 面向对象程序设计应用举例。

学习目标

(1) 通过 OOP 进一步掌握模块化编程的程序设计风格。

(2) 理解在编写代码过程中如何隐藏程序实现的细节。

(3) 学会将数据和其上的操作分离。

(4) 理解抽象程序设计风格。

(5) 掌握运用面向对象技术解决实际问题的方法。

本章将详细介绍 Python 的面向对象编程(Object-Oriedted Programming，OOP)。Python 从设计之初就已经是一门面向对象的语言了，正因为如此，在 Python 中创建一个类和对象是很容易的。随着软件项目规模的扩大和复杂度的增加，参与项目的开发人员越来越多，同时，整个程序的关联性和依赖性呈指数级增加。如果采用面向过程的编程技术，一个程序员在代码某处所作的微小改变，可能会使整个项目的开发都因此而作出较大的调整。解决这些问题的重要方法就是面向对象技术。

如果读者以前没有接触过面向对象的编程语言，可能需要先了解面向对象语言的一些基本特征，在头脑里形成一个基本的面向对象的概念，这样有助于更容易地学习 Python 面向对象编程。

首先来看传统的面向过程编程与现代的面向对象编程究竟有何区别。

传统的编程是基于求解过程来组织程序流程的。在这类程序中，数据和对数据的操作是独立设计的，以操作数据的过程作为程序的主体。面向对象编程则以对象作为程序的主体，将数据和对数据的操作封装在一起，组成一个整体(对象)，以提高软件的重用性、灵活性和可扩展性。这体现了面向对象程序设计的第一个要素——封装性(类的设计)。

以设计好的类作为基类，通过继承可以得到派生类。继承可以大幅度缩短开发周期，并且实现设计的复用。这体现了面向对象程序设计的第二个要素——继承性。

在派生类中，还可以对从基类继承而来的某些行为进行重新实现，从而使得基类的某个同名方法在不同派生类中的行为可能会有所不同。这体现了面向对象程序设计的第三个要素——多态性。

封装性、继承性、多态性组成了面向对象程序设计的三大支柱。

在面向对象程序设计中，人们也往往把基类称为父类，而把派生类称为子类。

接下来先简单了解一下面向对象的一些基本概念。

(1) 类/类对象：用来描述具有相同属性和方法的对象的集合，它定义该集合中每个对象所共有的属性和方法，(实例)对象是类的实例。类也称为类对象，它有两种类型的成员：一是数据成员，用于描述数据的属性，称其为类的属性(类属性)；二是成员函数，它描述对数据的操作，称其为类的方法(类方法)。

(2)　类属性：类属性在整个实例化的对象中是公用的，换言之，类属性被类对象的所有实例对象所公有。类属性是在类中所有方法之外定义的，它属于类，一般通过类来访问。尽管通过实例对象也可以访问类属性，但不建议这样做，因为这样会造成类属性值的不一致。

(3)　类方法：类中定义的函数，为类对象所拥有，需要用修饰器@classmethod 来标识，其第一个参数必须是类对象，一般用 cls。类方法可通过实例对象或类对象访问。在面向对象编程中，类方法用得不多，故本书对此不做详细解释。

(4)　实例/实例对象：通过"类的调用"所创建的具体对象，也称实例对象。

(5)　实例化：通过"类的调用"创建类的实例过程。一般情况下采用赋值的方式，"="左侧是实例变量，右侧则完全类似于函数调用的形式。

(6)　实例属性：在方法中定义的属性，一般在构造方法__init__中定义。虽然在其他方法中也可以随意添加新的实例属性，但不提倡这么做。不同于类属性，实例属性属于实例(对象)，只能通过对象名访问。定义实例属性时以 self 作为前缀。

(7)　方法/实例方法：是类中最常定义的成员函数，其第一个参数必须是实例对象，一般用 self。在类的外部，实例方法只能通过实例对象去调用，不能通过其他方式调用。如不特殊指明，方法指的就是实例方法。

(8)　数据成员：泛指类属性或者实例属性，即类对象及其实例中的相关数据。

(9)　继承：即一个派生类(derived class)继承基类(base class)的属性和方法，继承也允许把一个派生类的对象作为一个基类对象对待。

(10) 方法重写：如果从基类继承的方法不能满足派生类的需求，则可以对其进行改写，这个过程叫作方法的重写(override)，也称为方法的覆盖。

和其他编程语言相比，Python 在尽可能不增加新的语法和语义的前提下加入了类机制。Python 中的类提供面向对象编程的所有基本功能：类的继承机制允许继承多个基类，派生类可以覆盖基类中的任何方法，方法中可以调用基类中的同名方法，对象可以包含任意数量和类型的数据。与其他语言不同的是，在 Python 中，一切皆为对象，只是类型有所不同。例如，"Hello Python!"是一个字符串(str)类型的对象，[1,2,3]是一个列表(list)类型的对象，而 12 是一个整型(int)类型的对象。如果把上述类型看作 Python 标准类型，在面向对象编程中定义的类则可视为自定义类型。

6.1　类的定义与使用

Python 中的类是一个抽象的概念，甚至比函数还要抽象。可以把它简单地看作数据以及由存取、操作这些数据的方法所组成的一个集合。类是 Python 的核心概念，是面向对象编程的基础。在前面的章节里学习了函数的用法，讲解如何重用代码，那为什么还要用类来取代函数呢？因为类有以下优点。

①　类的多态性：也就是具有多种形态，这意味着可以对不同类的对象使用同样的操

作方法，而不需要额外编写代码。

② 类的封装性：类封装之后，可以直接通过类的对象(实例)来操作内部的方法，不需要让使用者看到代码工作的细节。

③ 类的继承性：类可以从其他类中继承它们的属性与方法，直接使用或做适应性修改后使用，还可以在此基础上添加必要的属性与方法。

6.1.1 类的定义——封装

类是对静态的数据和动态的操作的封装，静态的数据以属性表示，动态的操作则以方法体现。将复杂的操作封装起来后，类对外界的表现就简单了。从程序设计的角度看，封装就意味着把代码工作的细节隐藏起来，封装之后再进行编程时，只从宏观上调用方法，不再从微观上对数据进行烦琐的赋值、计算、打印等操作，因而大大简化了编程。

类的定义——封装

Python 使用关键字 class 来定义类。定义类最简单的方法是，在 class 后直接写类名和冒号，随后是类体代码，语法格式如下：

```
class ClassName:
    """documentation string"""
    <statement_1>
    <statement_2>
    . . . . . .
    <statement-N>
```

其中，ClassName 也可以写为 ClassName()或 ClassName(object)。这里的 object 是"所有类之父"，如果所定义的类没有继承自任何其他父类，则 object 将作为默认的父类，它位于所有类继承结构的最上层。

下面看类定义的一个简单例子。

【例 6-1】类的定义：

```
class people:
    name = ''                      #定义公有属性 name、age，类内、类外均可访问
    age = 0
    __weight = 0                   #定义私有属性__weight，在类的外部无法直接访问
    def __init__(self,n,a,w):      #定义构造方法
        self.name = n
        self.age = a
        self.__weight = w
    def speak(self):               #定义共有方法
        print("%s is speaking: I am %d years old." %(self.name,self.age))
p = people('Tom',10,30)            #实例化
p.speak()                          #调用方法
```

执行以上代码，输出结果为：
```
Tom is speaking: I am 10 years old.
>>>
```
不难看出，创建实例对象后，编程变得很轻松了，只有"宏观"上的方法调用，没有"微观"上的打印输出细节。

注意：在上面的例子中，name 和 age 是类的公有属性。__weight 使用两个下划线开头，表示该属性被声明为私有属性，它不能在类的外部被使用或直接访问，但可以在类内部使用 self.__weight 来调用。

【例6-2】(接例6-1)访问类的属性：

```
print(p.name)              #访问公有属性
print(p.__weight)          #访问私有属性
```

执行以上代码，输出结果为：

```
Tom
Traceback (most recent call last):
  File "D:\Python34\examples.py", line 20, in <module>
    print(p.__weight)
AttributeError: 'people' object has no attribute '__weight'
>>>
```

出错的原因在于，在类的外部使用了私有属性。

6.1.2　类属性与方法

类属性与方法

1. 类的公有属性

public_attrs：符合正常的变量命名规则，开头没有下划线，在类的外部可以直接进行访问，如上例中的 name、age。

2. 类的私有属性

__private_attrs：由两个下划线开头，声明该属性为私有，不能在类的外部被使用或直接访问。在类内部的方法中使用时的格式为 self.__private_attrs。

【例6-3】访问类的私有属性：

```
class Counter:
    __privateCount = 1      # 私有属性
    publicCount = 1         # 公有属性
    def count(self):
        self.__privateCount += 1
        self.publicCount += 1
        print (self.__privateCount)
counter_1 = Counter()
counter_1.count()
print (counter_1.publicCount)        # 打印数据
print (counter_1.__privateCount)     # 在类的外部访问私有属性
```

执行以上代码，输出结果为：

```
2
2
Traceback (most recent call last):
  File "C:\Users\dell\AppData\Local\Programs\Python\Python38/6-3.py", line 11, i
n <module>
    print (counter_1.__privateCount)    # 在类的外部访问私有属性
AttributeError: 'Counter' object has no attribute '__privateCount'
>>>
```

出错的原因与例6-2一样。

3. 类的构造方法

__init__()：称为构造函数或者构造方法，它在生成一个对象时被自动调用。在例 6-1

中，p=people('Tom',10,30)语句就是通过调用__init__()方法，将参数传递给 self.name、self.age 和 self.__weight。

4．类的公有方法

public_method()：在类的内部，使用 def 关键字可以为类定义一个方法，与一般的函数定义不同，类方法必须包含参数 self，且为第一个参数。self 在 Python 里不是关键字，它代表当前对象的地址，类似于 Java 语言中的 this。另外，self 不一定要写成 self，如将 self 写成 this，在例 6-1 中也可以正确运行，但出于 Python 的代码规范，不建议用其他标识符替换 self，以免造成理解错误。

5．类的私有方法

__private_method()：由两个下划线开头，声明该方法为私有方法，不能在类的外部调用。在类的内部调用时，格式为 self.__private_methods()。

【例 6-4】类的私有方法：

```python
class Site:
    def __init__(self, name, url):
        self.name = name        # 公有属性
        self.__url = url         # 私有属性
    def printme(self):           # 公有方法
        print('name : ', self.name)
        print('url : ', self.__url)
    def __printme_1(self):       # 私有方法
        print('输出私有方法')
    def printme_1(self):         # 公有方法
        print('输出公有方法')
        self.__printme_1()
wz = Site('百度网址', 'www.baidu.com')
wz.printme()                     # 打印数据
wz.printme_1()                   # 打印数据，调用公有方法 printme_1()
wz.__printme_1()                 # 在类的外部不能访问私有方法
```

执行以上代码，输出结果为：

```
name :  百度网址
url :  www.baidu.com
输出公有方法
输出私有方法
Traceback (most recent call last):
  File "C:/Users/dell/AppData/Local/Programs/Python/Python38/6-4.py", line 16, i
n <module>
    wz.__printme_1()      # 在类的外部不能访问私有方法
AttributeError: 'Site' object has no attribute '__printme_1'
>>>
```

出错的原因在于，在类的外部不能访问私有方法。

6．类的保护属性与保护方法

在类的内部，以单下划线(_)开始的属性与方法叫作保护属性与保护方法，意思是只有类对象和子类对象自己能访问到它们。简单的模块级私有化只需要在属性名前使用一个单下划线字符。以单下划线开头(_singlePrivate)的属性代表不能直接访问的类属性，需要通过类提供的接口进行访问，这样做的目的是防止模块的属性用"from mymodule import *"来加载。

【例 6-5】下划线的使用：

```python
class Test():
    def __init__(self):
        pass
    def public(self):
        print ('这是公有方法')
    def _singlePrivate(self):
        print ('这是单下划线方法')
    def __doublePrivate(self):
        print ('这是双下划线方法')
t = Test()
t.public()              # 可以调用
t._singlePrivate()      # 可以调用
t.__doublePrivate()     # 出现错误
```

执行以上代码，输出结果为：

```
这是公有方法
这是单下划线方法
Traceback (most recent call last):
  File "C:/Users/dell/AppData/Local/Programs/Python/Python38/6-2.py", line 13, in <module>
    t.__doublePrivate()     # 出现错误
AttributeError: 'Test' object has no attribute '__doublePrivate'
```

注意：f._singlePrivate() 还是可以直接访问的，不过根据 Python 的约定，应该将其视作 private，而不要在外部使用它们，良好的编程习惯是不要在外部使用它。同时，根据 Python docs 的说明，_object 和 __object 的作用域限制在本模块内。

7. 类的专有方法

表 6-1 所示为 Python 常用的一些专有方法。其中的 __init__(构造方法)前文已经介绍，它在生成一个对象时被自动调用。与此相反的是，__del__(析构方法)在释放一个对象时被自动调用。

表 6-1　类的专有方法

专有方法	说　明
__init__	构造方法，在生成对象时调用
__del__	析构方法，释放对象时使用
__repr__	打印，转换
__setitem__	按照索引赋值
__getitem__	按照索引获取值
__len__	获得长度
__cmp__	比较运算
__call__	函数调用
__add__	加运算
__sub__	减运算
__mul__	乘运算
__div__	除运算
__mod__	求余运算
__pow__	乘方运算
__str__	字符串方法

【例6-6】专有方法__del__和__repr__的使用:

```
class Test:
    def __init__(self,name=None):
        self.name = name
    def __del__(self):
        print ("hello world!")
    def __repr__(self):
        return "Study('Jacky')"
    def say(self):
        print (self.name)

Test("Tim")                    #自动调用__del__方法
s= Test("Tim")
s.say()
print(s)                       #自动调用__repr__方法
print (Test("Kitty"))          #先自动调用__repr__方法,然后自动调用__del__方法
```

执行以上代码,输出结果为:

```
hello world!
Tim
Study('Jacky')
Study('Jacky')
hello world!
>>>
```

输出结果说明如下。

为何程序输出的第一行是"hello world!"呢?这是因为执行实例化操作 Test("Tim")时,没有把这个实例赋予一个变量,因而这个实例是没有用的,将由垃圾回收器自动回收,当然,回收之前要释放对象,释放时自动执行析构方法__del__,因而打印出"hello world!"。

第二行的"Tim"由 s.say()输出。执行实例化操作 Test("Tim")后会生成一个实例,把该实例赋值给 s 变量,并调用该实例的 say()方法。

第三行输出的是"Study('Jacky')",这是由 print 函数自动调用__repr__方法输出的。重构__repr__方法后,不管将对象直接输出还是通过 print 函数输出,都按__repr__方法中定义的格式输出。

第四行的"Study('Jacky')"和第五行的"hello world!"是由 print(Test("Kitty"))语句输出的。①该语句执行实例化操作 Test("Kitty")后,先执行 print 函数,其结果是调用__repr__方法,输出"Study('Jacky')";②因为执行实例化 Test("Kitty")时,没有把这个实例赋予一个变量,所以这个实例是没有用的,将由垃圾回收器自动回收,回收之前先释放对象,此时自动执行析构方法__del__释放该对象,从而打印出"hello world!"。

【例6-7】专有方法__str__的使用:

```
class Test:
    def __init__(self,number):
        self.a=number[0:3]
        self.b=number[3:6]
    def __str__(self):
        return "%s %s"%(self.a,self.b)
def test():
    num=Test(input("请输入数字: \n"))
```

```
    print ("输入的数字是:",num)
#执行脚本
test()
```

执行以上代码，输出结果为：

```
请输入数字:
123456
输入的数字是: 123 456
>>>
```

当执行 test()函数时，print ()会自动调用__str__方法，从而输出"123 456"(中间带有空格)，说明 print()函数按在__str__方法中定义的格式进行了输出。

6.1.3 再谈 Python 的作用域和命名空间

4.2.6 小节曾围绕着变量讨论了作用域与命名空间，本节对此作进一步的讨论。

再谈 Python 的

类的定义非常巧妙地运用了命名空间，要完全理解接下来的知识，需 作用域和命名空间
要先弄清作用域和命名空间的工作原理。

1. 作用域和命名空间的解释

作用域是指 Python 程序可以直接访问到的命名空间。"直接访问"在这里意味着访问命名空间中的命名时无需加入附加的修饰符。

命名空间本质上是一个字典，它的键就是变量名，它的值就是那些变量的值。Python 使用命名空间来记录变量的轨迹。

在 Python 程序中的任何一个地方，都存在 3 个可用的命名空间。

(1) 每个函数都有自己的命名空间(称为局部命名空间)，它记录了函数中的变量，包括函数的参数和定义的局部变量。

(2) 每个模块都有自己的命名空间(称为全局命名空间)，它记录了模块中的变量，包括函数、类、其他导入的模块、模块级的变量和常量。

(3) 每个模块都有可访问的内置命名空间，它存放着内建函数和异常。

2. 命名空间的查找顺序

当一行代码要使用变量 x 的值时，Python 会到所有可用的命名空间中去查找该变量，其查找顺序如下。

(1) 局部命名空间——特指当前函数(或类中定义的方法)。如果函数中定义了一个局部变量 x，Python 将使用这个变量，然后停止搜索。

(2) 全局命名空间——特指当前的模块。如果模块中定义了一个名为 *x* 的变量、函数或类，Python 将使用它，然后停止搜索。

(3) 内置命名空间——对每个模块都是全局的，作为最后的尝试，Python 将假设 *x* 是内建函数或变量。

(4) 如果 Python 在这些命名空间中都找不到 *x*，它将放弃查找并引发一个 NameError 异常，同时传递出 "There is no variable named 'x'" 信息。

不同的命名空间在不同的时刻创建，有不同的生存期。包含内建函数的命名空间在

Python 解释器启动时创建，会一直保留，不被删除。模块的全局命名空间在模块定义被读入时创建，通常模块命名空间也会一直保存到解释器退出。由解释器在最高层调用执行的语句，不管它是从脚本文件中读入还是来自交互式输入，都是__main__模块的一部分，所以它们也拥有自己的命名空间。内置命名也同样被包含在一个模块中，它被称为__builtins__，该模块包含内建函数、异常以及其他属性。当函数被调用时创建一个局部命名空间时，可以通过 globals()和 locals()两个内建函数判断某一名字属于哪个命名空间，locals()是只读的，globals()不是。

【例 6-8】locals()函数示例：

```
def foo(arg, a):
    x = 1
    y = 'abc'
    for i in range(5):
        j = 2
        k = i
    print (locals())
#调用函数的打印结果
foo(2,3)
```

执行以上代码，输出结果为：

```
{'arg': 2, 'a': 3, 'x': 1, 'y': 'abc', 'i': 4, 'j': 2, 'k': 4}
>>>
```

locals()实际上没有返回局部命名空间，它返回的是局部命名空间的一个副本，所以对它进行改变时，对局部命名空间中的变量值并无影响。

【例 6-9】globals()函数示例：

```
print("当前的全局命名空间:")
var=globals()
print(var)
```

执行以上代码，输出结果为：

```
当前的全局命名空间:
{'__loader__': <class '_frozen_importlib.BuiltinImporter'>, 'var': {...}, '__
package__': None, '__spec__': None, '__file__': 'D:/Python34/aaa程序/ex6-9.py'
, '__doc__': None, '__name__': '__main__', '__builtins__': <module 'builtins'
(built-in)>}
>>>
```

globals()函数返回实际的全局命名空间，而不是它的一个副本，所以对 globals()函数所返回的 var 的任何改动都会直接影响到全局变量。

3. 嵌套函数命名空间的查找步骤

(1) 首先在当前函数(嵌套的函数或 lambda 匿名函数)的命名空间中搜索。

(2) 然后在父函数的命名空间中搜索。

(3) 接着在模块命名空间中搜索。

(4) 最后在内建函数的命名空间中搜索。

下面举例说明。

【例 6-10】嵌套函数命名空间示例：

```
address = "地址: "
def func_country(country):
```

```
    def func_part(part):
        city= "天津 "      #覆盖父函数的 part 变量
        print(address + country + city + part)
    city = "北京 "          #初始化 city 变量
    #调用内部函数
    func_part("西青")       #初始化 part 变量
#调用外部函数
func_country("中国 ")       #初始化 country 变量
```

执行以上代码，输出结果为：

```
地址：中国 天津 西青
>>>
```

以上例子中，address 在全局命名空间中，country 在父函数的命名空间中，city 和 part 在子函数的命名空间中。

6.2　Python 类与对象

6.2.1　类对象

类对象

对于"一切皆为对象" 的 Python 而言，类自然也是对象，称之为类对象。类对象支持两种操作，即属性引用和实例化。

类对象的属性引用和 Python 中所有属性的引用一样，都使用标准的语法：obj.name。类对象创建之后，类命名空间中所有的命名都是有效的属性名。在 Python 中，方法定义在类的定义(即声明)中，但只能被类对象的实例所调用。调用一个方法的途径分 3 步。

(1) 定义类和类中的方法。

(2) 创建一个或若干个实例，即将类实例化。

(3) 用所创建的实例调用方法。

【例 6-11】类的定义与实例化：

```
class MyClass:
    """一个简单的类实例"""
    i = 12
    def f(self):
        return 'hello world'

MyClass1 = MyClass()        # 实例化类
print("MyClass 类的属性 i 为：", MyClass1.i)    #注意：这里通过实例对象访问类属性
print("MyClass 类的方法 f 输出为：", MyClass1.f())
```

执行以上代码，输出结果为：

```
MyClass 类的属性 i 为：12
MyClass 类的方法 f 输出为：hello world
>>>
```

本例中，MyClass1.i 和 MyClass1.f()都是有效的属性引用，分别返回一个整数和一个字符串。也可以对类属性赋值，即可以通过给 MyClass.i 赋值来修改它。例如：

```
MyClass.i=56
print("修改后 MyClass 类的属性 i 为：", MyClass1.i)
```

执行以上代码，输出结果为：

修改后MyClass **类的属性** i **为**: 56
>>>

类的实例化使用函数符号，只要将类对象看作一个返回新的实例对象的无参数函数即可。例如(假设沿用前面的类)：

```
MyClass1 = MyClass()
```

该语句创建了一个新的实例对象，并将该对象赋给局部变量 MyClass1。通过实例化操作("调用"一个类对象)来创建一个空的对象时，通常会把这个新建的实例对象赋给一个变量。赋值在语法上不是必需的，但如果不把这个实例对象保存到一个变量中，它就没有用，就会被垃圾收集器自动回收，因为没有任何引用指向这个实例对象。换言之，刚刚所做的一切，仅仅是为那个实例对象分配一块内存，随即又释放掉，这样做是没有任何意义的。例 6-6 程序中第一条执行语句 Test("Tim")就是一个很典型的例子。

很多类都倾向于创建一个有初始化状态的实例对象。因此，类可能会定义一个名为__init__()的特殊方法(称为构造方法，前面已提到)，像下面这样：

```
def __init__(self):
    self.data = []
```

当类被调用时，实例化的第一步就是创建实例对象，一旦对象被创建，Python 就检查是否已经实现了__init__()方法。在默认情况下，如果没有定义(或覆盖)特殊方法__init__()，对实例对象不会施加任何特别的操作。任何所需的特定操作，都需要程序员实现__init__()方法，覆盖它的默认行为。所以，在下例中，可以这样创建一个新的实例对象：

```
MyClass_1 = MyClass()
```

当然，出于弹性的需要，__init__()方法可以有参数。事实上，正是通过__init__()方法，参数被传递到实例对象上。

【例 6-12】使用带参数的__init__()方法初始化：

```
class Complex:
    def __init__(self, realpart, imagpart):
        self.r = realpart
        self.i = imagpart
x = Complex(2.4, -4.6)
print(x.r, x.i)
```

执行以上代码，输出结果为：

2.4 -4.6
>>>

6.2.2 类属性

类属性有两种有效的属性名，即数据属性和特殊类属性。

类属性

1. 数据属性

这相当于 Smalltalk 中的实例变量或 C++中的数据成员。与局部变量一样，数据属性无须声明,第一次使用时它们就会生成。

【例6-13】类数据属性说明:

```
class foo(object):
    f = 100
print (foo.f)
print (foo.f+1)
```

执行以上代码,输出结果为:

```
100
101
>>>
```

2. 特殊类属性

对于类 foo,其部分特殊类属性如表 6-2 所示。

表 6-2　特殊类属性

类属性	说　明
foo.__name__	类 foo 的名字(字符串)
foo.__doc__	类 foo 的文档字符串
foo.__bases__	类 foo 的所有父类构成的元组
foo.__dict__	类 foo 的属性
foo.__module__	类 foo 定义所在的模块
foo.__class__	实例 foo 对应的类

【例6-14】dir()函数和类属性__dict__的使用:

```
class MyClass(object):
    'MyClass 类定义'
    myVer = '3.4'
    def showMyVer (self):
        print (MyClass.myVer)
print (dir(MyClass))
print (MyClass.__dict__)
```

根据上面定义的类 MyClass,使用 dir()和特殊类属性__dict__来查看该类有哪些属性。
执行以上代码,输出结果为:

```
['__class__', '__delattr__', '__dict__', '__dir__', '__doc__', '__eq__', '__f
ormat__', '__ge__', '__getattribute__', '__gt__', '__hash__', '__init__', '__
le__', '__lt__', '__module__', '__ne__', '__new__', '__reduce__', '__reduce_e
x__', '__repr__', '__setattr__', '__sizeof__', '__str__', '__subclasshook__',
'__weakref__', 'myVer', 'showMyVer']
{'__module__': '__main__', '__dict__': <attribute '__dict__' of 'MyClass' obj
ects>, '__weakref__': <attribute '__weakref__' of 'MyClass' objects>, '__doc_
_': 'MyClass 类定义', 'showMyVer': <function MyClass.showMyVer at 0x02B62150>,
'myVer': '3.4'}
>>>
```

从上面可以看到,dir()返回的仅是类对象属性的一个名字列表,而__dict__返回的是一
个字典,它的键是属性名,值是相应属性的数据值。结果还显示了 MyClass 类中两个熟悉
的属性 showMyVer 和 myVer 以及一些新的属性。

(1) __dict__属性包含一个字典,由类的数据属性组成。访问一个类属性时,Python
解释器将会搜索该字典,以得到需要的属性。如果在__dict__中没有找到,将会在基类的

字典中进行搜索，采用"广度优先搜索"顺序。基类集的搜索是按顺序的，从左到右，按其在类定义时，定义父类参数时的顺序。对类的修改仅会影响到此类的字典，基类的 __dict__ 属性不会被改动。

(2) __name__ 是给定类的字符名字。它适用于只需要字符串(类对象的名字)，而非类对象本身的情况：

```
print (MyClass.__name__)
```

输出：MyClass。

(3) __doc__ 是类的文档字符串，与函数及模块的文档字符串相似，必须紧随头行 (header line)。文档字符串不能被派生类继承，也就是说，派生类必须含有它们自己的文档字符串。

```
print (MyClass.__doc__)
```

输出：MyClass 类定义。

(4) __module__ 的引入是为了更清晰地对类进行描述，这样类名就完全由模块名所限定了。

```
print (MyClass.__module__)
```

输出：__main__。

6.2.3 实例属性

实例属性

内建函数 dir()可以显示类属性，同样还可以显示所有的实例属性。

【例 6-15】实例属性说明：

```
class foo(object):
    pass
foo_1 = foo()
print (dir(foo_1))
```

执行以上代码，输出结果为：

```
['__class__', '__delattr__', '__dict__', '__dir__', '__doc__', '__eq__', '__f
ormat__', '__ge__', '__getattribute__', '__gt__', '__hash__', '__init__', '__
le__', '__lt__', '__module__', '__ne__', '__new__', '__reduce__', '__reduce_e
x__', '__repr__', '__setattr__', '__sizeof__', '__str__', '__subclasshook__',
'__weakref__']
>>>
```

实例有两个特殊属性，如表 6-3 所示。

表 6-3　特殊实例属性

实例属性	说　　明
foo_1.__class__	实例化 foo_1 的类
foo_1.__dict__	foo_1 的属性

现在使用类 foo 及其实例 foo_1 来看看这些特殊实例属性。

【例 6-16】查看实例属性 __dict__ 和 __class__：

```
class foo(object):
```

```
    pass
foo_1 = foo()
print (foo_1.__dict__)
print (foo_1.__class__)
```

执行以上代码，输出结果为：
```
{}
<class '__main__.foo'>
>>>
```

foo_1 现在还没有数据属性，但可以添加一些再来检查__dict__属性。

【例 6-17】查看实例的数据属性：

```
class foo(object):
    pass
foo_1 = foo()
foo_1.f = 100
foo_1.b = "hello"
print (foo_1.__dict__)
print (foo_1.__class__)
```

执行以上代码，输出结果为：
```
{'b': 'hello', 'f': 100}
<class '__main__.foo'>
>>>
```

注意：__dict__属性由一个字典组成，包含一个实例的所有属性。键是属性名，值是属性相应的数据值。字典中仅有实例属性，没有类属性或特殊属性。

6.2.4　几点说明

几点说明

同名的数据属性会覆盖方法，最好以某种命名约定来避免冲突，这在大型程序中可能会导致难以发现的漏洞。可选的约定包括以下内容。

① 类名用大写字母书写。

② 方法的首字母大写。

③ 数据属性名前缀小写(可能只是一个下划线)。

④ 方法使用动词而数据属性使用名词。

数据属性可以由方法引用(在类的定义中)，也可以由普通用户引用(在类的使用中)。换句话说，类不能实现纯的抽象数据类型。事实上，Python 中没有什么办法可以强制隐藏数据，一切都基于约定的惯例。

Python 程序员应该小心使用数据属性，因为随意修改数据属性可能会破坏本来由方法维护的数据一致性。需要注意的是，程序员只要注意避免命名冲突，就可以随意向实例中添加数据属性而不会影响方法的有效性。再次强调，命名约定可以省去很多麻烦，如果不遵守这个约定，他人阅读代码时会感到不便。

从方法内部引用数据属性没有什么快捷的方式。这事实上增加了方法的可读性：即使粗略地浏览一个方法，也不会有混淆局部变量和实例变量的机会。

习惯上，方法的第一个参数命名为 self，这仅仅是一个约定，对 Python 而言，self 绝对没有任何特殊含义。通过使用 self 参数，一个方法可以调用类内的其他方法。

【例 6-18】self 参数的使用：

```
class Bag:
    def __init__(self):
        self.data = []
    def add(self, x):
        self.data.append(x)
        print(self.data)
    def addtwice(self, x):
        self.add(x)          #使用 self 参数调用类内的其他方法
        print(self.data)
bag_1 = Bag()
bag_1.add(5)
bag_1.addtwice(6)
```

执行以上代码，输出结果为：

```
[5]
[5, 6]
[5, 6]
>>>
```

6.3 继　　承

继承，泛指把前人的作风、文化、知识等接受过来，也指后人继续做前人未完成的事业。我们常说，要继承先烈遗志，让红色基因代代相传。中华民族伟大复兴的中国梦，凝聚了几代中国人的夙愿，我们应该让这种红色基因一代一代地传承下去。

前文介绍了类的定义与使用方法，这只体现了面向对象编程方法的三大特征之一：封装。本节介绍面向对象的第二大特征：继承。

面向对象编程的最大优势就是代码重用。为了实现这种重用，当设计一个新类时，可以继承一个既有的类。一个新类从既有的类那里获得既有的属性与方法，这就是类的继承。既有的类称为父类或基类，获得的新类称为子类或派生类。

一般来讲，子类从父类那里获得所有的属性和方法后，需要对这些属性和方法加以改造，甚至还要增加一些新的属性和方法，使之具有自己的特点。

Python 的继承分为单继承和多继承。

6.3.1 单继承

单继承

所谓单继承，就是只从一个基类创建派生类，其语法格式如下：

```
class DerivedClassName(BaseClassName):
    <statement-1>
    ……
    <statement-N>
```

基类名 BaseClassName 必须与派生类定义在一个作用域内。除了用类名，还可以用表达式。基类也可以定义在另一个模块中，这一点非常有用，其语法格式如下：

```
class DerivedClassName(modname.BaseClassName):
    <statement-1>
    ……
    <statement-N>
```

【例6-19】单继承举例：

```
class people:                        #类定义
    name = ' '                       #定义公有属性
    age = 0
    __weight = 0                     #定义私有属性
    def __init__(self,n,a,w):        #定义构造方法
        self.name = n
        self.age = a
        self.__weight = w
    def speak(self):                 #定义公有方法
        print("%s says: I am %d years old" %(self.name,self.age))
class student(people):               #单继承
    grade = ' '                      #增加新属性
    def __init__(self,n,a,w,g):      #重写构造方法
        people.__init__(self,n,a,w)  #调用父类的构造方法
        self.grade = g               #处理新属性
    def speak(self):                 #重写父类的方法
        print("%s says: I am %d years old, I am in Grade %d."
        %(self.name,self.age,self.grade))
s = student('Tom',10,90,3)
s.speak()
```

执行以上代码，输出结果为：
```
Tom says: I am 10 years old, I am in Grade 3.
>>>
```

注意：

① 派生类定义的执行过程和基类是一样的。构造派生类对象时就继承了基类。这在解析属性引用时尤其有用：如果在类中找不到请求调用的属性，就搜索基类。如果基类是由别的类派生而来的，这个规则会递归地应用上去。

② 派生类的实例化没有特殊之处，同样是创建一个新的类实例。方法引用按以下规则解析：优先搜索对应的类之内的方法，找不到时沿基类链逐级搜索，如果最终能找到，这个方法引用就是合法的。

③ 派生类可能会覆盖其基类的方法。因为方法调用同一个对象中的其他方法时没有特权，基类的方法调用同一个基类的方法时，可能实际上最终调用派生类中的覆盖方法(重写后的方法)。对于 C++程序员来说，Python 中的所有方法本质上都是虚方法。

④ 派生类中的覆盖方法可能是想要扩充而不是简单地替代基类中的重名方法。有一个简单的方法可以直接调用基类方法，即 "BaseClassName.methodname(self, arguments)"，有时这对程序员也很有用。需要注意的是，只有基类在同一全局作用域内定义或导入时才能这样使用。

⑤ 子类继承了父类中所有的公有属性和方法，可以在子类中通过父类名来调用；而对于私有的属性和方法，子类没有继承，因此在子类中无法通过父类名来访问。

6.3.2　多继承

前文介绍的继承属于单继承。在单继承中，一个子类只有一个父类。实际应用中往往有这种情形：一个子类有两个或多个父类，子类从两个或多个

多继承

父类中继承所需的属性与方法。这就是所谓的多继承。多继承的类定义语法格式如下：

```
class DerivedClassName(Base1, Base2, Base3):
    <statement-1>
    ......
    <statement-N>
```

这里唯一需要说明的是解析类属性的规则：广度优先，从左到右(注意：Python 2 是深度优先)。因此，如果在 DerivedClassName 中没有找到某个属性，就会按 Base1、Base2、Base3 的顺序搜索，然后递归地搜索其基类。广度优先不区分属性继承自基类还是直接定义。

【例 6-20】多继承举例：

```
class people:                              #类定义
    name = ' '                             #定义公有属性
    age = 0
    __weight = 0                           #定义私有属性
    def __init__(self,n,a,w):              #定义构造方法
        self.name = n
        self.age = a
        self.__weight = w
    def speak(self):
        print("%s says: I am %d years old" %(self.name,self.age))
class student(people):                     #单继承，定义 student 类，为多重继承做准备
    grade = ' '
    def __init__(self,n,a,w,g):            #重写构造方法
        people.__init__(self,n,a,w)        #调用父类的构造方法
        self.grade = g
    def speak(self):                       #覆写父类的方法
        print("%s says: I am %d years old, I am in Grade %d."
%(self.name,self.age,self.grade))
class speaker():                           #定义 speaker 类，为多重继承做准备
    topic = ' '
    name = ' '
    def __init__(self,n,t):
        self.name = n
        self.topic = t
    def speak(self):
        print("I am %s,I am a speaker,my topic
is %s"%(self.name,self.topic))
class sample(speaker,student):             #多重继承
    a =' '
    def __init__(self,n,a,w,g,t):          #重写构造方法
        student.__init__(self,n,a,w,g)     #调用父类1的构造方法
        speaker.__init__(self,n,t)         #调用父类2的构造方法

test_1 = sample("Tom",12,90,3,"One World One Dream")
test_1.speak()    #方法名相同，默认调用的是在括号中排前的父类的方法，即 speaker 类里
面的 speak()方法。
```

执行以上代码，输出结果为：

```
I am Tom,I am a speaker,my topic is One World One Dream
>>>
```

注意：不加限制地使用多继承会带来维护上的噩梦，因为 Python 中只依靠约定来避免命名冲突。多继承的一个很有名的问题是，派生继承的两个基类都是从同一个基类继承而来。目前还不清楚这在语义上的意义，然而这会造成意想不到的后果。

6.3.3　方法重写与运算符重载

方法重写与
运算符重载

上述例子中展示了方法重写的概念，下面再展示一个简单的方法重写的例子，从而强调方法重写的重要性。

1．方法重写

如果父类方法的功能不能满足子类的需求，需要在子类里重写父类的方法。

【例 6-21】方法重写：

```
class Parent:                # 定义父类
  def myMethod(self):
    print ('调用父类方法')
class Child(Parent):         # 定义子类
  def myMethod(self):
    print ('调用子类方法')
Child_1 = Child()            # 子类实例
Child_1.myMethod()           # 子类调用重写方法
```

执行以上代码，输出结果为：

```
调用子类方法
>>>
```

2．运算符重载

运算符重载是针对新类型数据的实际需要，对原有运算符进行适当的改造。一般来说，重载的功能应当与原有功能类似，不能改变原运算符的操作对象个数，同时至少要有一个操作对象是自定义类型。

Python 同样支持运算符重载，它的运算符重载就是通过重写这些 Python 内建方法来实现的。这些内建方法都是以双下划线开头和结尾的(类似于__X__的形式)，Python 通过这种特殊的命名方式来拦截操作符，以实现重载。当 Python 的内置操作运用于类对象时，Python 就会去搜索并调用对象中指定的方法完成操作。运算符重载是通过创建运算符函数(方法)实现的，所以运算符的重载实际上是方法的重载。Python 解释器对运算符重载的选择遵循函数重载的选择原则，当遇到不很明显的运算时，解释器将去寻找与参数相匹配的运算符函数。

类可以重载加减运算、打印、函数调用、索引等内置运算，运算符重载使我们创建的对象的行为与内置对象的行为一样。

例如，如果类实现了__add__方法，当类的对象出现在"＋"运算符中时会调用这个方法；如果类实现了__sub__方法，当类的对象出现在"－"运算符中时会调用这个方法。重载这两个方法就可以在普通的类对象上添加"＋"或"－"运算。

下面的代码演示了如何使用"＋"和"－"运算符。

【例6-22】运算符重载：

```
class Computation():
    def __init__(self,value):
        self.value = value
    def __add__(self,other):
        return self.value + other.value
    def __sub__(self,other):
        return self.value - other.value

c1 = Computation(10)
c2 = Computation(10)
print(c1 + c2)   # "+" 在作用于类对象，实现加法运算符的重载
print(c1 - c2)    # "-" 在作用于类对象，实现减法运算符的重载
```

执行以上代码，输出结果为：

```
20
0
>>>
```

注意：

① 本例通过重载__add__、__sub__两个方法实现对加法、减法两个运算符的重载。

② 重载之后运算符的优先级和结合性都不会改变。

③ 所有重载方法的名称前后都有两个下划线，以便与同类中定义的变量名区别开来。

④ 运算符重载方法都是可选的，如果没有编写或继承一个方法，该类直接不支持这些运算，并且试图使用它们时会引发一个异常。类可重载所有的 Python 表达式运算符，并且使类实例的行为像内置类型。

⑤ 运算符重载只是意味着在类方法中拦截内置的操作，若类的实例出现在内置操作中，则 Python 自动调用重载的方法，并且重载方法的返回值变成了相应操作的结果，如本例所示。

3. 空类的使用

有时类似于 Pascal 中"记录"(record)或 C 中"结构体"(struct)的数据类型很有用，因为它将一组已命名的数据项绑定在一起。一个空的类定义可以很好地实现它，

【例6-23】空类的使用：

```
class Employee:          #定义空类
    pass
john = Employee()        #创建空的类对象
john.name = 'John Doe'
john.dept = 'computer lab'
john.salary = 1000
print(john.name)
print(john.dept)
print(john.salary)
```

执行以上代码，输出结果为：

```
John Doe
computer lab
1000
>>>
```

注意：某一段 Python 代码如果需要一个特殊的抽象数据结构，通常可以传入一个类，事实上这模仿了该类的方法。例如，如果有一个用于从文件对象中格式化数据的函数，可以定义一个带有 read()和 readline()方法的类，依次从字符串缓冲区读取数据，然后将该类的对象作为参数传入前述的函数。

4. if __name__ == '__main__' 的作用

前文已提及，这条语句的意思是，让程序员写的脚本模块既可以导入别的模块中调用，也可以在该模块中自己执行。

【例 6-24】定义一个模块，名字为 ylhtext.py：

```
#ylhtext.py
def main():
    print ("hello world,I am in %s now." %__name__)
if __name__ == '__main__':
    main()
```

执行以上代码，输出结果为：

```
hello world,I am in __main__ now.
>>>
```

在这个文件中定义了一个 main()函数，如果执行该.py 文件，则 if 语句中的内容被执行，成功调用 main()函数。现在从另一个模块导入该模块，这个模块名字是 test1.py。

【例 6-25】模块导入：

```
#test1.py
from ylhtext import main
main()
```

执行以上代码，输出结果为：

```
hello world,I am in ylhtext now.
>>>
```

注意：if __name__ == '__main__' 下面的 main()函数没有执行，这样既可以让模块文件独立运行，也可以被其他模块导入，而且不会执行函数两次。如果独立运行某个.py 文件，则在该文件中 "__name__ == '__main__'" 是 True；但如果直接从另一个.py 文件通过 import 导入该文件，则此时__name__ 的值就是这个.py 文件的名字，而不是__main__，因而 "__name__ =='__main__'" 是 False。

6.3.4　isinstance 函数

isinstance()函数是 Python 的一个内建函数。
语法格式如下：

```
isinstance(object, type)
```

作用：判断一个对象或者变量是不是一个已知的类型。

（1）针对类来说，如果参数 object 是 type 类的实例或者 object 是 type 类的子类的一个实例，则返回 True。如果 object 不是一个给定类型的对象，则返回结果总是 False。

【例 6-26】使用 isinstance()函数判断一个对象是否是已知的类型：

```
class objA:
    pass
class objB(objA):
    pass
A = objA()
B = objB()
print (isinstance (A, objA))
print (isinstance (B, objA))
print (isinstance (A, objB))
print (isinstance (B, objB))
```

执行以上代码，输出结果为：

```
True
True
False
True
>>>
```

(2) 针对变量来说，其第一个参数(object)为变量，第二个参数(type)为类型名(如 int)或由类型名组成的一个元组(如(int,list,float))，其返回值为布尔型(True 或 False)。若第二个参数为一个元组，则变量类型与元组中的类型名之一相同时即返回 True。

【例 6-27】使用 isinstance()函数判断变量 a 是否是一个已知的类型：

```
a = 2
print (isinstance (a,int))
print (isinstance (a,str))
print (isinstance (a,(str,int,list)))
```

执行以上代码，输出结果为：

```
True
False
True
>>>
```

【例 6-28】使用 isinstance()函数判断字符串变量是不是一个已知的类型：

```
a = "b"
print (isinstance (a,str))
print (isinstance (a,int))
print (isinstance (a,(int,list,float)))
print (isinstance (a,(int,list,float,str)))
```

执行以上代码，输出结果为：

```
True
False
False
True
>>>
```

6.3.5 super()函数

当存在继承关系时，有时需要在子类中调用父类的方法。如果修改父类名称，那么在子类中可能会涉及多处修改。另外，Python 是允许多继承的语言，子类调用的方法在多继承时就需要重复写多次，显得累赘。为了解决这些问题，Python 引入了 super()机制，语法格式如下：

```
super(type[, object-or-type])
```

参数：type - 类

object-or-type - 对象或类，一般是 self

【例 6-29】 super()函数在无参数类对象中的使用：

```
class A(object):
    def __init__(self):
        print ("enter A")
        print ("leave A")
class B(A):              # B 继承 A
    def __init__(self):
        print ("enter B")
        super(B, self).__init__()
        print ("leave B")
b = B()
```

执行以上代码，输出结果为：
```
enter B
enter A
leave A
leave B
>>>
```

注意：在 Python 2 中，super()是一定要有参数的。Python 2 对 super(B, self).__init__()
是这样理解的：super(B, self)首先找到类 B 的父类(就是类 A)，然后把类 B 的对象 self 转换
为类 A 的对象，最后被转换的类 A 对象调用自己的__init__函数。Python 3.x 可以不加参数
而直接写成 super().__init__()，并且可以向父类中的属性赋值。

【例 6-30】 super()函数在带参数类对象中的使用：

```
class Foo(object):
    def __init__(self, a, b):
        self.a = a
        self.b = b
class Bar(Foo):
    def __init__(self, a, c):
        super().__init__(a,34)
        self.c = c
n = Bar("hello","world")
print (n.a)
print (n.b)
print (n.c)
```

执行以上代码，输出结果为：
```
hello
34
world
>>>
```

多态

6.4 多　态

前文介绍了面向对象编程方法三大特征之中的两个，即封装与继承。本节介绍第三个
特征：多态。

顾名思义，多态就是具有多种形态，是指不同的对象接收到同一种消息时，会产生不

同的行为。在程序中，"接收同一种消息"就是指调用同名的函数，"产生不同的行为"就是指完成不同的功能，也就是执行不同的方法。Python 的变量是弱类型的，在定义时不用指明其类型，它会根据需要在运行时确定变量的类型。

在 Python 中很多地方都体现出多态的特性，如内置函数 len()。该函数表现出"通吃"的特性，不仅可以计算字符串的长度，还可以计算列表、元组、字典、集合中元素的个数，在运行时通过参数类型确定它的具体计算过程，这正是多态性的一种体现。下面通过一个完整的程序说明 Python 的多态性。

【例 6-31】多态性。

本例定义了 3 类，分别为 Member 类、Student 类和 Teacher 类。其中，Student 类和 Teacher 类分别继承 Member 类，并且定义自己的 tell()方法，其中还使用了 Member 类的方法。

```python
class Member:
    def __init__(self, name, age):
        self.name = name
        self.age = age
    def tell(self):
        print ('Name:%s,Age:%d' % (self.name, self.age))

class Student(Member):
    def __init__(self, name, age, marks):
        Member.__init__(self, name, age)
        self.marks = marks
    def tell(self):
        Member.tell(self)
        print ('Marks:%d' % self.marks)

class Teacher(Member):
    def __init__(self, name, age, salary):
        Member.__init__(self, name, age)
        self.salary = salary
    def tell(self):
        Member.tell(self)
        print ('Salary:%d' % self.salary)

Stu_1 = Student('Tom', 21, 77)
Stu_2 = Student('Tim', 19, 87)
Stu_3 = Student('Tam', 22, 93)
Tea_1 = Teacher('Mrs.Wang', 42, 5200)
Tea_2 = Teacher('Mr.Zhang', 39, 4800)
members = [Stu_1,Stu_2,Stu_3,Tea_1,Tea_2]
for mem in members:
    mem.tell()
```

执行以上代码，输出结果为：

```
Name:Tom,Age:21
Marks:77
Name:Tim,Age:19
Marks:87
Name:Tam,Age:22
Marks:93
Name:Mrs.Wang,Age:42
Salary:5200
Name:Mr.Zhang,Age:39
Salary:4800
>>>
```

列表 members 包含不同类型的 5 个元素，前 3 个为 Student 类，后 2 个为 Teacher 类，在同一个 for 循环中显示各自的信息。前 3 次循环时，循环变量 mem 是 Student 类，执行的是 Student 类中的 tell 方法，显示的是姓名、年龄、分数；后 2 次循环时，循环变量 mem 动态地变成了 Teacher 类，执行的是 Teacher 类中的 tell 方法，显示的是姓名、年龄、工资。虽然调用的都是 tell()方法，但得到的结果却不同，这就是多态。

6.5　案例实训：栈与队列

本节以两个典型的案例展示 Python 面向对象的编程思想。

1. 栈

栈(stack)，也称堆栈，是一种"先进后出"或者"后进先出"的装载数据的方式，这里的数据可以是数字、字母、字符串等。四次进栈 push 操作说明如图 6-1 所示，4 次出栈 pop 操作说明如图 6-2 所示。

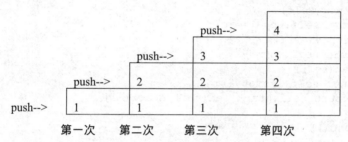

图 6-1　4 次进栈 push 操作说明

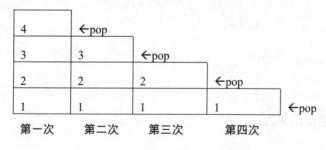

图 6-2　4 次出栈 pop 操作说明

栈通常的操作有以下几种。

① __init__() 完成初始化，建立一个空的栈对象。

② push() 把一个元素添加到栈的最顶层。

③ pop() 删除栈最顶层的元素，并返回这个元素。

④ isfull() 判断栈是否已满，栈满返回 True，不满返回 False。

⑤ isempty() 判断栈是否为空，是空返回 True，不空返回 False。

⑥ peek() 返回栈顶元素，并不删除它。

这里使用 Python 的 list 对象模拟栈的实现，具体代码如下：

```
class Stack():
```

```python
"""用列表模拟栈"""
def __init__(self,size):
    self.size=size
    self.stack=[]
    self.top=-1
def push(self,ele):
    if self.isfull():        #入栈之前检查栈是否已满
        print("out of range")
        return
    else:
        self.stack.append(ele)
        self.top+=1
def pop(self):
    if self.isempty():          #出栈之前检查栈是否为空
        print("stack is empty")
        return
    else:
        self.top-=1
        return self.stack.pop()
def isfull(self):
    return self.top+1==self.size
def isempty(self):
    return self.top==-1
def peek(self):
    if not self.isempty():
        return self.stack[len(self.stack)-1]
s=Stack(20)
print (s.pop())
for i in range(10):
    s.push(i)
print (s.pop())
print (s.pop())
print (s.pop())
print (s.pop())
print (s.isempty())
print (s.isfull())
print (s.peek())
```

执行以上代码，输出结果为：

```
stack is empty
None
9
8
7
6
False
False
5
>>>
```

代码说明如下。

(1) 本程序由两部分组成，前半部分是栈类的定义与栈的各种操作方法的实现，后半部分是类的实例化与使用。

(2) 实例化后，先检测栈是否为空，显然栈是空的，此时输出提示信息"stack is empty"并输出 None；然后用 for 循环依次将 10 个整数入栈，并对入栈的数据进行操作。

注意：用列表来模拟栈，并将栈的方法封装在类中，在类实例化后，直接用实例对象调用类中的方法，而不必在意类方法的实现细节。这就是面向对象的编程思想，由此不难看出面向对象编程的本质——隐藏了程序实现的细节。

2. 队列

队列(queue)是一种"先进先出"或者"后进后出"的装载数据方式，这里的数据可以是数字、字母、字符串等。4 次进队列 enqueue 操作说明如图 6-3 所示，两次出队列 enqueue 操作说明如图 6-4 所示。

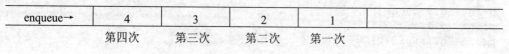

| enqueue→ | 4 | 3 | 2 | 1 | |
| | 第四次 | 第三次 | 第二次 | 第一次 | |

图 6-3 4 次进队列 enqueue 操作说明

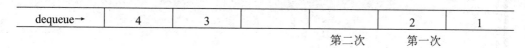

| dequeue→ | 4 | 3 | | | 2 | 1 |
| | | | | 第二次 | 第一次 | |

图 6-4 两次出队列 enqueue 操作说明

队列通常的操作有以下几个。

① __init__() 完成初始化，建立一个空的队列对象。

② enqueue() 把一个元素添加到当前队列元素的最后位置。

③ dequeue() 删除队列最前面的元素，并返回这个元素。

④ isfull() 判断队列是否已满，队列满返回 True，不满返回 False。

⑤ isempty() 判断队列是否为空，队列为空返回 True，不空返回 False。

这里使用 Python 的 list 对象模拟队列的实现，具体代码如下：

```python
class Queue():
    """用列表模拟队列"""
    def __init__(self,size):
        self.size=size
        self.front=-1
        self.rear=-1
        self.queue=[]
    def enqueue(self,ele):      #入队操作
        if self.isfull():
            print("queue is full")
            return
        else:
            self.queue.append(ele)
            self.rear+=1
    def dequeue(self):          #出队操作
        if self.isempty():
            print("queue is empty")
            return
        else:
            self.front+=1
            return self.queue[self.front]
```

```
    def isfull(self):
        return self.rear-self.front+1==self.size
    def isempty(self):
        return self.front==self.rear
q=Queue(15)
for i in range(10):
    q.enqueue(i)
print (q.dequeue())
print (q.dequeue())
print (q.dequeue())
print (q.dequeue())
print (q.dequeue())
print (q.isempty())
print (q.isfull())
```

执行以上代码，输出结果为：

```
0
1
2
3
4
False
False
>>>
```

代码说明如下。

(1) 本程序与前一个程序类似，也由两部分组成，前半部分是队列类的定义与队列各种操作方法的实现，后半部分是类的实例化与使用。

(2) 实例化后，使用 for 循环依次将 10 个整数放入队列，并对队列中的数据进行操作。

注意：

① 本程序也是使用列表来模拟队列的；操作队列的方法被封装在类中，在类实例化后，直接用实例对象调用类中的方法，从而隐藏了程序实现的细节，体现了抽象程序设计的风格。

② 上面的两个例子虽然简单，但"麻雀虽小，五脏俱全"，它们体现了面向对象编程的思想，展示了面向对象编程的优势。读者在以后的编程实践中，应尽量多地使用面向对象的编程思想，运用面向对象技术来解决实际问题。

6.6 本章小结

本章对面向对象技术进行了全面介绍。首先介绍了类的概念、类的定义与使用，Python 中类的作用域与使用方法，并举例说明；其次介绍了类对象支持的两种操作，介绍了类的属性和实例属性及命名约定，并对 self 的使用情况做了说明；再次介绍了单继承和多继承的概念，介绍了方法重写等，并对 isinstance()函数、super()函数等分别举例说明；最后以示例介绍了多态性。本章最后的案例实训列举了两个典型案例，即栈和队列。

本章小结

习　　题

一、填空题

1. 在 Python 中，定义类的关键字是＿＿＿＿＿。

2. 类的定义如下:

```
class person:
    name = 'zhangsan'
    score = 89
```

该类的类名是＿＿＿＿＿，其中定义了＿＿＿＿＿属性和＿＿＿＿＿属性，它们都是＿＿＿＿＿属性。如果在属性名前加 2 个下划线＿＿，则该属性是＿＿＿＿＿属性。将该类实例化创建对象 p，使用的语句为＿＿＿＿＿，通过 p 来访问属性，格式为＿＿＿＿＿、＿＿＿＿＿。

3. 可以从现有的类来定义新的类，这称为类的＿＿＿＿＿，新的类称为＿＿＿＿＿，而原来的类称为＿＿＿＿＿、父类或超类。

4. 创建对象后，可以使用＿＿＿＿＿运算符来调用其成员。

5. 下列程序的运行结果为＿＿＿＿＿。

```
class test:
    def __init__(self,id):
        self.id=id
        id=345
t=test(123)
print (t.id)
```

6. 下列程序的运行结果为＿＿＿＿＿。

```
class teacher:
    def __init__(self,par):
        self.a=par
class student (teacher):
    def __init__(self,par):
        teacher.__init__(self,par)
        self.b=par
stu=student(30)
print (stu.a,stu.b)
```

二、选择题

1. 下列说法中，不正确的是(　　)。
    A. 类是对象的模板，而对象是类的实例
    B. 实例属性姓名如果以__(双下划线)开头，就变成了一个私有变量
    C. 只有在类的内部才可以访问类的私有变量，在外部不能访问
    D. 在 Python 中，一个子类只能有一个父类

2. 下列选项中不是面向对象程序设计基本特征的是(　　)。
    A. 继承　　　　　B. 多态　　　　　C. 可维护性　　　　　D. 封装

3. 在方法定义中，访问实例属性 x 的格式是(　　)。

A. x　　　　　　B. self.x　　　　　C. self[x]　　　　　D. self.getx( )

4. 下列程序的执行结果是(　　)。

```
class Point:
    x=15
    y=5
    def __init__(self,x,y):
        self.y=y
p=Point(25,25)
print(p.x,p.y)
```

A. 15 25　　　　　B. 25 15　　　　　C. 5 15　　　　　D. 25 25

5. 下列程序的执行结果是(　　)。

```
class A():
    a=15
class A1(A):
    pass
print (A.a,A1.a)
```

A. 15 15　　　　　B. 15 pass　　　　　C. pass 15　　　　　D. 运行出错

三、问答题

1. 面向对象程序设计的三要素是什么?

2. 简单解释 Python 中以下划线开头的变量名的特点。

3. 在 Python 中导入模块中的对象有哪几种方式?

4. Python 生成一个随机数的方法有哪些?

四、实验操作题

1. 定义动物类，跑为属性，再定义一个猫类，名字为属性，实现继承功能，并实例化调用。

2. 定义 Person 类，生成 Student 类，填写新的函数用来设置学生专业，然后生成该类对象并显示信息。要求将所有的属性均设置为私有属性。

3. 设计一个三维向量类，并实现向量的加法、减法以及向量与标量的乘法和除法运算。

4. 编写类并定义函数，可以接收任意多个整数并输出其中的最大值和所有整数之和。

5. 定义类并编写函数，可以接收一个字符串，分别统计大写字母、小写字母、数字、其他字符的个数，并以元组的形式返回结果。

第 7 章

异常处理与 pdb 模块调试

本章要点

(1) Python 的异常处理机制。

(2) 捕捉异常。

(3) 触发异常。

(4) 自定义异常。

(5) pdb 调试模块。

(6) 常用的 pdb 函数。

(7) 常用的 pdb 调试命令。

学习目标

(1) 理解 Python 的异常处理机制。

(2) 掌握捕捉异常的基本方法。

(3) 掌握触发异常和自定义异常的方法。

(4) 掌握 pdb 调试模块的使用方法。

程序运行时一旦出现异常，整个程序将会崩溃，并终止运行。如果编程时能够提前预料可能出现的异常，并将其转换为友好的提示，或做出恰当的处理，则可以最大限度地避免程序崩溃，从而使代码的健壮性和容错性得以保障。本章第一部分介绍异常的概念和作用，以及常用的异常处理方法。

一般而言，程序设计很少能够一次成功，编程过程中难免出现各式各样的错误。Python 解释器能够发现语法错误，但对逻辑错误或变量使用错误却无能为力，如果程序运行结果不符合预期，则需要进行调试。本章第二部分介绍如何使用 pdb 模块调试程序。

7.1　编程常见错误

无论使用哪种语言进行编程，在程序设计和运行的过程中，发生错误都是不可避免的。Python 编程中常见的错误可以分为 3 类，即语法错误、逻辑错误和语义错误(运行错误)。

编程常见错误

7.1.1　语法错误

顾名思义，语法错误就是违反语法规则的错误。对于编译型语言，这类错误通常在编译时发现，而对于 Python 这种解释型的语言，自然要到扫描该语句并进行检查时才能发现，此时终止程序脚本的运行，给出错误的性质，并标明错误的位置。语法错误提示如图 7-1 所示。

图 7-1　语法错误提示

7.1.2　逻辑错误

如果程序能够运行，但运行结果与期望值不符，那么这类错误就属于逻辑错误。例如，用下面的语句计算 1～100 之和：

```
sum(list(range(1,100)))
```

程序貌似没有问题，然而，得到的结果不是 5050，而是 4950。原因在于，range(1,100) 产生的序列不是 1～100，而是 1～99。这就是典型的逻辑错误，是编程时考虑不周造成的。

逻辑错误是程序逻辑问题，程序员必须凭借自身的编程经验，找到错误原因及出错位置，进而改正错误。借助本章最后要介绍的 pdb 模块来检查此类错误是一条捷径。

7.1.3　异常

异常是指程序运行时引发的错误。引发错误的原因有多种，如零作除数、下标越界、负数开平方、读文件时文件不存在、写文件时磁盘写保护、访问网络时未联网等。多数异常与用户输入和运行环境有关，当 Python 运行程序时，一旦检测到错误，解释器就会指出当前已经无法再继续执行下去，这时就出现了异常。若异常得不到及时处理，Python 就会以回溯(traceback)的方式停止运行，抛出异常，显示异常语句、异常代码、异常原因，整个程序崩溃。

合理地进行异常处理，可使程序更加健壮，具有更高的容错性，不会因为用户不小心的错误输入而造成程序终止。此外，使用异常处理也可以在异常发生时为用户提供友好的提示，而不是"一停了之"。

7.2　异　常　处　理

作为一个优秀的程序员，写出的程序应具备较强的容错能力，也就是说，程序在正常情况下能够完成所期望的功能，在异常情况下也能"应付"用户，并做出恰当的处理。这种对异常情况给予适当处理的技术，就是异常处理。

作为一门优秀的编程语言，Python 对异常处理提供了一套完整的方法，可以在一定程度上提高程序的健壮性，使程序在非正常环境下仍能正常运行。不仅如此，通过巧妙的编程，还能把 Python 晦涩难懂的错误信息转换为友好的提示，呈现给最终用户。

Python 用异常对象(exceptionobject)表示异常情况，标准异常情况如表 7-1 所示。

表 7-1　标准异常情况表

名　　称	说　　明
BaseException	所有异常的基类
SystemExit	解释器请求退出
KeyboardInterrupt	用户中断执行(通常是输入^C)
Exception	常规错误的基类
StopIteration	迭代器没有更多的值

名　　称	说　　明
GeneratorExit	生成器(generator)发生异常来通知退出
ArithmeticError	所有数值计算错误的基类
FloatingPointError	浮点计算错误
OverflowError	数值运算超出最大限制
ZeroDivisionError	除(或取模)零(所有数据类型)
AssertionError	断言语句失败
AttributeError	对象没有这个属性
EOFError	没有内建输入，到达 EOF 标记
EnvironmentError	操作系统错误的基类
IOError	输入输出操作失败
OSError	操作系统错误
WindowsError	系统调用失败
ImportError	导入模块/对象失败
LookupError	无效数据查询的基类
IndexError	序列中没有此索引(index)
KeyError	映射中没有这个键
MemoryError	内存溢出错误(对于 Python 解释器不是致命的)
NameError	未声明/初始化对象(没有属性)
UnboundLocalError	访问未初始化的本地变量
ReferenceError	弱引用(Weakreference)试图访问已经垃圾回收了的对象
RuntimeError	一般的运行时错误
NotImplementedError	尚未实现的方法
SyntaxError	Python 语法错误
IndentationError	缩进错误
TabError	Tab 和空格混用
SystemError	一般的解释器系统错误
TypeError	对类型无效的操作
ValueError	传入无效的参数
UnicodeError	Unicode 相关的错误
UnicodeDecodeError	Unicode 解码时的错误
UnicodeEncodeError	Unicode 编码时错误
UnicodeTranslateError	Unicode 转换时错误
Warning	警告的基类
DeprecationWarning	关于被弃用的特征的警告
FutureWarning	关于构造将来语义会有改变的警告
PendingDeprecationWarning	关于特性将会被废弃的警告
RuntimeWarning	可疑的运行时行为(runtimebehavior)的警告
SyntaxWarning	可疑的语法警告
UserWarning	用户代码生成的警告

7.2.1　try、except、else、finally 语句

程序运行发生异常时，需要对异常进行捕捉。捕捉异常使用 try、except、else、finally 语句。

try、except 用于检测 try 语句块中可能出现的异常。因此，欲使某段程序不致因发生异常而停止运行，只需将其放在 try 子句中，其后的 except 语句将捕捉可能的异常信息并加以处理。

try、except、else、finally 语法格式如下：

```
try:
  <statement>            #可能会引发异常的代码
except <name：>
  <statement >          #如果在 try 部分引发了 name 异常
except <name>, <data>:
  <statement >          #如果引发了 name 异常，获得附加的数据
else:
  <statement >          #如果没有异常发生
finally:
  <statement >          #不管 try 子句内部是否有异常发生都会执行
```

try 语句的工作流程如下。

(1)　当遇到一个 try 语句后，Python 就在当前程序的上下文作标记，当出现异常时可以较快地回到这里，再执行 try 子句，然后执行什么取决于运行过程中是否出现异常。

(2)　如果当 try 后的语句执行时发生异常，Python 就跳回到 try 并执行第一个匹配该异常的 except 子句。异常处理完毕后就继续运行(除非在处理异常时又引发新的异常)。

(3)　如果在 try 后的语句里发生了异常，却没有匹配的 except 子句，异常将被提交到上层的 try，或者到程序的最上层(这样将结束程序，并显示缺省的出错信息)。

(4)　如果在 try 子句执行时没有异常发生，Python 将执行 else 后的语句(如果有 else 的话)，然后程序通过整个 try 语句并继续运行。

(5)　不论是否发生异常，finally 子句一定会被执行。

try、except、else、finally 语句的执行流程如图 7-2 所示。

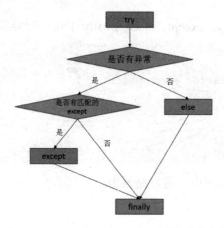

图 7-2　try、except、else、finally 语句的执行流程

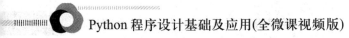

【例 7-1】使用 try、except 关键字捕捉除零异常：

```
try:
    print(8/0)
except ZeroDivisionError:
    print('除数不能为 0')
```

将上述代码放入一个程序中，运行结果为：

```
除数不能为0
>>> |
```

【例 7-2】使用 try、except 关键字捕捉值错误异常：

```
try:
    i=int(input("请输入整数："))
    print(i**2)
except ValueError:
    print("您输入的不是整数")
```

将上述代码放入一个程序中，运行结果为：

```
请输入整数：a
您输入的不是整数
```

一个 except 语句只能捕捉其后声明的异常类型，但如果抛出的是其他类型的异常，就需要再增加一个 except 语句。当然，也可以指定一个更加通用的异常类型，如 Exception。除了声明多个 except 语句外，也可以在一个 except 语句中将多个异常作为元组列出来。

【例 7-3】捕捉多个异常，并将多个异常以元组形式列出：

```
try:
    print(8/'0')
except(ZeroDivisionError,Exception):
    print('发生了一个异常')
```

将上述代码放入一个程序中，运行结果为：

```
发生了一个异常
>>> |
```

使用 finally 子句时，不管 try 子句内部是否有异常，都会执行 finally 子句，所以 finally 子句用于关闭文件或网络套接字时会非常有用。在同一条语句中可以组合使用 try、except、else 和 finally。

【例 7-4】组合使用 try、except、else、finally 子句进行异常处理：

```
try:
    print(8/'0')
except(ZeroDivisionError, Exception):
    print('发生了一个异常')
else:
    print('正常运行')
finally:
    print('cleaning up')
```

将上述代码放入一个程序中，运行结果为：

```
发生了一个异常
cleaning up
>>> |
```

7.2.2　主动触发异常和自定义异常

主动触发异常
和自定义异常

异常可以在某些地方出错时自动触发(也称"抛出"或"引发")。下面介绍一下如何主动触发异常，以及如何创建自己的异常类型。

1. 主动触发异常

在 Python 中使用 raise 关键字触发异常，最常用的格式为：

```
raise Exception(异常描述)
```

【例 7-5】提示用户输入密码，如果长度小于 8 位，则抛出异常：

```
def enter_password():
    pwd = input('请输入密码:')          #提示用户输入密码
    if len(pwd) >= 8:                   #判断密码长度是否≥8
        return pwd                     #若长度≥8,则正常返回密码
    else:                              #若长度<8,则主动触发异常(抛出异常)
        ex = Exception('密码长度不足8位')   #创建(自定义)异常对象ex
        raise ex                      #主动抛出异常
try:
    print(enter_password())
except Exception as re:
    print(re)
```

将上述代码放入一个程序中，运行结果为：

```
请输入密码:1234
密码长度不足8位
>>>
```

```
请输入密码:12345678
12345678
>>>
```

raise 关键字触发的是一个通用的异常类型(Exception)，一般来说触发的异常越详细越好，Python 中内建了很多异常类型，可以通过 dir 函数查看异常类型。

【例 7-6】使用 dir 函数查看 Python 内建模块 builtins 中的异常类型，如图 7-3 所示。

```
>>> import builtins
>>> dir(builtins)
['ArithmeticError', 'AssertionError', 'AttributeError', 'BaseException', 'BlockingIOError', 'BrokenPipeError', 'BufferError', 'BytesWarning', 'ChildProcessError', 'ConnectionAbortedError', 'ConnectionError', 'ConnectionRefusedError', 'ConnectionResetError', 'DeprecationWarning', 'EOFError', 'Ellipsis', 'EnvironmentError', 'Exception', 'False', 'FileExistsError', 'FileNotFoundError', 'FloatingPointError', 'FutureWarning', 'GeneratorExit', 'IOError', 'ImportError', 'ImportWarning', 'IndentationError', 'IndexError', 'InterruptedError', 'IsADirectoryError', 'KeyError', 'KeyboardInterrupt', 'LookupError', 'MemoryError', 'ModuleNotFoundError', 'NameError', 'None', 'NotADirectoryError', 'NotImplemented', 'NotImplementedError', 'OSError', 'OverflowError', 'PendingDeprecationWarning', 'PermissionError', 'ProcessLookupError', 'RecursionError', 'ReferenceError', 'ResourceWarning', 'RuntimeError', 'RuntimeWarning', 'StopAsyncIteration', 'StopIteration', 'SyntaxError', 'SyntaxWarning', 'SystemError', 'SystemExit', 'TabError', 'TimeoutError', 'True', 'TypeError', 'UnboundLocalError', 'Exception', 'UnicodeDecodeError', 'UnicodeEncodeError', 'UnicodeError', 'UnicodeTranslateError', 'UnicodeWarning', 'UserWarning', 'ValueError', 'Warning', 'WindowsError', 'ZeroDivisionError', '__build_class__', '__debug__', '__doc__', '__import__', '__loader
```

图 7-3　例 7-6 的异常类型

这里只截取了异常类部分，内建模块 builtins 还包括很多其他类型和方法。

2. 自定义异常

虽然内建的异常类已经包含大部分情况，可以满足大多数要求，但有时还是需要创建自己的异常类，描述 Python 中没有涉及的异常情况。

Python 允许自定义特殊类型的异常，但前提是要确保从 Exception 类继承(不管是直接继承还是间接继承)。自定义异常使用 raise 触发，而且只能主动触发。

【例 7-7】自定义异常类。求学生成绩平均值时，输入的成绩必须介于 0～100，当不在此范围内时，提示成绩有误：

```python
class ScoreError(Exception):
    def __init__(self, data):
        self.data=data
def average(scores):
    sum=0
    for score in scores:
        if score<0 or score>100: raise ScoreError("成绩有误!")   #不在 0～100
时引发异常
        sum += score
    return sum/len(scores)

try:
    data=eval(input("请输入学生成绩，以逗号分隔:"))        #将学生成绩存入元组 data
    print("平均成绩:",average(data))
except Exception as result:
    print(result)
```

将上述代码放入一个程序中，运行结果为：
```
请输入学生成绩，以逗号分隔:100,101,90,99
成绩有误!
>>>
```

7.2.3 使用 sys 模块返回异常

使用 sys 模块
返回异常

在 Python 中，另一种获取异常信息的方式是通过 sys 模块中的 exc_info()函数，此函数会返回一个三元组：(异常类，异常类的实例，跟踪记录对象)。

【例 7-8】使用 exc_info()函数返回异常：

```python
try:
    8/0
except:
    import sys
    t = sys.exc_info()
    print(t)
    for i in t:
        print(i)
```

将上述代码放入一个程序中，运行结果为：
```
(<class 'ZeroDivisionError'>, ZeroDivisionError('division by zero',), <tra
ceback object at 0x0000023FFC730308>)
<class 'ZeroDivisionError'>
division by zero
<traceback object at 0x0000023FFC730308>
>>>
```

7.3　使用 pdb 模块调试程序

在 Python 中，语法错误可以由 Python 解释器发现，但逻辑错误或变量使用错误却不容易被发现，若结果不符合预期，则需要进行调试。1.3.3 小节曾介绍了使用 IDLE 自身的功能调试程序的方法。其实，Python 自带的 pdb 模块也是一个很好的调试工具，使用它可以为脚本设置断点、单步执行、查看变量值等。

pdb 可以使用 import 导入，也可以通过命令行参数方式启动。首先看一下 pdb 模块中有哪些内建函数。

【例 7-9】使用 dir 函数查看 pdb 模块内建函数，如图 7-4 所示。

```
>>> import pdb
>>> dir(pdb)
['Pdb', 'Restart', 'TESTCMD', '__all__', '__builtins__', '__cached__', '__
doc__', '__file__', '__loader__', '__name__', '__package__', '__spec__', '
_rstr', '_usage', 'bdb', 'cmd', 'code', 'dis', 'find_function', 'getsource
lines', 'glob', 'help', 'inspect', 'lasti2lineno', 'line_prefix', 'linecac
he', 'main', 'os', 'pm', 'post_mortem', 'pprint', 're', 'run', 'runcall',
'runctx', 'runeval', 'set_trace', 'signal', 'sys', 'test', 'traceback']
>>>
```

图 7-4　例 7-9　pdf 模块的内建函数

7.3.1　常用的 pdb 函数

常用的 pdb
函数

1. pdb.run()函数

pdb.run()函数主要用于调试语句块，其基本语法如下：

```
pdb.run(statement,globals=None, locals=None)
```

参数含义：statement 为要调试的语句块，以字符串形式表示；globals 为可选参数，设置 statement 运行的全局环境变量；locals 为可选参数，设置 statement 运行的局部环境变量。

【例 7-10】使用 pdb.run()调试语句块，如图 7-5 所示。

```
1  import pdb                          #导入调试模块
2  pdb.run('''                         #调用run()函数执行一个for循环
3  for t in range(0,10,3):
4      t += 2
5      print(t)
6  ''')
7  > <string>(2)<module>()
8  (Pdb) n                             #(Pdb)为调试命令提示符，表示可输入调试命令
9  > <string>(3)<module>()
10 (Pdb) n                             #n表示执行下一行
11 > <string>(4)<module>()
12 (Pdb) n                             #程序循环一次后，输出一个结果
13 2
14 > <string>(2)<module>()
15 (Pdb) continue                      #continue表示继续执行程序
16 5
17 8
18 11
```

图 7-5　例 7-10　调试语句块

2. pdb.runeval()函数

pdb.runeval()函数主要用于调试表达式，其基本语法格式如下：

pdb.runeval（expression, globals=None, locals=None）

参数含义：expression 为要调试的表达式；globals-可选参数，设置 expression 运行的全局环境变量；locals 为可选参数，设置 expression 运行的局部环境变量。

【例 7-11】使用 pdb.runeval()调试表达式，如图 7-6 所示。

```
1  import pdb
2  pdb.runeval('(3+5)*2 -6')        #使用runeval()函数调试表达式'(3+5)*2 -6'
3  > <string>(1)<module>()->2
4  (Pdb) n                          #使用n命令单步执行
5  --Return--
6  > <string>(1)<module>()->10
7  (Pdb) n                          #得出表达式的值
8  10
```

图 7-6　例 7-11　调试表达式

3. pdb.runcall()函数

pdb.runcall()函数主要用于调试函数，其基本语法如下：

```
pdb.runcall(*args,**kwds)
```

参数含义：args(kwds)为函数参数。

【例 7-12】使用 pdb.runcall()调试函数，如图 7-7 所示。

```
1  import pdb
2  def sum(*args):              #定义函数sum，求所有参数之和
3      total = 0
4      for value in args:
5          total += value
6      return total
7  pdb.runcall(sum, 2,4,6,8,10)   #使用runcall()调试函数
8  > <stdin>(2)sum()
9  (Pdb) n                        #进入调试状态，单步执行
10 > <stdin>(3)sum()
11 (Pdb) n
12 > <stdin>(4)sum()
13 (Pdb) n
14 > <stdin>(3)sum()
15 (Pdb) n
16 > <stdin>(4)sum()
17 (Pdb) n
18 > <stdin>(3)sum()
19 (Pdb) n
20 > <stdin>(4)sum()
21 (Pdb) n
22 > <stdin>(3)sum()
23 (Pdb) n
24 > <stdin>(4)sum()
25 (Pdb) n
26 > <stdin>(3)sum()
27 (Pdb) n
28 > <stdin>(4)sum()
29 (Pdb) n
30 > <stdin>(3)sum()
31 (Pdb) n
32 > <stdin>(5)sum()
33 (Pdb) n
34 --Return--
35 > <stdin>(5)sum()->30
36 (Pdb) continue              #继续执行
37 30                          #函数最后返回结果
```

图 7-7　例 7-12　调试函数

4. pdb.set_trace()函数

pdb.set_trace()函数主要用于在脚本中设置硬断点，其基本语法如下：

```
pdb.set_trace()
```

【例 7-13】使用 pdb.set_trace()设置硬断点，如图 7-8 所示。

```
1  import pdb
2
3  pdb.set_trace()                        #设置硬断点
4  for i in range(6):
5      i *= i
6      print(i)
7  > d:\project\pdb_04.py(4)<module>()
8  -> for i in range(6):
9  (Pdb) list                            #使用list列出脚本内容
10     1       import pdb
11     2
12     3       pdb.set_trace()
13     4   -> for i in range(6):
14     5           i *= i
15     6           print(i)
16  [EOF]                                 #列出脚本内容结束标志
17  (Pdb) continue                        #继续执行，输出最后结果
18  0
19  1
20  4
21  9
22  16
23  25
```

图 7-8　例 7-13　设置硬断点

7.3.2　pdb 调试命令

pdb 模块中的调试命令可以完成单步执行、打印变量值、设置断点等功能，主要命令如表 7-2 所示。

pdb 调试命令

表 7-2　pdb 模块中调试命令表

完整命令	简写命令	描　述
args	a	打印当前函数的参数
break	b	设置断点
clear	cl	清除断点
condition	无	设置条件断点
continue	c	继续运行，直至遇到断点或者脚本结束
disable	无	禁用断点
enable	无	启用断点
help	h	查看 pdb 帮助
ignore	无	忽略断点
jump	j	跳转到指定行运行
list	l	列出脚本清单
next	n	执行下一条语句，遇到函数不进入其内部
print	p	打印变量值
quit	q	退出 pdb
return	r	一直运行到函数返回
tbreak	无	设置临时断点，断点只中断一次
step	s	执行下一条语句，遇到函数进入其内部
where	w	查看所在的位置
!	无	在 pdb 中执行语句

【例 7-14】使用 pdb 调试命令调试程序。

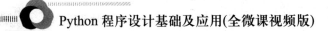

首先编写一个求解水仙花数的程序，然后调出调试命令行，使用表 7-2 所示的调试命令进行调试，如图 7-9 所示。

```
1   def narci_num(a,b):                          #定义水仙花数函数
2       for i in range(a,b):
3           h = i//100
4           d = i//10%10
5           u = i%10
6           if i == h**3 + d**3 + u**3:
7               print(i)
8
9   narci_num(100,1000)                          #计算100-999之间的水仙花数
10
11  d:\Project>python -m pdb pdb_05.py           #运行此命令进行程序调试
12  > d:\Project\pdb_05.py(1)<module>()
13  -> def narci_num(a,b):
14  (Pdb) list                                   #list默认只列出11行
15    1  -> def narci_num(a,b):
16    2         for i in range(a,b):
17    3             h = i//100
18    4             d = i//10%10
19    5             u = i%10
20    6             if i == h**3 + d**3 + u**3:
21    7                 print(i)
22    8
23    9     narci_num(100,1000)
24   10
25   11                                           #11行后如有代码,可以使用'1 page1,page2'列出
26  (Pdb) b 2                                     #使用break命令设置第2行为断点
27  Breakpoint 1 at d:\Project\pdb_05.py:2        #返回断点编号1
28  (Pdb) b 7
29  Breakpoint 2 at d:\Project\pdb_05.py:7
30  (Pdb) c
31  > d:\Project\pdb_05.py(2)narci_num()
32  -> for i in range(a,b):
33  (Pdb) c                                       #使用c命令运行脚本
34  > d:\Project\pdb_05.py(2)narci_num()
35  -> for i in range(a,b):
36  (Pdb) n                                       #单步执行
37  > d:\Project\pdb_05.py(3)narci_num()
38  -> h = i//100
39  (Pdb) n
40  > d:\Project\pdb_05.py(4)narci_num()
41  -> d = i//10%10
42  (Pdb) n
43  > d:\Project\pdb_05.py(5)narci_num()
44  -> u = i%10
45  (Pdb) n
46  > d:\Project\pdb_05.py(6)narci_num()
47  -> if i == h**3 + d**3 + u**3:
48  (Pdb) n
49  > d:\Project\pdb_05.py(2)narci_num()
50  -> for i in range(a,b):
51  (Pdb) p i                                     #打印i的值
52  101
53  (Pdb) disable 2                               #禁用断点2
54  Disabled breakpoint 2 at d:\Project\pdb_05.py:7
55  (Pdb) c
56  > d:\Project\pdb_05.py(2)narci_num()
57  -> for i in range(a,b):
58  (Pdb) enable 2                                #恢复断点2
59  Enabled breakpoint 2 at d:\Project\pdb_05.py:7
60  (Pdb) c
61  > d:\Project\pdb_05.py(2)narci_num()
62  -> for i in range(a,b):
63  (Pdb) cl                                      #清除所有断点,输入y确认
64  Clear all breaks? y
65  Deleted breakpoint 1 at d:\Project\pdb_05.py:2
66  Deleted breakpoint 2 at d:\Project\pdb_05.py:7
67  (Pdb) c                                       #继续运行
68  153
69  370
70  371
71  407
72  The program finished and will be restarted
73  > d:\Project\pdb_05.py(1)<module>()
74  -> def narci_num(a,b):
75  (Pdb) q                                       #使用q命令退出pdb调试
```

图 7-9　例 7-14　调试命令进行程序调试

7.4　案例实训：文件操作中的异常事件处理

综合前文所学内容，本章最后给出一个综合性实例。本例结合了文本文件的操作与异常事件的处理，使用 re.sub()函数对文本文件中的字符串进行替换，并将替换后的内容存入另一个文本文件。本例代码如下：

```
import re
try:
    infile = input("请输入文本文件名(含完整路径)：")
    f1 = open(infile,'r')
    outfile = input("请输入另存为的文件名(含完整路径)：")
    f2 = open(outfile,'w')

    sourcestr = input("请输入要替换的原文本内容：")
    targetstr = input("请输入替换后的文本内容：")
    n = 0
    p = 0

    #读取源文件内容，逐行替换文本内容，写入新文件，并统计替换次数。
    for line in f1.readlines():
        p += 1
        if sourcestr in line:                    #判断 sourcestr 是否在文本行中
            replace = re.sub(sourcestr,targetstr,line)
    #将 sourcestr 替换为 targetstr，写入行数据
            n += line.count(sourcestr)    #统计替换次数
            f2.write(replace)             #将替换后的文本逐行写入新文件中
            continue
        elif n != 0:
            f2.write(line)
            print("第%s 行中没有要替换的内容。"%p)
        else:
            print("要替换的内容不存在。")

    print("替换的次数：%s"%n)
except FileNotFoundError:                      #捕捉文件不存在的异常
    print("File not found.")
except PermissionError:                        #捕捉文件权限的异常
    print("You don't have permission to access this file.")
finally:
    f1.close()
    f2.close()
    print("End up.")
```

在 try 子句中，先输入替换前后文本文件的完整路径及文件名，再输入需要替换的文本以及替换后的文本。通过 for 循环逐行读取源文件内容，在循环内首先用 if 语句判断该行文本中是否包含 sourcestr，若包含则继续执行；使用 sub()函数替换文本，统计替换次数，并向新文件中写入替换后的文本。若文件中存在 sourcestr，但某行中不存在，则执行 elif 分支，将当前行原文本写入新文件，并输出提示信息。当文件中不存在 sourcestr 时，

执行 else 分支输出提示信息“要替换的内容不存在”。当输入的文件路径或文件名不存在时，except 语句捕捉 FileNotFoundError 异常，并输出提示信息。因文件权限问题造成无法读取或无法写入文件时，except 语句捕捉 PermissionError 异常，输出提示信息。无论是否出现异常，最终都会执行 finally 子句并输出“End up.”。

此案例中将对一段描写抗日战争史的文字进行替换，将“八年抗战”替换为“十四年抗战”，此文件保存在 D:\test 目录下，文本内容如图 7-10 所示。

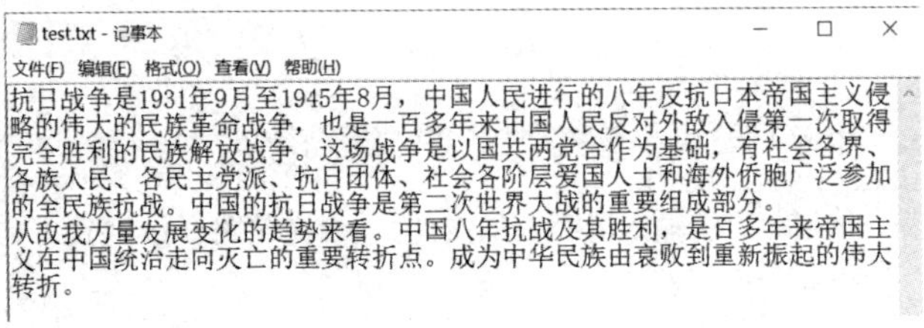
test.txt - 记事本

文件(F) 编辑(E) 格式(O) 查看(V) 帮助(H)

抗日战争是1931年9月至1945年8月，中国人民进行的八年反抗日本帝国主义侵略的伟大的民族革命战争，也是一百多年来中国人民反对外敌入侵第一次取得完全胜利的民族解放战争。这场战争是以国共两党合作为基础，有社会各界、各族人民、各民主党派、抗日团体、社会各阶层爱国人士和海外侨胞广泛参加的全民族抗战。中国的抗日战争是第二次世界大战的重要组成部分。
从敌我力量发展变化的趋势来看。中国八年抗战及其胜利，是百多年来帝国主义在中国统治走向灭亡的重要转折点。成为中华民族由衰败到重新振起的伟大转折。

图 7-10　文本内容

第一种情况，替换“八年抗战”为“十四年抗战”，并将替换后的文本保存到同一目录下的 test0.txt 文件中。运行结果如下：

```
请输入文本文件名（含完整路径）：D:\test\test.txt
请输入另存为的文件名（含完整路径）：D:\test\test0.txt
请输入要替换的原文本内容：八年
请输入替换后的文本内容：十四年
替换的次数：2
End up.
```

因为原文中有两处“八年”，故替换的次数为 2，替换成功。

第二种情况，替换“基础”为“基石”，因原文第二行中没有替换内容，所以执行一次 elif 分支，运行结果如下：

```
请输入文本文件名（含完整路径）：D:\test\test.txt
请输入另存为的文件名（含完整路径）：D:\test\test1.txt
请输入要替换的原文本内容：基础
请输入替换后的文本内容：基石
第2行中没有要替换的内容。
替换的次数：1
End up.
```

第三种情况，要替换的字符串不在源文件中，没有内容替换，所以新文件内容为空。运行结果如下：

```
请输入文本文件名（含完整路径）：D:\test\test.txt
请输入另存为的文件名（含完整路径）：D:\test\test2.txt
请输入要替换的原文本内容：@
请输入替换后的文本内容：!
要替换的内容不存在。
要替换的内容不存在。
替换的次数：0
End up.
```

因为原文中有两个自然段，每个自然段以换行符结束，故相当于两“行”，所以在循环过程中，else 语句会执行两次，输出两次“要替换的内容不存在”。

第四种情况，输入的源文件不存在，则引发 FileNotFoundError 异常，输出“File not found.”。运行结果如下：

```
请输入文本文件名（含完整路径）：D:\test\hello.txt
File not found.
End up.
```

第五种情况，因文件权限问题引发 PermissionError 异常，因运行此例的计算机 C 盘没有写权限，所以将新文件写在 C 盘时会引发异常。运行结果如下：

```
请输入文本文件名（含完整路径）：D:\test\test.txt
请输入另存为的文件名（含完整路径）：C:\test.txt
You don't have permission to access this file.
End up.
```

7.5　本章小结

本章小结

本章首先介绍了 Python 的标准异常对象，用于捕捉异常的 try、except、else、finally 语句，使用 raise 关键字触发异常，以及用户自定义异常类等；其次介绍了如何使用 pdb 模块调试程序，以及常用的 pdb 函数和调试命令。

语法错误完全可以交由 Python 解释器来处理，逻辑错误可以借助 pdb 调试模块跟踪解决，"异常"错误则有待于程序员利用异常处理机制事先将其"吃掉"，并借此提高程序的健壮性、容错性，实现未雨绸缪。

习　题

一、填空题

1. Python 提供了_____机制用来专门处理程序运行时的错误，相应的语句是_____。

2. 在 Python 中，如果异常未被处理或捕捉，程序就会用_____的方式终止程序的执行。

3. 所有异常的基类是_____，所有其他异常类都是它的子类。

4. 主动触发异常使用的关键字是_____。

5. pdb 中用于调试语句块的函数是_____，用于调试表达式的函数是_____，用于调试函数的函数是_____。

二、选择题

1. 下列程序的输出结果是_____。

```python
try:
    x=4/10
except ZeroDivisionError:
    print('4')
```

　　A. 0　　　　　　　B. 4　　　　　　　C. 0.4　　　　　　　D. 空

2. 下列程序的输出结果是_____。

```python
try:
    print(2/'0')
except ZeroDivisionError:
    print('AAA')
except Exception:
    print('BBB')
```

　　A. AAA　　　　　　B. BBB　　　　　　C. 无输出　　　　　　D. 以上均错

3. pdb 设置脚本中硬断点使用_____。

    A. b   B. break   C. settrace()   D. set_trace()

4. 执行下一条语句，但遇到函数不进入其内部的 pdb 命令是_____。

    A. n   B. s   C. p   D. q

三、问答题

1. 异常和错误有何区别？

2. try-except 和 try-finally 有何区别？

3. 使用 pdb 模块进行 Python 程序调试主要有哪几种用法？

四、实践操作题

1. 将 math.sqrt()进行改进。虽然 math 模块包含大量用于处理数值运算的函数和常量，但是它不能识别复数，所以创建了 cmath 模块来支持复数相关运算。请创建一个 safe_sqrt()函数，它封装 math.sqrt()并能对负数进行开方运算(返回一个对应的复数)。

2. 以下程序用于求 100 以内的素数。请使用 pdb 模块中的各个命令对此程序进行调试。

```
for n in range(2, 101):
    for x in range(2, n//2):
        if n % x == 0:
            break
    else:
        print(n)
```

第 8 章

数据库编程

本章要点

(1) 数据库技术基础。

(2) SQLite 数据库的数据类型、基本操作。

(3) MySQL 数据库的数据类型、基本操作。

(4) 使用 Python 操作 SQLite 数据库、MySQL 数据库。

学习目标

(1) 了解数据库的基本概念。

(2) 理解 SQLite 数据库和 MySQL 数据库的数据类型。

(3) 熟悉 SQLite 数据库和 MySQL 数据库的基本操作。

(4) 掌握如何使用 Python 操作 SQLite 数据库与 MySQL 数据库。

前面各章对 Python 语言的基础知识进行了详细介绍，本章及后面各章将陆续介绍 Python 的一些实际应用，旨在让读者能更加清晰地了解 Python 这门编程语言的魅力。本章主要介绍如何使用 Python 进行数据库开发。

一般情况下，绝大多数应用程序都需要使用数据库来存放数据。Python 支持多种数据库，使用相应的模块即可连接到数据库进行编程。因本书篇幅所限，本章仅介绍两种关系型数据库——SQLite 数据库与 MySQL 数据库，重点介绍在 Python 中如何进行数据库编程。

8.1 数据库技术基础

8.1.1 数据库的基本概念

数据库技术基础

数据库(DataBase，DB)是存储数据的仓库，是长期存放在计算机内的有组织、可共享的大量数据的集合。数据库中的数据按照一定的数据模型组织、描述和存储，具有尽可能小的冗余度，同时具有较高的独立性和易扩展性。

数据库管理系统(DataBase Management System，DBMS)是位于用户与操作系统之间的一层数据库管理软件，帮助用户向计算机中输入、管理大量的数据，方便用户定义数据、操作数据和维护数据。其主要功能包括以下几项。

(1) 数据定义功能。提供数据定义语言(Data Definition Language，DDL)，方便用户对数据库中的数据对象进行定义。

(2) 数据操作功能。提供数据操纵语言(Data Manipulation Language，DML)，可以对数据库中的数据进行查询、插入、删除和修改等基本操作。

(3) 数据库的管理和维护。对数据库进行统一管理控制，以保证其安全性、完整性、一致性，并实现多用户环境下的并发使用。

数据库系统(DataBase System，DBS)是指在计算机系统中引入数据库后组成的系统。数据库系统一般由数据库、操作系统、数据库管理系统(及其开发工具)、应用系统、数据库管理员和用户组成，如图 8-1 所示。

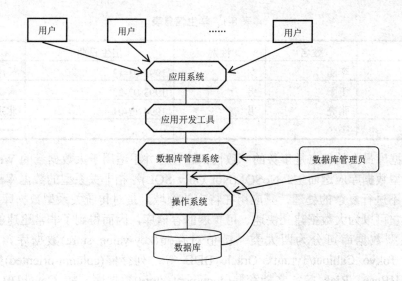

图 8-1　数据库系统的组成

数据库、数据库管理系统和数据库系统是 3 个不同的概念，数据库强调的是数据，是数据库管理系统的管理对象；数据库管理系统强调的是管理软件，是数据库系统的组成部分，而数据库系统强调的是系统。

8.1.2　数据库的类型

根据数据存储模型可将数据库分为层次数据库、网状数据库、关系数据库、面向对象数据库等。目前，常见的数据库主要有两大类，即关系型数据库和非关系型数据库，本节主要介绍前者。目前，常见的关系型数据库有 Oracle、MySQL、SQL Server、DB2、Sybase、Informix，以及常用于移动设备的 SQLite 数据库等。

关系型数据库是建立在关系模型基础上的。关系模型是指用二维表的形式来表示实体和实体间联系的数据模型。实体是指现实世界中具有一定特征或属性并客观存在的数据对象，实体与实体间的联系可以分为以下 3 种。

(1) 一对一联系：如一个工厂只能有一个厂长，而一个厂长只能在一个工厂任职，工厂和厂长为一对一的联系。

(2) 一对多联系：如一个班级有多名学生，而一名学生只能在一个班级里，班级和学生为一对多的联系。

(3) 多对多联系：如一名学生可以选择多门选修课程，而一门选修课程可以被多名学生选择，学生和课程是多对多的联系。

在关系模型中，一个关系对应着一张二维表，一张二维表由行和列组成。表的一行称为一个记录，描述一个具体实体的一组数据。例如，表 8-1 所示的学生信息表中，学号为 201701、姓名为李丽、性别为女、出生日期为 1993-01-12、籍贯为天津的一组数据为一个记录。表的列称为字段，描述实体的一个特征或属性，例如，表 8-1 所示的学生信息表中的学号、姓名、性别、出生日期、籍贯就是字段。每个表中通常都有一个关键字，一个可以唯一标识一条记录的字段，如表 8-1 中的学号。

表 8-1   学生信息表

学号	姓名	性别	出生日期	籍贯
201701	李丽	女	1993-01-12	天津
201702	王阳	男	1993-02-22	唐山
201703	张亮	男	1994-12-01	北京
……	……	……	……	……

关系数据库最大的特点是事务的一致性，这使它并不适用于大数据量的 Web 系统，于是，非关系型数据库应运而生。NoSQL(Not Only SQL)泛指非关系型的数据库，NoSQL 数据库基本上不进行复杂的处理，只应用在特定的领域，是对传统关系型数据库的一个有效补充。由于它可以为大数据建立快速、可扩展的存储库，因而得到了非常迅速的发展。

非关系型数据库可分为四大类：键值对存储(key-value store)数据库，如 Redis、Voldemort、Tokyo Cabinet/Tyrant、Oracle BDB 等；列存储(column-oriented)数据库，如 Cassandra、HBase、Riak 等；文档存储(document store)数据库，如 CouchDB、MongoDb 等；图形(Graph)数据库，如 Neo4J、InfoGrid、Infinite Graph 等。四类非关系型数据库中，每一类都会解决相应的问题，这些问题是关系型数据库所不能解决的。

8.2   SQLite 数据库

SQLite 数据库是一款非常小巧的开源嵌入式数据库，占用的资源非常低，能够支持 Windows、Linux、Unix 等主流操作系统，同时与跟很多编程语言相结合，如 Python、C#、PHP、Java 等。

8.2.1   SQLite 数据库的下载和安装

进入 SQLite 下载页面：http://www.sqlite.org/download.html，在图 8-2 所示的界面找到 Precompiled Binaries for Windows 一项，下载 Windows 下的预编译二进制文件包：sqlite-tools-win32-x86-<build#>.zip 和 sqlite-dll-win32-x86-<build#>.zip(<build#>是 sqlite 的编译版本号)。

SQLite 数据库的
下载和安装

图 8-2   SQLite 下载页界面

本章所用的安装包为 sqlite-tools-win32-x86-3180000.zip，对应的版本是 SQLite3。将安装包下载并解压到磁盘中，并将解压后的目录添加到系统的 PATH 环境变量中(加入 PATH 环境变量是为了直接在命令行上使用 sqlite3)。

打开 DOS 命令提示符窗口，输入 sqlite3 命令并按回车键，如果安装成功，则显示图 8-3 所示的信息。

图 8-3　sqlite 命令行窗口

8.2.2　SQLite 数据类型

数据类型

SQLite 支持的数据类型如表 8-2 所示。

表 8-2　SQLite 支持的数据类型

数据类型	描　述
NULL	值是一个空值
INTEGER	值是一个带符号的整数
REAL	值是一个浮点数，存储为 8B 的 IEEE 浮点数字
TEXT	值是一个文本字符串，使用数据库编码存储
BLOB	值是一个二进制数，完全根据它的输入存储

但实际上，SQLite3 也接受表 8-3 所示的数据类型。

表 8-3　SQLite3 支持的数据类型

数据类型	描　述
SMALLINT	16 位的整数
DECIMAL(P,S)	小数，P 指数字的位数，S 指小数点后数的位数，如果没有特别指定，则系统会默认为 P=5，S=0
FLOAT	32 位的浮点数
DOUBLE	64 位的浮点数
CHAR(N)	长度为 N 的字符串，N≤254
VARCHAR(N)	可变长度且其最大长度为 N 的字符串，N≤4000
GRAPHIC(N)	和 CHAR(N)一样，不过其单位是两个字节，N≤127。这个形态是为了支持两个字节长度的字体，例如中文字。
VARGRAPHIC(N)	可变长度且其最大长度为 N 的双字节字符串，N≤4000
DATE	包含了年、月、日
TIME	包含了时、分、秒
TIMESTAMP	包含了年、月、日、时、分、秒、毫秒
DATETIME	包含了日期和时间

这里须指出，无论使用哪种数据库，都涉及数据类型的概念。不同的数据类型占用不同的存储空间，我们要本着"够用为止"的原则为每一个字段设计数据类型。合理设计数据类型是节约资源的一种体现，正如要节约自然资源一样。我们要呼吁全社会合理利用资源，增强全民生态意识、环保意识，让节约资源、保护环境贯穿于日常生活中，成为全社会普遍推崇的良好风尚。

8.2.3 创建 SQLite 数据库

在运行 SQLite 数据库的同时，可通过下面的命令创建数据库：

```
sqlite3 数据库文件名
```

创建 SQLite
数据库

SQLite 数据库文件的扩展名为.db。如果指定的数据库文件存在，则打开数据库；否则在当前目录下创建该数据库，并通过下面的命令来保存数据库：

```
.save 数据库文件名
```

【例 8-1】创建 SQLite 数据库 SQLitedb.db：

```
sqlite3 SQLitedb.db
```

注意：该命令是在 DOS 命令提示符下输入的，并不是在 SQLite 命令提示符下输入的。

8.2.4 SQLite 的基本操作

1. 创建表

SQLite 的基本
操作

使用 CREATE TABLE 语句创建表的语法格式为：

```
CREATE TABLE 表名
(
    列名 1 数据类型 字段属性,
    列名 2 数据类型 字段属性,
    ......
    列名 n 数据类型 字段属性
);
```

常用的字段属性如表 8-4 所示。

表 8-4 常用的字段属性

字段属性	描 述
PRIMARY KEY	设置指定列为主键，用于确保记录的唯一性
NOT NULL	设置指定列的值不允许为空
UNIQUE	设置指定列所有值除 NULL 外都不相同
DEFAULT	设置指定列的默认值
CHECK	设置指定列的检查条件，确保指定列中的所有值满足该条件

【例8-2】创建学生课程表 Course 结构如表 8-5 所示。

表 8-5 学生课程表 Course 结构

字 段	数据类型	字段说明
CNo	char(4)	课程编号(主键)
CName	varchar(50)	课程名称(不为空)
CCredits	decimal(4,1)	学分(默认为 4)
CTime	decimal(3,0)	总学时
CTerm	char(11)	学期

使用 CREATE TABLE 语句创建表 Course 的程序为：

```
CREATE TABLE Course
    (
        CNo char(4) PRIMARY KEY,
        CName varchar(50) NOT NULL,
        CCredits decimal(4,1) DEFAULT(4),
        CTime decimal(3,0),
        CTerm char(11)
    );
```

执行下面的语句可以查看当前数据库中所有的表：

```
.tables
```

使用下列语句可以查看表的结构：

```
select * from sqlite_master where type='table' and name='表名';
```

或

```
.schema
```

2．向表中插入数据

一旦把表创建好，就可以向表内插入数据。可以使用 INSERT 语句向表内插入数据，语法格式为(列与值必须一一对应)：

```
INSERT INTO 表名(列名1，列名2，……，列名n)
VALUES(值1，值2，……，值n);
```

【例8-3】参照表 8-6 向表 Course 中插入数据。

表 8-6 表 Course 中插入数据

CNo	CName	CCredits	CTime	CTerm
0001	英语	2	36	2
0002	高等数学	3	36	2
0003	数据结构	4	54	2
0004	C 语言	3	54	2
0005	数据库系统概论	2	18	2
0006	操作系统	2	18	2

INSERT 语句如下:

```
INSERT INTO Course(CNo,CName,CCredits,CTime,CTerm) VALUES ('0001','英语',2,36,'2');
INSERT INTO Course(CNo,CName,CCredits,CTime,CTerm) VALUES ('0002','高等数学',3,36,'2');
INSERT INTO Course(CNo,CName, CCredits,CTime,CTerm) VALUES ('0003','数据结构', '4','54','2');
INSERT INTO Course(CNo,CName,CCredits,CTime,CTerm) VALUES ('0004','C 语言',3,54,'2');
INSERT INTO Course(CNo,CName,CCredits,CTime,CTerm) VALUES ('0005','数据库系统概论',2,18,'2');
INSERT INTO Course(CNo,CName,CCredits,CTime,CTerm) VALUES ('0006','操作系统',2,18,'2');
```

使用可视化工具 SQLiteStudio 可显示例 8-3 所创建的表 Course, 如图 8-4 所示。

	CNo	CName	CCredits	CTime	CTerm
1	0001	英语	2	36	2
2	0002	高等数学	3	36	2
3	0003	数据结构	4	54	2
4	0004	c语言	3	54	2
5	0005	数据库系统概论	2	18	2
6	0006	操作系统	2	18	2

图 8-4 例 8-3 所创建的表 Course

注意: 为了方便读者查询各条语句执行后的结果,部分例题的结果显示使用了可视化工具 SQLiteStudio。

3. 修改表中的数据

修改表中数据可以使用 UPDATE 语句来实现,其语法格式为:

```
UPDATE 表名 SET 列名 1=值 1, 列名 2=值 2, ……, 列名 n=值 n
WHERE 条件表达式;
```

该语句的功能是修改表中满足 WHERE 子句条件的记录。其中 SET 子句用于指定修改方法,即列名 1 的值被设置为值 1,列名 2 的值被设置为值 2,列名 n 的值被设置为值 n。如果省略 WHERE 子句,则表中所有的记录都将被修改。

【例 8-4】将表 Course 中 CName 为"操作系统"的记录中的学时 CTime 修改为 36:

```
UPDATE Course SET CTime=36 WHERE CName='操作系统';
```

4. 删除数据

随着使用和对数据的修改,表中可能存在一些无用的数据。可以使用 DELETE 语句删除表中的数据,其语法格式如下:

```
DELETE FROM 表名 WHERE 删除条件;
```

DELETE 语句的功能是将指定表中满足 WHERE 子句条件的所有记录删除。如果没有提供 WHERE 子句,则 DELETE 语句将删除表中的所有记录,但表的结构仍在,也就是说，DELETE 语句删除的只是表中的数据。

【例 8-5】删除表 Course 中课程号 CNo 为 0004 的记录：

```
DELETE FROM Course WHERE CNo='0004';
```

5. 查询数据

使用 SELECT 语句查询表中的数据，语句的一般语法格式为：

```
SELECT 列名1，列名2，……，列名n FROM 表名 WHERE 查询条件；
```

当执行 SELECT 语句时，指定的表中所有满足 WHERE 子句条件的数据都将被返回。如果没有提供 WHERE 子句，则 SELECT 语句将返回所有记录中指定的字段值。如果要查询表中的所有字段，可以用"*"代替"列名 1，列名 2，……，列名 n"。

【例 8-6】查询表 Course 中学分 CCredits 为 2 的课程编号 CNo 和课程名称 CName：

```
SELECT CNo,CName FROM Course WHERE
CCredits=2;
```

查询结果如图 8-5 所示。

	CNo	CName
1	0001	英语
2	0005	数据库系统概论
3	0006	操作系统

图 8-5 例 8-6 的查询结果

【例 8-7】返回表 Course 中的所有信息：

```
SELECT * FROM Course;
```

查询结果如图 8-6 所示。

	CNo	CName	CCredits	CTime	CTerm
1	0001	英语	2	36	2
2	0002	高等数学	3	36	2
3	0003	数据结构	4	54	2
4	0005	数据库系统概论	2	18	2
5	0006	操作系统	2	36	2

图 8-6 例 8-7 的查询结果

注意：例 8-7 的查询是在例 8-4 和例 8-5 的基础上，故在查询结果中 CName 为"操作系统"的 CTime 已更改为 36，而且删除了 CNo 为 0004 的记录。

8.2.5 使用 Python 操作 SQLite 数据库

Python 标准库中带有 sqlite3 模块，使用 sqlite3 模块操作数据库的基本步骤如下。

使用 Python 操作
SQLite 数据库

1. 导入 sqlite3 模块

使用以下语句从 Python 标准库导入 sqlite3 模块：

```
import sqlite3
```

2. 建立数据库连接

调用数据库模块中的 connect()方法建立数据库连接，指定数据库文件名。语法格式如下：

```
数据库连接对象=sqlite3.connect(数据库名)
```

【例 8-8】使用 connect()方法在本地磁盘 D 中创建数据库 test.db：

```
co=sqlite3.connect(r"D:\test.db")
```

数据库名是包含绝对路径的数据库文件名。如果 D:\test.db 存在，则打开数据库；否则创建并打开数据库 D:\test.db。打开数据库时返回的对象 co 就是一个数据库连接对象。

使用以下方法可以创建一个内存数据库：

```
数据库连接对象=sqlite3.connect(":memory:")
```

3．创建游标对象

调用 cursor()方法创建游标对象：

```
游标对象=数据库连接对象.cursor()
```

4．调用 execute()方法执行 SQL 语句

调用 execute()方法执行 SQL 语句的具体方法如表 8-7 所示。

表 8-7　调用 execute()方法执行 SQL 语句的具体方法

具体方法	描　　述
游标对象.execute(sql)	执行一条 SQL 语句
游标对象.execute(sql，parameters)	执行一条带参数的 SQL 语句
游标对象.executemany(sql，parameters)	执行多条带参数的 SQL 语句
游标对象.executescript(sql_script)	执行 SQL 脚本

SQL 语句中的参数可以使用占位符"？"代替，并在随后的传递参数中使用元组给出具体值，或使用命名参数，传递参数使用字典。

【例 8-9】在数据库 D:\test.db 中使用 execute()方法执行 SQL 语句创建表 Course,并插入数据：

```
import sqlite3
co=sqlite3.connect(r"D:\test.db")
cu=co.cursor()
cu.execute("CREATE TABLE Course(CNo char(4) PRIMARY KEY,CName varchar(50)
not null,CCredits decimal(4,1) default(4),CTime decimal(3,0),CTerm
char(11))")
cu.execute("INSERT INTO Course(CNo,CName,CTime,CTerm) VALUES ('0003','数
据结构',54,'2')")
cu.execute("INSERT INTO Course VALUES (?,?,?,?,?)",('0001','英语
',2,36,'2'))
a=[('0002','高等数学',3,36,'2'),('0004','c语言',3,54,'2'),('0005','数据库系
统概论',2,18,'2'),('0006','操作系统',2,18,'2')]
cu.executemany("INSERT INTO Course VALUES (?,?,?,?,?)",a)
co.commit()   #提交数据
```

使用可视化工具 SQLiteStudio 可查看到例 8-9 所创建的表 Course，如图 8-7 所示。

	CNo	CName	CCredits	CTime	CTerm
1	0003	数据结构	4	54	2
2	0001	英语	2	36	2
3	0002	高等数学	3	36	2
4	0004	c语言	3	54	2
5	0005	数据库系统概论	2	18	2
6	0006	操作系统	2	18	2

图 8-7　例 8-9 所创建的表 Course

5. 获取游标的查询结果

获取游标查询结果的具体方法如表 8-8 所示。

表 8-8 获取游标查询结果的具体方法

具体方法	描　述
游标对象.fetchone()	获取结果集的下一条记录，无数据时返回 None
游标对象.fetchmany(n)	获取结果集中的 n 条记录，无数据时返回空 list
游标对象.fetchall()	获取结果集中的所有记录，无数据时返回空 list
游标对象.rowcount()	获取影响的行数、结果集的行数

【例 8-10】在数据库 D:\test.db 中使用游标查询表 Course 中的数据：

```
import sqlite3
co=sqlite3.connect(r"D:\test.db")
cu=co.cursor()
cu.execute("SELECT * FROM Course ORDER BY CNo")
print(cu.fetchone())
print(cu.fetchall())
```

查询结果如图 8-8 所示。

```
<sqlite3.Cursor object at 0x000002ACE9199180>
>>> print(cu.fetchone())
('0001', '英语', 2, 36, '2')
>>> print(cu.fetchall())
[('0002', '高等数学', 3, 36, '2'), ('0003', '数据结构', 4, 54, '2'), ('0004',
'c语言', 3, 54, '2'), ('0005', '数据库系统概论', 2, 18, '2'), ('0006', '操作系
统', 2, 18, '2')]
>>> print(cu.fetchone())
None
>>>
```

图 8-8　例 8-10 的查询结果

6. 数据库的提交和回滚

(1) 提交数据库。

语法格式：数据库连接对象.commit()

功能：提交当前事务。

注意：如果关闭数据库连接前未调用 commit()方法，则自上一次调用 commit()方法以来对数据库的更改全部丢失。

(2) 回滚数据库。

语法格式：数据库连接对象.rollback()

功能：回滚自上一次调用 commit()方法后对数据库所做的更改。

7. 关闭 cursor 对象和 connect 对象

(1) 关闭游标对象：

```
游标对象.close()
```

(2) 关闭数据库连接对象：

```
数据库连接对象.close()
```

数据库连接对象使用完毕后，应及时关闭，以免造成数据丢失。

8.3　MySQL 数据库

MySQL 是一个多用户、多线程的关系型数据库管理系统，其工作模式是基于客户机/服务器结构的，具有开放性、多线程、支持多种 API、跨数据库连接、国际化、巨大的数据库体积等特点。目前，它可以支持几乎所有的操作系统，包括 Windows 系列以及 Unix 系列等操作系统。由于其体积小、速度快、总体拥有成本低，尤其是开放源代码这一特点，许多中小型网站为了降低网站总体成本而选择 MySQL 作为网站数据库。

8.3.1　MySQL 数据库的下载和安装

访问 MySQL 网址 http://dev.mysql.com/downloads/，找到 mysql-installer-community-5.7.17.0.msi 文件，下载并安装即可。本节以 MySQL5.7.17 为例介绍 MySQL 数据库的安装过程。

双击 mysql-installer-community-5.7.17.0.msi 文件，打开 MySQL Installer 安装向导，弹出图 8-9 所示界面，选中"I accept the license terms"复选框，然后单击 Next 按钮，进入配置安装类型界面，如图 8-10 所示。

用户可以选择下面 5 种安装类型。

(1) Developer Default：安装开发 MySQL 应用程序所需的所有产品，如 MySQL Server、MySQL Workbench，MySQL 连接器等。

(2) Server only：只安装 MySQL Server 产品。

(3) Client only：只安装 MySQL 客户端产品，如 MySQL Workbench、MySQL 连接器、示例/教程和文档。

(4) Full：完全安装

(5) Custom：自定义安装。

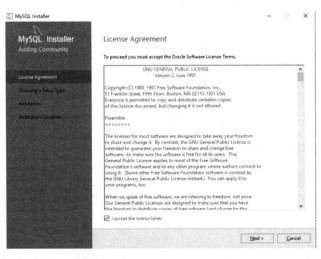

图 8-9　MySQL Installer 安装向导

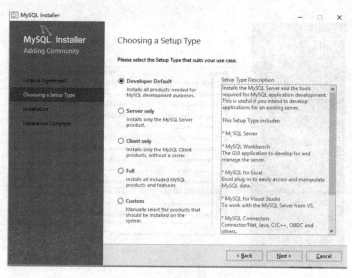

图 8-10　配置安装类型界面

选中 Full 单选按钮进行完全安装，默认安装路径为 C:\Program Files\MySQL\MySQL。单击 Next 按钮，打开检查组件窗口，如图 8-11 所示。如果安装过程中提示缺少组件，则安装组件后再尝试安装 MySQL 数据库。在本节中选择安装了 MySQL 可视化工具 MySQL Workbench 6.3.8，因为下面一些例题的结果要使用该工具进行展示。如果有些产品不需要用的话，则不必安装这些额外组件，直接单击 Next 按钮就可以了。这时会弹出一个窗口，忽略它，直接单击 Yes 按钮，然后进入安装窗口，如图 8-12 所示，单击 Execute 按钮开始安装。

等待安装完成后，单击 Next 按钮，进入图 8-13 所示的窗口，对 MySQL Server 进行配置。用户可视需要选择下面 3 种服务器类型之一。

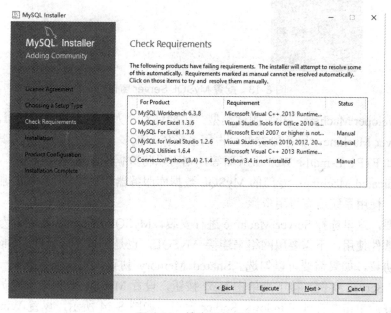

图 8-11　检查组件窗口

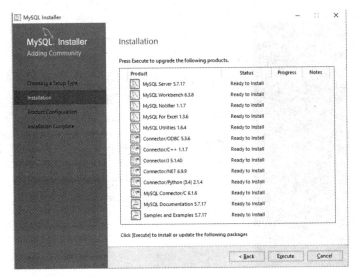

图 8-12　安装窗口

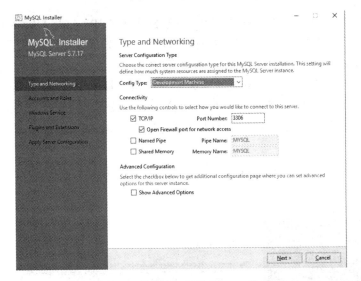

图 8-13　配置 MySQL Server 窗口

① Developer Machine：开发测试类型，主要针对个人使用，占用系统资源较少。

② Server Machine：服务器类型，占用系统资源较多。若将计算机作为其他应用程序的服务器，如 FTP、E-mail、Web 服务器等，则可以将数据库配置为此类型。

③ Dedicated Machine：专门的 MySQL 数据库服务器，只用作 MySQL 服务器，不运行其他程序，耗用系统所有可用资源。

根据需要，这里选择 Server Machine 进行安装，MySQL 的 tcp 默认端口为 3306，如果仅仅是本地软件使用，不需要用网络来连接 MySQL，也是可以不选择的。Named Pipe 是局域网用的协议，如果需要可以勾选。Shared Memory 协议仅可以连接到同一台计算机上运行的 SQL Server 实例。接下来单击 Next 按钮，设置 MySQL 数据库管理员用户 root 的密码。设置好后单击并打开 Windows Server 窗口，如图 8-14 所示，设置 Windows 系统服务和插件扩展的选项。

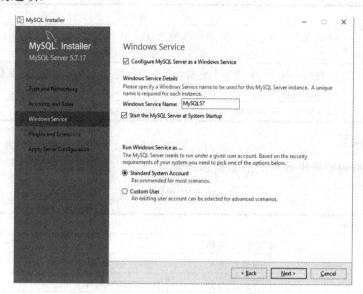

图 8-14　Windows Server 窗口

　　至此，MySQL 数据库的安装接近完成，单击 Next 按钮，接下来就是一些检查或开启状态窗口，保持默认并单击 Next 按钮就可以了。安装完成后，配置 MySQL 环境变量，将 MySQL 的安装路径添加到环境变量的 PATH 变量中即可。

8.3.2　MySQL 数据类型

　　在 MySQL 中合理定义数据字段的类型对数据库的优化是非常重要的。MySQL 支持多种数据类型，主要有三大类，即数值类型、字符串(字符)类型、日期和时间类型。

1. 数值类型

MySQL 支持的数值数据类型如表 8-9 所示。

表 8-9　数值数据类型

数据类型	说　明
TINYINT	很小的整数值，有符号的范围为[-128，127]，无符号的范围为[0，255]
SMALLINT	小整数值，有符号的范围为[-32768，32767]，无符号的范围为[0，65535]
MEDIUMINT	中等大小的整数值，有符号的范围为[-8388608，8388607]，无符号的范围为[0，16777215]
INT 或 INTEGER	大整数值，有符号的范围为[-2147483648，2147483647]，无符号的范围为[0，4294967295]
BIGINT	极大整数值，有符号的范围为[-9233372036854775808，9223372036854775807]，无符号的范围为[0，18446744073709551615]
FLOAT(M,D)	单精度浮点值，其中 M 表示该值共显示 M 位整数，D 表示其中 D 位位于小数点后面

续表

数据类型	说　明
DOUBLE(M,D)	双精度浮点值，其中 M 表示该值共显示 M 位整数，D 表示其中 D 位位于小数点后面
DECIMAL(M,D)	定点数，其中 M 表示十进制数字总的个数，D 表示小数点后面数字的位数，M 的默认取值为 10，D 的默认取值为 0
BIT(M)	位字段值，允许存储 M 位值，M 范围为[1,64]，默认取值为 1

2. 字符串类型

MySQL 支持的字符串数据类型如表 8-10 所示。

表 8-10　字符串数据类型

数据类型	说　明
CHAR	定长字符串
VARCHAR	变长字符串
TINYBLOB	不超过 255 个字符的二进制字符串
TINYTEXT	短文本字符串
BLOB	二进制形式的长文本数据
TEXT	长文本数据
MEDIUMBLOB	二进制形式的中等长度文本数据
MEDIUMTEXT	中等长度文本数据
LONGBLOB	二进制形式的极大文本数据
LONGTEXT	极大文本数据

3. 日期和时间类型

MySQL 支持的日期和时间数据类型如表 8-11 所示。

表 8-11　日期和时间数据类型

数据类型	说　明
DATE	日期值，如 2017-04-06
TIME	时间值，如 14:20:30
YEAR	年份值，默认为 4 位年份值
DATETIME	日期和时间，如 2017-04-06 14:20:30
TIMESTAMP	时间戳，自动存储记录修改的时间，用于 INSERT 或 UPDATE 操作时记录日期和时间

8.3.3　MySQL 的基本操作

1. 登录到 MySQL

首先启动 MySQL 服务，当 MySQL 服务已经运行时，打开 Windows 命令提示符窗口输入以下格式的命令：

```
mysql -h 主机名 - u 用户名 -p (若登录当前计算机，则"-h 主机名"可以省略)
```

例如，在命令行下输入以下命令并按回车键：

```
mysql -u root -p
```

会有 Enter password 提示，此时应输入密码，若密码正确，则可看到图 8-15 所示的
提示。

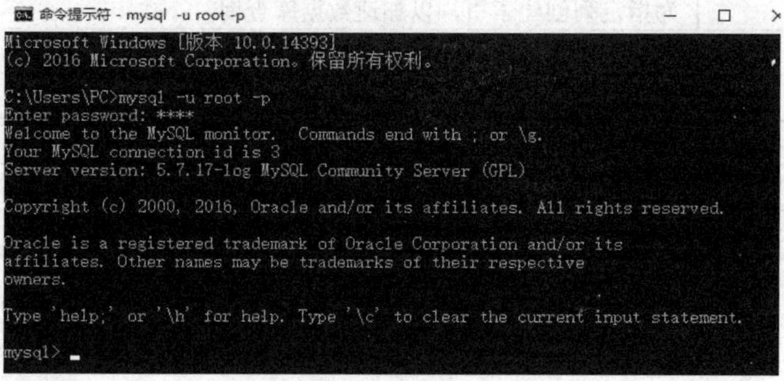

图 8-15　登录 MySQL

2．创建数据库

使用 CREATE DATABASE 语句来完成数据库的创建，语法格式如下：

```
CREATE DATABASE IF NOT EXISTS 数据库名;
```

若使用关键字 IF NOT EXISTS，当指定的数据库存在时，不创建数据库；若不使用关
键字 IF NOT EXISTS，并且指定的数据库存在，将产生错误。

【例 8-11】创建数据库 Test_db：

```
CREATE DATABASE IF NOT EXISTS Test_db:
```

3．删除数据库

使用 DROP DATABASE 语句可以删除数据库，基本语法格式如下：

```
DROP DATABASE 数据库名;
```

使用 SHOW DATABASES 语句可显示所有数据库。

4．创建数据库表

使用 CREATE TABLE 语句创建数据库表，基本语法格式如下：

```
CREATE TABLE 表名
(
    列名 1    数据类型 字段属性,
    列名 2    数据类型 字段属性,
    ......
    列名 n    数据类型 字段属性
);
```

常用的字段属性如表 8-12 所示。

表 8-12   常用的字段属性

字段属性	描 述
PRIMARY KEY	设置指定列为主键，用于确保记录的唯一性
AUTO_INCREMENT	设置指定列为自动增加列，每个新插入的记录赋值为上一次插入的 ID+1
INDEX	为指定列创建索引，以加速数据库查询
NOT NULL	设置指定列的值不允许为空
NULL	设置指定列的值允许为空
DEFAULT	设置指定列的默认值
UNIQUE	设置指定列所有值除 NULL 外都不相同
BINARY	设置指定列以区分大小写方式排序

【例 8-12】使用 CREATE TABLE 语句创建教师信息表 Teacher，Teacher 表的结构如表 8-13 所示。

表 8-13   Teacher 表的结构

字段名	描 述	数据类型	字段属性
TNo	教师编号	INT	主键，自动递增列
TName	姓名	VARCHAR(50)	不允许为空
TSex	性别	CHAR(2)	默认值为"男"
TAge	年龄	INT	不允许为空
TTitle	职称	VARCHAR(50)	不允许为空
TDe	任职学院	VARCHAR(50)	不允许为空

```
CREATE TABLE Teacher (
    TNo INT AUTO_INCREMENT PRIMARY KEY,
    TName VARCHAR(50) NOT NULL,
    TSex CHAR(2) DEFAULT'男',
    TAge INT NOT NULL,
    TTitle VARCHAR(50) NOT NULL,
    TDe VARCHAR(50) NOT NULL
);
```

执行此命令前可以使用 USE 语句选择一个所要操作的数据库，USE 语句可以不加分号，它的基本语法格式为：

```
USE 要操作的数据库名
```

5. 修改表结构

使用 ALTER TABLE 语句修改表结构。

(1) 向表中添加列，其基本语法格式为：

```
ALTER TABLE 表名 ADD 列名 数据类型 列属性;
```

【例 8-13】使用 ALTER TABLE 语句在表 Teacher 中增加所属学院编号列，列名为 DNo，数据类型为 INT，列属性为"不允许为空"：

```
ALTER TABLE Teacher ADD DNo INT NOT NULL;
```

(2) 修改列属性，其基本语法格式为：

```
ALTER TABLE 表名 MODIFY 列名 新数据类型 新列属性;
```

【例 8-14】使用 ALTER TABLE 语句在 Teacher 表中修改 DNo 列，将数据类型修改为 CHAR(5)，列属性为"允许为空"：

```
ALTER TABLE Teacher MODIFY DNo CHAR(5) NULL;
```

(3) 删除列，其基本语法格式为：

```
ALTER TABLE 表名 DROP COLUMN 列名;
```

【例 8-15】删除 Teacher 表中的 DNo 列，具体命令如下：

```
ALTER TABLE Teacher DROP COLUMN DNo;
```

6．删除表

使用 DROP TABLE 语句删除数据库中的表，其基本语法格式为：

```
DROP TABLE 表名;
```

7．插入数据

使用 INSERT 语句向表内插入数据，语法格式为(列与值必须一一对应)：

```
INSERT INTO 表名 (列名 1，列名 2，……，列名 n)
VALUES(值 1，值 2，……，值 n);
```

【例 8-16】使用 INSERT 语句参照表 8-14 向 Teacher 表中插入数据(由于设置了字段 TNo 为 AUTO_INCREMENT 属性，此处并不需要指定字段 TNo 的值)。

表 8-14　向 Teacher 表中插入的数据

TName	TSex	TAge	TTitle	TDe
李丽	女	55	教授	计算机科学与软件学院
王阳	男	40	副教授	纺织学院
赵亮	男	35	讲师	纺织学院
张亮	男	37	副教授	管理学院
王丽	女	43	讲师	计算机科学与软件学院
张阳	女	48	教授	经济学院

命令如下：

```
INSERT INTO Teacher (TName,TSex,TAge,TTitle,TDe) VALUES ('李丽','女',55,'
教授','计算机科学与软件学院');
INSERT INTO Teacher (TName,TAge,TTitle,TDe) VALUES ('王阳',40,'副教授','纺
织学院');
INSERT INTO Teacher (TName,TAge,TTitle,TDe) VALUES ('赵亮',35,'讲师','纺织
学院');
INSERT INTO Teacher (TName,TAge,TTitle,TDe) VALUES ('张亮',37,'副教授','管
理学院');
```

```
INSERT INTO Teacher (TName,TSex,TAge,TTitle,TDe) VALUES ('王丽','女',43,'
讲师','计算机科学与软件学院');
INSERT INTO Teacher (TName,TSex,TAge,TTitle,TDe) VALUES ('张阳','女',48,'
教授','经济学院');
```

在可视化工具 MySQL Workbench 中可以直观地看到例 8-16 使用 INSERT 语句所创建的 Teacher 表，如图 8-16 所示。

TNo	TName	TSex	TAge	TTitle	TDe
1	李丽	女	55	教授	计算机科学与软件学院
2	王阳	男	40	副教授	纺织学院
3	赵亮	男	37	讲师	纺织学院
4	张亮	男	37	副教授	管理学院
5	王丽	女	43	讲师	计算机科学与软件学院
6	张阳	女	48	教授	经济学院
NULL	NULL	NULL	NULL	NULL	NULL

图 8-16　例 8-16 所创建的表 Teacher

8．修改数据

使用 UPDATE 语句修改表中的数据，语句的一般格式为：

```
UPDATE 表名 SET 列名1=值1，列名2=值2，……，列名n=值n
WHERE 修改条件表达式;
```

该语句的功能是修改表中满足 WHERE 子句条件的记录。其中 SET 子句用于指定修改方法，即列名 1 的值被设置为值 1，列名 2 的值被设置为值 2，……，列名 n 的值被设置为值 n。如果省略 WHERE 子句，则表中所有的记录都将被修改。

【例 8-17】使用 UPDATE 语句修改 Teacher 表，将赵亮的年龄改为 34 岁：

```
UPDATE Teacher SET TAge=34 WHERE TName = '赵亮';
```

9．删除数据

使用 DELETE 语句删除表中的数据，语法格式如下：

```
DELETE FROM 表名 WHERE 删除条件表达式;
```

DELETE 语句的功能是将指定表中满足 WHERE 子句条件的所有记录删除。如果没有提供 WHERE 子句，则 DELETE 语句将删除表中的所有记录，但表的结构仍在，也就是说，DELETE 语句删除的是表中的数据。

10．使用 SELECT 语句查询数据

(1) 查询指定列。

语句的一般格式为：

```
SELECT 列名1，列名2，……，列名n FROM 表名;
```

若查询全部列可用"*"代替"列名 1，列名 2，……，列名 n"。

【例 8-18】查询 Teacher 表中的所有信息：

```
SELECT * FROM Teacher;
```

查询结果如图 8-17 所示。

(2) 给列指定别名。

有两种格式。

格式 1：列名　别名；2。

格式 2：列名 AS　别名。

【例 8-19】查询 Teacher 表中的 TName、TTitle，要求显示中文列名：

```
SELECT TName '姓名',TTitle '职称'
FROM Teacher;
```

或

```
SELECT TName AS '姓名',TTitle AS '
职称' FROM Teacher;
```

查询结果如图 8-18 所示。

(3) 消除取值重复行。

使用关键字 DISTINCT 可消除取值重复的行。

【例 8-20】查询所有教师的职称情况：

```
SELECT DISTINCT TTitle FROM
Teacher;
```

查询结果如图 8-19 所示。

(4) 设置查询条件。

WHERE 子句可以指定返回结果的查询条件。

WHERE 子句中常用的查询条件如表 8-15 所示。

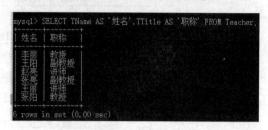

图 8-17　例 8-18 的查询结果

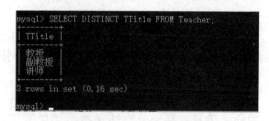

图 8-18　例 8-19 的查询结果

图 8-19　例 8-20 的查询结果

表 8-15　WHERE 子句常用的查询条件

查询条件	谓　词	描　述
比较	=	等于，如 TAge=40
	>	大于，如 TAge>2
	<	小于，如 TAge<2
	>=	大于等于，如 TAge>=2
	<=	小于等于，如 TAge<=2
	!=或<>	不等于，如 TAge!=2 或 TAge<>2
	!>	不大于，如 TAge!>2
	!<	不小于，如 TAge!<2
确定范围	BETWEEN AND	判断指定列的属性值是否在指定范围内，如 TAge BETWEEN 30 AND 50
	NOT BETWEEN AND	判断指定列的属性值是否不在指定范围内，如 TAge NOT BETWEEN 30 AND 50

续表

查询条件	谓 词	描 述
确定集合	IN	判断指定列的属性值是否属于指定集合，如 TAge IN(30,37,45,55)
	NOT IN	判断指定列的属性值是否不属于指定集合，如 TAge NOT IN(30,37,45,55)
字符匹配	LIKE	判断指定列的属性值是否与匹配字符串相匹配，匹配字符串可以是一个完整的字符串，也可含有通配符%和_(%代表任意长度的字符串，_代表任意单个字符)，如 TName LIKE '张%'
	NOT LIKE	判断指定列的属性值是否与匹配字符串不相匹配，如 TName NOT LIKE '张%'
空值	IS NULL	判断指定列的属性值是否为空，如 TAge IS NULL
	IS NOT NULL	判断指定列的属性值是否不为空，如 TAge IS NOT NULL
多重条件 (逻辑运算)	AND(&&)	逻辑与，查询同时满足所有条件的记录
	OR (‖)	逻辑或，查询满足任一条件的记录
	NOT (!)	逻辑非，查询不满足表达式的记录

(5) 对查询结果进行排序。

通过在 SELECT 语句中使用 ORDER BY 子句，可以根据指定列对查询结果进行排序。ORDER BY 子句默认的排序顺序为升序(ASC)，若要按降序排序，必须指明 DESC 选项。

【例 8-21】查询 Teacher 表中全体男教师的信息，要求查询结果按照年龄降序排列：

```
SELECT * FROM Teacher WHERE
TSex='男' ORDER BY TAge DESC;
```

查询结果如图 8-20 所示。

(6) 使用统计函数。

图 8-20 例 8-21 的查询结果

在 SELECT 语句中使用统计函数，可以对指定列进行统计。MySQL 中常用的统计函数主要有以下 5 种。

① MAX()：统计指定列的最大值。

② MIN()：统计指定列的最小值。

③ SUN()：统计指定列的总和。

④ AVG()：统计指定列的平均值。

⑤ COUNT()：统计记录个数。

当聚集函数遇到空值时，除了 COUNT(*)外，其他函数都会忽略空值，只处理非空值。如果在统计函数中使用关键字 DISTINCT，则表示在统计时先消除指定列取重复值的记录，然后再进行统计；如果不指定关键字 DISTINCT 或指定关键字 ALL(ALL 为默认值)，则表示不取消指定列重复值的记录。

【例 8-22】统计 Teacher 表中所有教师的平均年龄：

```
SELECT AVG(TAge) FROM Teacher;
```

为了便于理解，可以对统计列取列名，语句修改如下：

```
SELECT AVG(TAge) '平均年龄' FROM
Teacher;
```

统计结果如图 8-21 所示。

```
mysql> SELECT AVG(TAge) FROM Teacher;
+-----------+
| AVG(TAge) |
+-----------+
|   42.8333 |
+-----------+
1 row in set (0.12 sec)

mysql> SELECT AVG(TAge) '平均年龄' FROM Teacher;
+----------+
| 平均年龄 |
+----------+
|  42.8333 |
+----------+
1 row in set (0.02 sec)
```

图 8-21　例 8-22 的统计结果

(7)　分组统计。

在 SELECT 语句中使用 GROUP BY 子句，可用来对查询结果进行分组，并对每组数据进行汇总统计。在 SELECT 语句中使用 GROUP BY 子句，SELECT 子句中只能出现分组列的列名和统计函数。

【例 8-23】统计 Teacher 表中各职称教师的人数：

```
SELECT TTitle,COUNT(*) '人数' FROM Teacher GROUP BY TTitle;
```

统计结果如图 8-22 所示。

```
mysql> SELECT TTitle,COUNT(*) '人数' FROM Teacher GROUP BY TTitle;
+--------+------+
| TTitle | 人数 |
+--------+------+
| 副教授 |    2 |
| 教授   |    2 |
| 讲师   |    2 |
+--------+------+
3 rows in set (0.02 sec)
```

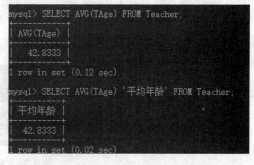

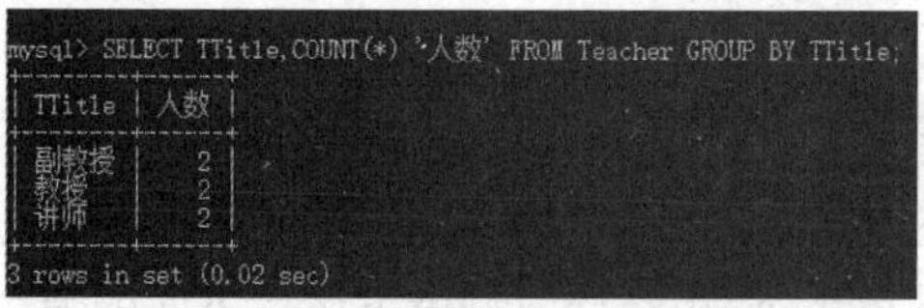

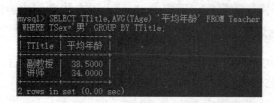

图 8-22　例 8-23 的统计结果

若分组后要按一定条件对这些组进行筛选，最终只输出满足指定条件的组，则使用 HAVING 子句指定筛选条件。HAVING 子句与 WHERE 子句作用类似，但 HAVING 子句只能用于 GROUP BY 子句，WHERE 用于在初始表中筛选查询；HAVING 子句中可以使用聚集函数，而 WHERE 则不能。

【例 8-24】将 Teacher 表中的所有男教师按职称分组，统计每组教师的平均年龄：

```
SELECT TTitle,AVG(TAge) '平均年龄' FROM Teacher WHERE TSex='男' GROUP BY
TTitle;
```

统计结果如图 8-23 所示。

```
mysql> SELECT TTitle,AVG(TAge) '平均年龄' FROM Teacher
 WHERE TSex='男' GROUP BY TTitle;
+--------+----------+
| TTitle | 平均年龄 |
+--------+----------+
| 副教授 |  38.5000 |
| 讲师   |  34.0000 |
+--------+----------+
2 rows in set (0.00 sec)
```

图 8-23　例 8-24 的统计结果

【例 8-25】将 Teacher 表中的教师按职称分组，统计平均年龄大于 40 岁教师的职称类型：

```
SELECT TTitle,AVG(TAge) '平均年龄' FROM Teacher GROUP BY TTitle HAVING
AVG(TAge)>40;
```

统计结果如图 8-24 所示。

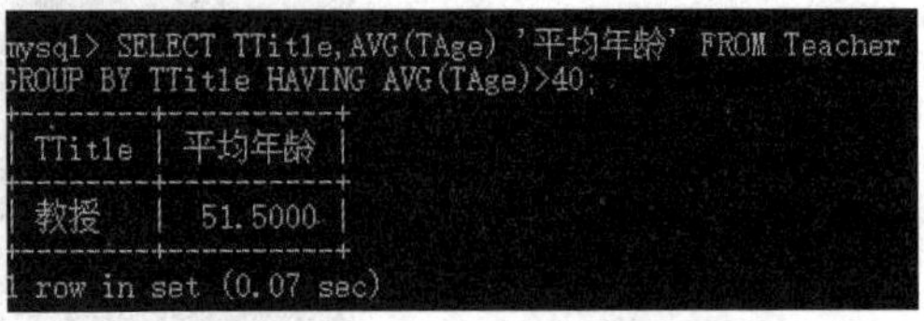

图 8-24　例 8-25 的统计结果

8.3.4　使用 Python 操作 MySQL 数据库

(1) 使用 Python 操作 MySQL 数据库，需要安装 pymysql 模块，它是 Python 操作 MySQL 必不可少的模块。安装步骤如下。

① 在 Python 官网上下载管理包工具 ez_setup.py。下载地址为 http://pypi.python.org /pypi/ez_setup/。

② 打开 DOS 命令提示符窗口，切换到 Python 目录下运行下面的命令，安装 easy_install.exe 工具包：

```
Python ez_setup.py
```

③ 安装完成后可在 Python 目录下的 Scripts 目录中看到 easy_install.exe。打开 DOS 命令提示符窗口，切换到 Python 的 Scripts 目录下运行下面的命令，安装 pymysql：

```
easy_install pymysql
```

(2) 安装好 pymysql 后，就可以用 Python 操作 MySQL 数据库了，下面介绍具体的操作步骤。

① 导入 pymysql 模块。执行下面的语句将导入 pymysql 模块：

```
import pymysql
```

② 连接数据库。使用 connect()方法建立数据库的连接，里面可以指定参数：用户名，密码，主机等信息，语法格式如下：

```
数据库连接对象 = pymsql.connect(数据库服务器，用户名，密码，数据库名)
```

③ 创建游标。要操作数据库，需要通过 cursor()方法来创建游标。语法格式如下：

```
游标对象=数据库连接对象.cursor()
```

④ 执行 SQL 语句。通过游标对象操作 execute()方法可以执行 SQL 语句，返回值为受影响的行数。语法格式如下：

```
游标对象.execute(SQL 语句)
```

⑤ 使用游标查询数据。使用游标对象的 execute()方法执行 SELECT 语句，可将查询结果保存在游标中，语法格式如下：

游标对象.execute(SELECT 语句)

使用游标对象的 fetchall()方法获取游标中所有的数据，并放到一个元组中，语法格式如下：

结果集元组=游标对象.fetchall()

【例 8-26】在数据库 test_db 中使用游标查询表 Teacher 中的数据：

```
import pymysql
co=pymysql.connect("localhost","root","1234","test_db",charset="utf8")
cx=co.cursor()
cx.execute("SELECT * FROM Teacher")
a=cx.fetchall()
print(a)
cx.close()
co.close()
```

运行结果为：

```
((1,'李丽','女',55,'教授','计算机科学与软件学院'),(2,'王阳','男',40,
'副教授','纺织学院'),(3,'赵亮','男',34,'讲师','纺织学院'),(4,'张亮',
'男',37,'副教授','管理学院'),(5,'王丽','女',43,'讲师','计算机科学与
软件学院'),(6,'张阳','女',48,'教授','经济学院'))
>>>
```

⑥ 数据库的提交：

数据库连接对象.commit()

用于提交对数据库的修改，将数据保存到数据库中。

⑦ 关闭数据库连接。

关闭游标对象：

游标对象.close()

关闭数据库连接，释放资源：

数据库连接对象.close()

8.4　案例实训：管理信息系统的数据操作

本案例程序集数据的增、删、改、查于一体，类似于规模很小的管理信息系统，用一个菜单程序作为调用接口，以选择执行某一功能，选择后调用相应的程序完成某个功能。本案例程序如下：

```
import pymysql
co=pymysql.connect("localhost","root","1234","test_db",charset="utf8")
cx=co.cursor()

def insert_info():    #插入数据
    cx=co.cursor()
    pSNo=input("请输入学生学号：")
    cx.execute("select SNo from student where SNo='%s'"% pSNo)
    row=cx.fetchone()
    if row:
        print("该学号已存在，请重新输入：")
```

```
    else:
        pSName=input("请输入学生姓名: ")
        pSClass=input("请输入学生班级: ")
        cx.execute("insert into student(SNo,SName,SClass)
values('%s','%s','%s')"% (pSNo,pSName,pSClass))
        co.commit()
        print("学生信息录入完毕。")
    co.commit()
    cx.close()

def search_info():     #查询数据
    cx=co.cursor()
    pSNo= input("请输入学生学号:")
    cx.execute("SELECT SNo,SName,SClass from student where SNo='%s'"%
pSNo)
    row = cx.fetchone()
    if row:
        print("您所查询的学生信息为: ")
        print("学号:",row[0])
        print("姓名:",row[1])
        print("班级:",row[2]),"\n"
    else:
        print("没有查询该学号的学生信息!")
    cx.close()

def update_info():     #修改数据
    cx=co.cursor()
    pSNo=input("请输入学生学号:")
    cx.execute("SELECT SNo from student where  SNo='%s'"% pSNo)
    row = cx.fetchone()
    if row:
        colums=input("请输入修改的列名(SNo,SName,SClass):")
        value=input("请输入新值:")
        cx.execute("update student set %s='%s' where SNo ='%s'"%
(colums,value,pSNo))
        print("修改完毕! ")
    else:
        print("该学号不存在,请重新输入")
    co.commit()
    cx.close()

def delete_info():     #删除数据
    cx=co.cursor()
    pSNo=input("请输入学生学号:")
    cx.execute("SELECT SNo from student where SNo = '%s'"% pSNo)
    row = cx.fetchone()
    if row:
        cx.execute("delete from student where SNo = '%s'"% pSNo)
        print("删除完毕! ")
    else:
        print("该学号不存在,请重新输入")
    co.commit()
    cx.close()

def menu():      #菜单目录
```

```
        print("1.信息录入")
        print("2.信息删除")
        print("3.信息修改")
        print("4.信息查询")
        print("5.退出! ")

def main():      #菜单目录选择
    while True:
        menu()
        x=input("输入您所选择的菜单号: ")
        print
        if x =='1':
            insert_info()
            continue
        if x =='2':
            delete_info()
            continue
        if x =='3':
            update_info()
            continue
        if x =='4':
            search_info()
            continue
        if x =='5':
            print("欢迎再次使用本系统! 谢谢! ")
            exit()
        else:
            print("输入的选项不存在, 请重新输入! ")
            continue

main()
```

本程序的添加、删除、修改、查询信息功能运行结果如图 8-25 至图 8-28 所示。

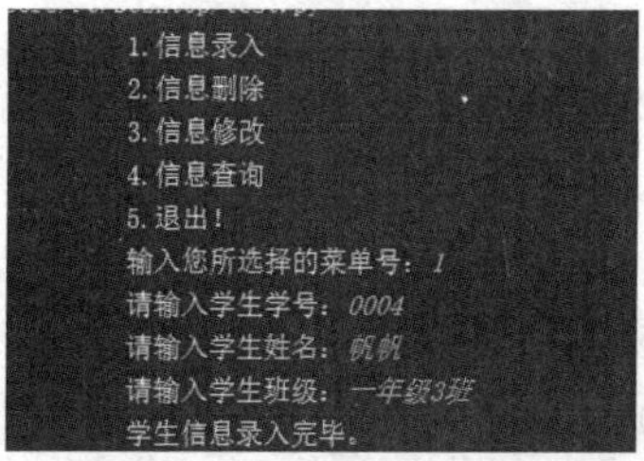

图 8-25　添加信息功能

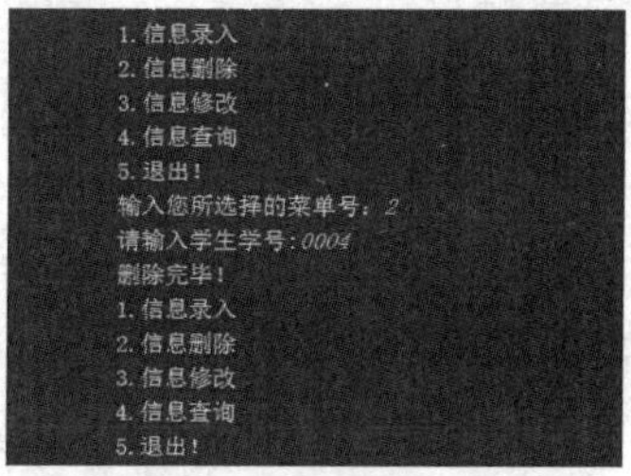

图 8-26　删除信息功能

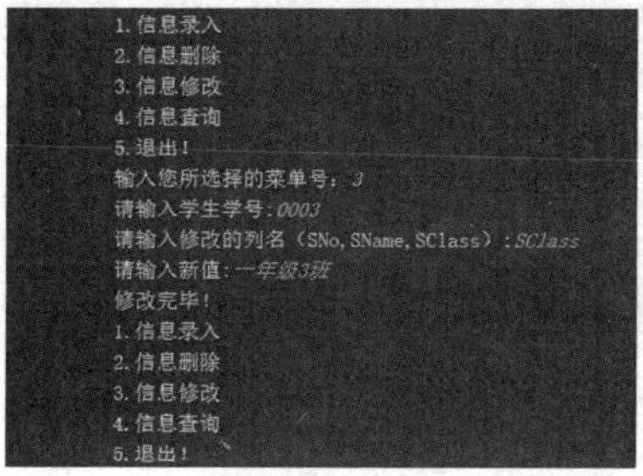

图 8-27　修改信息功能

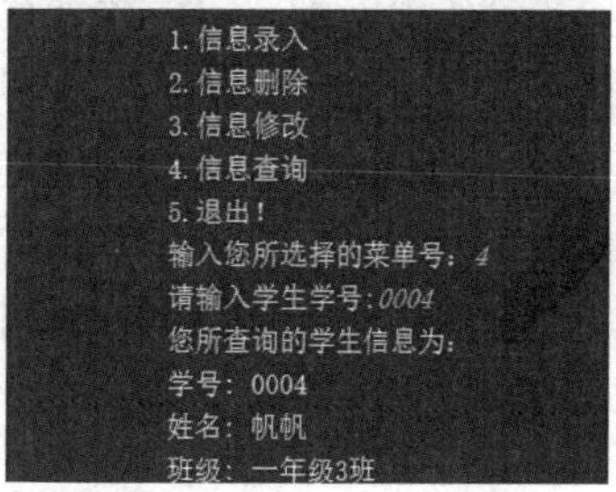

图 8-28　查询信息功能

8.5 本 章 小 结

Python 支持多种数据库，其中包括 SQLite 数据库和 MySQL 数据库。本章简要介绍了数据库的一些基本概念和两种关系型数据库——SQLite 数据库与 MySQL 数据库的基本使用操作，以及如何通过 sqlite3 模块和 pymsql 模块分别操作这两种数据库。事实上，Python 标准数据库接口为 Python DB-API，它支持多种数据库，不同的数据库需要不同的 DB-API 模块。

习　题

一、填空题

1. 根据数据存储模型可将数据库分为_____、_____、_____、面向对象数据库等，SQLite 数据库和 MySQL 数据库都属于_____数据库。

2. SQLite 数据库中，字段属性 PRIMARY KEY 用来设置指定字段为_____，以确保记录的_____。

3. 使用 SELECT 语句查询数据时，可以使用关键字_____来消除取值重复行。

4. Python 连接 MySQL 数据库时需要单独下载_____模块，并执行语句_____来导入该模块。

5. HAVING 子句与 WHERE 子句作用类似，都是指定筛选条件，但 HAVING 子句只能用于_____子句，WHERE 是用于在初始表中筛选查询；HAVING 子句中可以使用_____，而 WHERE 则不能。

二、选择题

1. 数据库是长期存储在计算机内、有组织、统一管理的相关_____。

    A. 文件的集合　　B. 数据的集合　　C. 数值的集合　　D. 程序的集合

2. 下列_____是关系型数据库。

① Redis ② DB2　③ MySQL ④ MongoDB　⑤ Oracle　⑥ HBase

    A. ②③⑤　　　　B. ①②⑥　　　　C. ②④⑤　　　　D. ①⑤⑥

3. 下列属于 MySQL 的日期和时间数据类型的是_____。

① INT ② DATE　③ INYINT ④ TIMESTAMP　⑤ YEAR　⑥ BIT

    A. ①②⑥　　　　B. ①②③　　　　C. ②④⑤　　　　D. ①⑤⑥

4. 下列_____方法可以提交事务。

    A. execute()　　　B. fetchall()　　　C. connect()　　　D. commit()

5. 使用下面_____语句可以更新数据。

    A. CREAT　　　　B. UPDATE　　　C. DELETE　　　D. INSERT INTO

三、问答题

1. 什么是数据库、数据库管理系统和数据库系统？简述三者的不同之处。

2. 简单介绍 SQLite 数据库以及 sqlite3 模块提供的数据库访问方法。

四、实验操作题

参照本章 8.2.5 小节示例，用 Python 操作 SQLite 数据库实现以下操作。

1. 创建数据库和表，数据库名为 mydatabase，表名为 user，表中包含 3 列，即 id，name 和 tel，其中 id 为主键，name 不允许为空。

2. 编写对表 user 中的数据进行插入、修改和删除的程序。

3. 查询表中数据。

第 9 章

数据分析与可视化

本章要点

(1) 使用 Python 进行数据分析与挖掘的原因。

(2) NumPy 库。

(3) SciPy 库。

(4) Matplotlib 库。

(5) Pandas 库。

(6) 数据可视化。

学习目标

(1) 了解 Python 在数据分析与挖掘方面的应用。

(2) 掌握 NumPy 库的安装和使用。

(3) 掌握 SciPy 库的安装和使用。

(4) 掌握如何使用 Matplotlib 库画图。

(5) 掌握 Pandas 库的两种重要类型(DataFrame、Series)。

(6) 掌握利用 Python 进行数据可视化的方法。

Python 语言在进行数据分析方面有着强大的优势，它处理速度快，编程效率高，支持数据的可视化，这些特性使其很快成为进行数据分析的主流编程语言之一。本章将对其在数据分析上的应用和优势进行详细介绍。

数据挖掘是数据分析的高级形式，因此本章将详细介绍数据挖掘。

9.1 数据挖掘简介

数据挖掘是从大量的数据(包括文本)中挖掘出隐含的、先前未知的、对决策有潜在价值的关系、模式和趋势，并用这些知识和规则建立用于决策支持的模型，提供预测性决策支持的方法、工具和过程。

数据挖掘简介

数据挖掘有助于企业发现业务的趋势，揭示已知的事实，预测未知的结果，因此数据挖掘已成为企业保持竞争力的必要手段。

数据挖掘由以下步骤组成。

(1) 数据清理(消除噪声和删除不一致的数据)。

(2) 数据集成(将多种数据源组合在一起)。

(3) 数据选择(从数据库中提取和分析与任务相关的数据)。

(4) 数据变换(通过汇总或聚集操作，把数据变换和统一成适合挖掘的形式)。

(5) 数据挖掘(基本步骤，使用智能的方法提取数据模式)。

(6) 模式评估(根据某种兴趣度度量，识别代表知识的真正有趣的模式)。

(7) 知识表示(使用可视化和知识表示技术，向用户提供挖掘的知识)。

其中，步骤(1)~(4)是数据预处理的不同形式，为数据挖掘做准备。

9.2　选择 Python 进行数据挖掘的意义

为什么选择
Python 进行
数据挖掘

Python 本身是一门简单易学的语言，它优雅的语法和动态的类型，结合它的解释性，使其在很多领域成为编写脚本或开发程序的理想语言。相对于 Matlib 开发工具，Python 可以完成 Matlib 能够完成的所有任务。而且在大多数情况下，相同功能的 Python 代码会比 Matlib 代码更加简洁和易懂。

同时，Python 毕竟还是一门编程语言，它在开发网页、开发游戏、编写网络爬虫获取数据等方面的应用也是 Matlib 所不能及的。

Python 语言以高效和简洁著称，致力于用最简洁、最简短的代码完成任务。相对于 Java、C/C++等语言，Python 快速编程、快速验证的特性又十分适合数据挖掘所要求的时效性。

Python 语言经常受人诟病的是它的运行效率，但是，Python 还被称为胶水语言，它可以很好地兼容 C/C++语言，核心部分用 C/C++等更高效的语言来编写，然后通过 Python 粘合，因此其效率问题可以很好地得到解决。

同时，随着大量应用于数据挖掘的程序库的开发，如 NumPy、SciPy、Matplotlib 和 Pandas 等，在大多数的数据科学计算任务上，Python 语言的运行效率已经可以媲美 C/C++ 语言了。

近年来随着 Python 被越来越多的人关注，应用于数据处理的 Python 程序库与日俱增，可以预见的是，Python 语言正在慢慢成为数据科学领域的主流编程语言。大数据时代的到来，更使 Python 有了用武之地。

9.3　Python 的主要数据分析工具

Python 语言本身的数据处理能力并不是很强，它主要依靠众多的第三方库来增强其能力，像常用的 NumPy 库、SciPy 库、Matplotlib 库、Pandas 库、Scikit-Learn 库、Keras 库和 Gensim 库等。本节主要就这些库的基本应用进行介绍。

常规版本的 Python 需要在安装完成后另外下载相应的第三方库来安装上述库文件，而如果安装的是 Anaconda 发行版本的 Python，那么它可能已经同时安装了 NumPy、SciPy、Matplotlib、Pandas、Scikit-Learn 库。

Anaconda 是一个专门用于科学计算的 Python 版本，里面包含了大量关于数据计算和数据挖掘的工具。如果用户应用 Python 专门从事大量关于数据科学计算的工作，Anaconda 版本的 Python 将不需要再一个一个地安装各种库。

9.3.1　NumPy 库

NumPy 库

Python 本身并没有提供数组功能。虽然其列表功能已经可以完全代替数组的功能，但在进行数据科学计算时，常常需要面对大量的数据和复杂

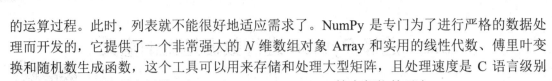

的运算过程。此时，列表就不能很好地适应需求了。NumPy 是专门为了进行严格的数据处理而开发的，它提供了一个非常强大的 N 维数组对象 Array 和实用的线性代数、傅里叶变换和随机数生成函数，这个工具可以用来存储和处理大型矩阵，且处理速度是 C 语言级别的。同时，后面将要介绍的 SciPy、Matplotlib、Pandas 等库都依赖于它。

1. 安装 NumPy 库

在 Windows 系统中，NumPy 可以像安装其他库一样，通过 pip 安装：

```
pip install NumPy
```

也可以先自行下载所需要的其他版本的 NumPy，然后用以下命令来安装：

```
python setup.py install
```

在 Linux 系统中也可以通过上面的方法进行安装。此外，还可以通过 Linux 自带的软件管理器进行安装，如在 Ubuntu 版本下，可以通过使用以下命令进行安装：

```
sudo apt-get install Python-NumPy
```

安装完成后，可以通过下面的语句进行测试，看安装是否成功：

```
import numpy as np
print(np.version.version)
```

如果安装正确，将会输出 NumPy 的版本号。

2. 多维数组 ndarray

ndarray 是 NumPy 最重要的组成部分，该对象是一个快速而又灵活的大数据集容器，可以利用这种数组对整块的数据执行数学运算。

(1) 创建 ndarray。

创建数组最简单的办法就是使用 array 函数。它接收一切序列类型的对象(如 list、tuple 以及其他数组等)，然后生成一个含有传入数据的 NumPy 数组。

【例 9-1】生成 ndarray 对象：

```
import numpy as np

data1 = [6, 7.5, 4, 58, 1]    # 生成一个列表对象
data2 = (5, 9, 6.3, 7, 0, 1)  # 生成一个元组对象

arr1 = np.array(data1)  # 利用列表对象生成 ndarray 对象
arr2 = np.array(data2)  # 利用元组对象生成 ndarray 对象

print(type(arr1))  # 输出 arr1 的数据类型
print(arr1)
print(arr2)
```

输出结果为：

```
<class 'numpy.ndarray'>
[ 6.   7.5  4.  58.   1. ]
[ 5.   9.   6.3  7.   0.   1. ]
>>>
```

利用嵌套序列(如由一组等长的列表组成的列表)可以生成一个多维数组。

【例 9-2】生成多维数组：

```
import numpy as np

data = [[1, 2, 3], [4, 5, 6], [7, 8, 9]]   # 一个由列表组成的列表
arr = np.array(data)   # 转换为一个二维数组

print(arr)
print("数组维数: " + str(arr.ndim))   # 输出数组的维度
print("数组类型: " + str(arr.shape))   # 输出数组的行列数
```

执行以上代码，输出结果为：

```
[[1 2 3]
 [4 5 6]
 [7 8 9]]
数组维数: 2
数组类型: (3, 3)
>>>
```

在生成数组时，还可以指定其数据类型，如 numpy.int32、numpy.int16 和 numpy. float64 等。

【例 9-3】生成数组时指定数据类型：

```
import numpy as np

data = [1.77, 2, 3, 4, 5, 6]   # 生成一个列表对象
arr = np.array(data,np.int32)   # 转换为一个数组对象
print(arr)
```

执行以上代码，输出结果为：

```
[1 2 3 4 5 6]
>>>
```

输出的列表已经自动保留整数部分。

(2) 创建特殊数组。

除了前文提到的可以利用 array 创建数组外，还可以利用 numpy.zeros、numpy.ones、numpy.eye 等方法构造特殊的数组。

【例 9-4】创建特殊数组：

```
import numpy as np

arr1 = np.zeros((3, 4)) # 生成一个 3 行 4 列的全 0 数组
arr2 = np.ones((3, 4))   # 生成一个 3 行 4 列的全 1 数组
arr3 = np.eye(3)         # 生成一个 3 阶单位数组

print("全 0 数组: \n", arr1)
print("全 1 数组: \n", arr2)
print("单位数组: \n", arr3)
```

执行以上代码，输出结果为：

```
全0数组:
 [[ 0.  0.  0.  0.]
 [ 0.  0.  0.  0.]
 [ 0.  0.  0.  0.]]
全1数组:
 [[ 1.  1.  1.  1.]
 [ 1.  1.  1.  1.]
 [ 1.  1.  1.  1.]]
单位数组:
 [[ 1.  0.  0.]
 [ 0.  1.  0.]
 [ 0.  0.  1.]]
>>>
```

注意：在第 3 章中曾使用双重循环来构造一个 3×3 的全 0 矩阵(参见例 3-46)。这里仅使用一条语句 "arr0 = np.zeros((3, 3))" 即可完成同样的功能。由此可见，恰当地运用第三方扩展库进行 Python 编程非常简洁！其实，不仅是程序简洁，执行效率也会有 1~2 个数量级的提高(C/C++的执行效率)。

【例 9-5】使用 Numpy 求解方程一元三次方程 $x^3+x^2-x-1=0$ 的根：

```
import numpy as np
arr=[1,1,-1,-1]                #设置系数
print(np.roots(arr))
```

运行结果为：

```
[ 1.          -1.00000001 -0.99999999]
>>>
```

即方程组的解为：x_1=1.0，x_2=-1.00000001，x_3=-0.99999999

与手工求解的根 1、-1、-1 相比，误差为一亿分之一，足以满足工程上的需要。

表 9-1 中列出了常用的一些数组创建函数。另外，NumPy 库主要用于数据科学计算，因此，在默认情况下数据类型基本上都是 float64(浮点类型)。

表 9-1　常用的数组创建函数

函数名	说　明
array	将输入的数据(列表、元组、数组或其他序列类型)转换成 ndarray
asarray	将输入转换为 ndarray，如果输入一个 ndarray 则不会进行复制
arange	类似于 Python 内置的 range()函数，但返回的是一个 ndarray 类型，而不是 list 类型
ones、ones_like	根据指定的形状和格式(dtype)创建一个全为 1 的数组。ones_like 以另一个数组作参数生成一个全为 1 的数组
zeros、zeros_like	功能类似于 ones、ones_like，不过生成的是全为 0 的数组
empty、empty_like	生成一个新的数组但只分配存储空间，而随机生成一些未初始化的值
eye、identity	创建一个正方形的对角线全为 1 的单位数组

9.3.2　SciPy 库

NumPy 库的加入，使人们可以高效处理数据，但是，尽管 NumPy 提供了多维数组的功能和大量的生成函数，但它并不是真正意义上的矩阵。例如，当两个数组相乘时，只是对应元素的相乘，而非数学意义上的矩阵乘法。SciPy 库则提供了真正的矩阵，以及大量的基于矩阵运算的对象和函数。

SciPy 库

SciPy 库包含的功能有最优化、线性代数、积分、插值、拟合、特殊函数、快速傅里叶变换、信号处理和图像处理、常微分方程求解和其他科学与工程中常用的计算。这些功能在进行数据分析与挖掘时都是必不可少的。

SciPy 库依赖 NumPy 库，因此在安装 SciPy 库之前须先安装好 NumPy 库，利用 SciPy+NumPy 组合可以解决大量的原本需要 C++或者 Matlab 才能解决的问题。

1. 安装 SciPy 库

SciPy 库的安装过程类似于 NumPy 库的安装，同样可以使用 pip 安装或者自行安装，在 Ubuntu 环境下也可以通过以下命令进行安装：

```
sudo apt-get install Python-SciPy
```

安装完成后，可以用以下命令测试是否安装成功：

```
import SciPy, numpy
print(SciPy.version.full_version)
```

如果安装成功，将会显示 SciPy 库的版本号和 True 值。

2. 常用 SciPy 工具包

表 9-2 所列是一些常用的 SciPy 工具包。因本书篇幅所限，此处不再一一详述，具体内容可参考网站 http://www.SciPy.org/，或参考 *SciPy and NumPy* 一书。

表 9-2　常用 SciPy 工具包

工具包	功　能
cluster	层次聚类(cluster.hierarchy) 矢量量化/K 均值(cluster.vq)
constants	物理和数学常量 转换方法
fftpack	离散傅里叶变换算法
integrate	积分例程
interpolate	插值(线性的、三次方的等)
io	数据输入和输出
linalg	采用优化 BLAS 和 LAPACK 库的线性代数函数
maxentropy	最大熵模型的函数
ndimage	n 维图像工具包
odr	正交距离回归
optimize	最优化(寻找极小值和方程的根)
signal	信号处理
sparse	稀疏矩阵
spatial	空间数据结构和算法
special	特殊数学函数，如贝塞尔函数(Bessel)或雅可比函数(Jacobian)
stats	统计学工具包

【例 9-6】使用 SciPy 求解下面的线性方程组：

$$\begin{cases} 2w + x - 5y + z = 8 \\ w - 3x - 6z = 9 \\ 2x - y + 2z = -5 \\ w + 4x - 7y + 6z = 0 \end{cases}$$

程序如下：

```
import scipy
from scipy import linalg

a= scipy.mat('[2 1 -5 1;1 -3 0 -6;0 2 -1 2;1 4 -7 6]')    #设置系数矩阵
b=scipy.mat('[8;9;-5;0]')                                  #设置常数向量
solve = linalg.solve(a, b)

print(solve)
```

运行结果为:

```
[[ 3.]
 [-4.]
 [-1.]
 [ 1.]]
>>>
```

即方程组的解为

$$\begin{cases} w = 3 \\ x = -4 \\ y = -1 \\ z = 1 \end{cases}$$

【例 9-7】使用 SciPy.ndimage 对图像进行处理:

```
from scipy import ndimage
from scipy import misc
import pylab as pl
ascent = misc.ascent()

shifted_ascent = ndimage.shift(ascent, (50, 50))
shifted_ascent2 = ndimage.shift(ascent, (50, 50), mode="nearest")
rotated_ascent = ndimage.rotate(ascent, 30)

pl.imshow(ascent, cmap=pl.cm.gray)
pl.figure()
pl.imshow(shifted_ascent, cmap=pl.cm.gray)
pl.figure()
pl.imshow(shifted_ascent2, cmap=pl.cm.gray)
pl.figure()
pl.imshow(rotated_ascent, cmap=pl.cm.gray)
pl.show()
```

其中, ascent = misc.ascent() 生成了一个 SciPy 库自带的灰度图片; 语句 ndimage.shift(ascent, (50, 50))对图片进行了平移处理, 处理后的图片如图 9-1(b)所示; 语句 ndimage.shift(ascent, (50, 50), mode="nearest")为平移后自动填充, 处理效果如图 9-1(c)所示; 语句 rotated_ascent = ndimage.rotate(ascent, 30)对图片做了逆时针方向旋转 30° 的处理, 处理后的图片如图 9-1(d)所示。

众所周知, 无论是方程组求解还是图像处理, 使用一般的高级语言按部就班地编程, 都需要耗费很长的时间, 编出的程序也很冗长, 还不得不考虑各种例外情况。Python 编程与之不同, 它的理念是尽可能地运用各种第三方扩展库, 迅速开发出符合要求的程序。从上面的 3 个例题的编程可以看出, 如何求方程(组)的解, 如何对图像进行平移、填充、旋转等处理, 我们不必关心, 而是只关心业务逻辑, 即关心我们要解决的问题。

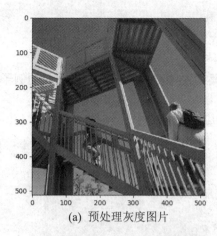

(a) 预处理灰度图片

(b) 平移处理后的图片(未自动填充)

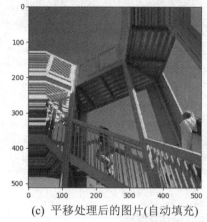

(c) 平移处理后的图片(自动填充)

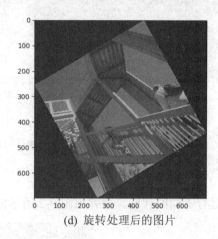

(d) 旋转处理后的图片

图 9-1　使用 SciPy 库对图片进行处理

换言之，用 Python 编程，只管"What to do"，不管"How to do"，Python 编程的魅力由此可见一斑。

9.3.3　Matplotlib 库

MatPlotlib 库

前两节主要介绍了用于科学计算的 NumPy 库和 SciPy 库。但是，这两种库均未提供数据可视化工具。所以，这里引入 Matplotlib 库来解决可视化问题。

Matplotlib 库是 Python 的一个 2D 绘图库，它以各种硬复制格式和跨平台的交互式环境生成出版质量级别的图形。通过使用 Matplotlib 库，开发者仅需要写几行代码便可以绘图，生成直方图、功率谱、条形图、错误图、散点图等，也可以绘制一些简单的 3D 图。

Matplotlib 库的安装同上面的两个模块相似，同样可以使用 pip 安装或者自行安装，在 Ubuntu 环境下也可以通过以下命令进行安装：

```
sudo apt-get install Python-matplotlib
```

安装完成后，可以用以下命令测试是否安装成功：

```
import matplotlib
print(matplotlib.__version__)
```

如果安装成功，则会显示 Matplotlib 库的版本号。

安装成功 Matplotlib 库后，就可以借助它将运算结果"画"出来。以下面的例子介绍 Matplotlib 库的一些基本用法。

【例 9-8】使用 Matplotlib 库进行画图的一些基本代码：

```
import matplotlib.pyplot as plt
import numpy as np

x = np.linspace(0, 10, 1000)  # 设置自变量格式
y = np.sin(x) + 1             # 设置因变量 y
z = np.cos(x**2) + 1          # 设置因变量 z

plt.figure(figsize=(8, 4))    # 设置图像大小
# 作图(x,y)，设置标签格式
plt.plot(x, y, label="sinx+1", color='red', linewidth=2)
plt.plot(x, z, label="cosx^2+1")  # 作图(x, z)
plt.xlabel('Time(s)')  # 设置 x 轴名称
plt.ylabel('Volt')  # 设置 y 轴名称
plt.title('A simple Example')  # 设置表格标题
plt.ylim(0, 2.2)  # 显示的 y 轴范围
plt.legend()  # 显示图例
plt.show()  # 显示作图结果
```

运行上面的代码，会弹出图 9-2 所示的窗口。

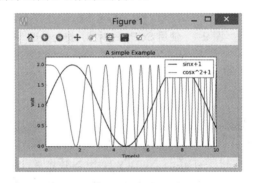

图 9-2   使用 Matplotlib 库画图

单击保存图标可以将表格保存为.eps、.jpg、.pdf、.png、.raw 等图片格式。保存的图片质量几乎可以满足各种出版要求。

注意：

①   实际绘图时可能会发现中文无法正常显示的情况，这是因为 Matplotlib 的默认字体为英文字体所致，需要在作图之前指定默认字体为中文。代码如下：

```
plt.rcParams['font.sans-serif'] = ['SimHei']
```

②   如果在保存作图图像时发现负号显示不正常，可以通过下面的代码解决：

```
plt.rcParams['axes.unicode_minus'] = False
```

【例 9-9】使用 Matplotlib 库实现数据可视化：

```
import matplotlib.pyplot as plt
import xlrd

data= xlrd.open_workbook("data.xls")
sh = data.sheet_by_name("Sheet1")
x=sh.col_values(0)
y=sh.col_values(1)
plt.plot(x, y, '.')
plt.show()
```

上面的代码从 Excel 文件中读取数据，并使用 Python 进行数据可视化，其运行结果如图 9-3 所示。

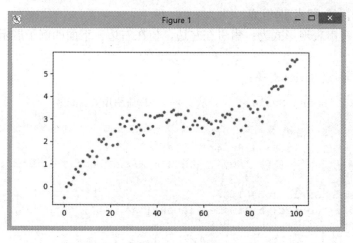

图 9-3　使用 Python 进行数据可视化

可以看到的是，使用 Python 语言仅通过短短几行代码即可实现数据的可视化显示，这是其他编程语言所不具有的优势。

9.3.4　pandas 库

pandas 库是 Python 下功能十分强大的数据分析和探索工具，也是本章介绍的这些库中最重要的，它包含高级的数据结构和精巧的分析工具，使得在 Python 中处理数据变得快速、简单。

Pandas 库

pandas 库构建在 NumPy 之上，最初是作为金融数据分析而开发出来的，它是使 Python 成为强大而高效的数据分析环境的重要因素之一。

pandas 库的功能非常强大，支持类似 SQL 的数据增、删、改、查操作，并且包含非常多的数据处理函数。

pandas 库为时间序列分析提供了很好的支持，可以很好地处理数据缺失等问题，可以灵活地对齐数据，解决不同数据源的数据集成时常见的问题。

1. 安装 pandas

pandas 库的安装与上面的各个模块的安装相似，同样可以使用 pip 安装或者自行安装，在 Ubuntu 环境下也可以通过以下命令进行安装：

```
sudo apt-get install Python-pandas
```

安装完成后，可以用以下命令测试是否安装成功：

```
import pandas as pd
print(pd.__version__)
```

如果安装正确，则会显示出 pandas 库的版本号。

2. pandas 库的数据结构 Series

Series 是一种类似于一维数组的对象，它由一组数据(各种 NumPy 数据类型)以及一组与之相关的数据标签(即索引)组成。

Series 的字符串表现形式为：索引在左边，值在右边。下面的例子展示创建 Series 对象的几种方法。

【例 9-10】创建 Series 对象：

```
from pandas import Series     # 从 pandas 库中引用 Series

obj_list = [1, 2, 3, 4, 5]
obj_tuple = (1.2, 2.5, 3.3, 4.8, 5.4)
obj_dict = {'Tom': [16, 'boy'], 'Max': [12, 'boy'], 'Julia': [18,
'girl']}
series_list = Series(obj_list)
series_tuple =Series(obj_tuple, index=['a', 'b', 'c', 'd', 'e'])
series_dict = Series(obj_dict)
print("(1) 通过 list 建立 Series: ")
print(series_list)
print("(2) 通过 tuple 建立 Series: ")
print(series_tuple)
print("(3) 通过 dict 建立 Series: ")
print(series_dict)
```

输出结果为：

```
(1) 通过 list 建立 Series:
0    1
1    2
2    3
3    4
4    5
dtype: int64
(2) 通过 tuple 建立 Series:
a    1.2
b    2.5
c    3.3
d    4.8
e    5.4
dtype: float64
(3) 通过 dict 建立 Series:
Julia    [18, girl]
Max      [12, boy]
Tom      [16, boy]
dtype: object
>>>
```

可以看到，当没有明确地给出索引值时，Series 从 0 开始自动创建索引。相对于其他的很多数据结构来说，Series 结构最重要的一个功能是它可以在算术运算中自动对齐不同索引的数据。

【例 9-11】Series 结构自动对齐功能：

```
from pandas import series    # 从 Pandas 库中引用 Series

obj_dict = {"张伟": 8600, "王明": 7700, "赵红": 9100, "郭强": 6700}
series_obj_1 = Series(obj_dict)
series_obj_2 = Series(obj_dict, index=['张伟', '郭强', '王明', '李洋'])
print(series_obj_1)
print("----------------")
print(series_obj_2)
print("----------------")
print(series_obj_1+series_obj_2)
```

输出结果为：

```
张伟      8600
王明      7700
赵红      9100
郭强      6700
dtype: int64
----------------
张伟      8600.0
郭强      6700.0
王明      7700.0
李洋       NaN
dtype: float64
----------------
张伟     17200.0
李洋        NaN
王明     15400.0
赵红        NaN
郭强     13400.0
dtype: float64
>>>
```

从上面的例子中可以看到，在建立 series_obj_2 时，obj_dict 中跟索引值相匹配的值会被找出来赋给相应的索引，而"李洋"没在 obj_dict 中，所以对应的值被赋为 NaN(Not a Number)，即缺失值。在执行 series_obj_1+series_obj_2 时，Series 对象自动对齐不同的索引值再进行计算。

3. pandas 的数据结构 DataFrame

DataFrame 是 pandas 的主要数据结构之一，是一种带有标签的二维对象，与 Excel 表格或者关系型数据库的结构十分相似。DataFrame 结构的数据都会有一个行索引和列索引，且每一列的数据格式可能是不同的。相对于 Series 来说，DataFrame 相当于多个带有相同索引的 Series 的组合，且每个 Series 都有一个不同的表头来识别不同的 Series。

【例 9-12】创建 DataFrame：

```
from pandas import DataFrame    # 从 pandas 库中引用 DataFrame
from pandas import Series       # 从 pandas 库中引用 Series

obj = {'name': ['Tom', 'Peter', 'Lucy', 'Max', 'Anne'], 'age': ['17',
'23', '44', '27', '36'],
       'status': ['student', 'student', 'doctor', 'clerk', 'performer']}
series_dict1 = Series([1, 2, 3, 4, 5], index=['a', 'b', 'c', 'd', 'e'])
```

```
series_dict2 = Series([6, 7, 8, 9, 10], index=['a', 'b', 'c', 'd', 'e'])
df_obj = DataFrame(obj)  #创建 DataFrame 对象
df_obj2 = DataFrame([series_dict1,series_dict2])
print(df_obj)
print("---------------------")
print(df_obj2)
```

输出结果为：

```
   age   name    status
0   17    Tom    student
1   23  Peter    student
2   44   Lucy     doctor
3   27    Max      clerk
4   36   Anne  performer
---------------------
   a  b  c  d   e
0  1  2  3  4   5
1  6  7  8  9  10
>>>
```

本例程序通过传入一个 NumPy 数组组成的字典来创建 DataFrame 对象，这是最为常用的方法。也可以利用多个具有相同索引的 Series 对象来创建 DataFrame 对象，不过创建出的列表只能为横向列表。使用 df_obj.T 转置方法可将其转换成常用的纵向列表。

通过使用类似于访问类成员的方式，可以获取 DataFrame 对象指定的列数据(Series)或者新增列。

【例 9-13】DataFrame 的基本操作：

```
from pandas import DataFrame    # 从 pandas 库中引用 DataFrame
from pandas import Series       # 从 pandas 库中引用 Series

obj = {'name': ['Tom', 'Peter', 'Lucy', 'Max', 'Anne'], 'age': ['17',
'23', '44', '27', '36'],
       'status': ['student', 'student', 'doctor', 'clerk', 'performer']}
series_dict1 = Series([1, 2, 3, 4, 5], index=['a', 'b', 'c', 'd', 'e'])
series_dict2 = Series([6, 7, 8, 9, 10], index=['a', 'b', 'c', 'd', 'e'])
df_obj = DataFrame(obj) #创建 DataFrame 对象
df_obj2 = DataFrame([series_dict1,series_dict2])

print("---查看前几行数据，默认 5 行---")
print(df_obj.head())
print("---------提取一列-----------")
print(df_obj.age)
print("-----------添加列------------")
df_obj['gender'] = ['m', 'm', 'f', 'm', 'f']
print(df_obj)
print("-----------删除列------------")
del df_obj['status']
print(df_obj)
print("-----------转置-------------")
print(df_obj2.T)
```

输出结果为：

```
---查看前几行数据，默认5行---
   age    name    status
0   17     Tom   student
1   23   Peter   student
2   44    Lucy    doctor
3   27     Max     clerk
4   36    Anne performer
-----------提取一列-----------
0   17
1   23
2   44
3   27
4   36
Name: age, dtype: object
-----------添加列-----------
   age    name    status gender
0   17     Tom   student      m
1   23   Peter   student      m
2   44    Lucy    doctor      f
3   27     Max     clerk      m
4   36    Anne performer      f
-----------删除列-----------
   age    name gender
0   17     Tom      m
1   23   Peter      m
2   44    Lucy      f
3   27     Max      m
4   36    Anne      f
-----------转置-----------
    0   1
a   1   6
b   2   7
c   3   8
d   4   9
e   5  10
>>>
```

还有其他一些常用的 DataFrame 操作，如表 9-3 所示。

表 9-3　其他的常用 DataFrame 操作

操　作	说　明
df_obj.dtypes	查看各行的数据格式
df_obj.tail()	查看后几行的数据，默认后 5 行
df_obj.index	查看索引
df_obj.columns	查看列名
df_obj.values	查看数据值
df_obj.describe	描述性统计
df_obj.sort(columns = '')	按列名进行排序
df_obj.sort_values	多列排序
f_obj['列索引']	显示列名下的数据
df_obj[1:3] #	获取 1～3 行的数据(切片操作)
df_obj.reindex()	根据 index 参数重新进行排序

本书第 5 章介绍了用 Python 读取 CSV、Excel 文件的方法，但需要特别指出的是，pandas 也可以从 Excel、CSV 等文件中读取或写入数据。不过默认的 pandas 库并不能直接对 Excel 文件进行操作，还需要安装 xlrd(读入操作)库和 xlwt(写入操作)库才能支持对 Excel 文件的读写。安装 xlrd 库和 xlwt 库的方法如下：

```
pip install xlrd
pip install xlwt
```

安装完成后，就可以在 pandas 库中进行 Excel、CSV 等文件的操作了。

【例 9-14】读入 Excel 文件：

```
import pandas as pd

df_obj = pd.read_excel('sult.xls')
print(type(df_obj))
print(df_obj.head())
```

输出结果为：

```
<class 'pandas.core.frame.DataFrame'>
    P+(mV)   lgC+(mA)    10mV区间斜率    50mV区间平均斜率
0  -120.0   0.352260   1222.163105    1192.456669
1  -110.0   0.360442   1401.030899    1111.419158
2  -100.0   0.367580    761.145713     983.230411
3   -90.0   0.380718   1394.644111     965.479118
4   -80.0   0.387888   1183.299518     808.467750
>>>
```

9.4　案　例　实　训

本节通过 3 个案例介绍利用 Python 进行数据分析的一些基本方法，配以实际的数据进行讲解。

9.4.1　案例实训 1：利用 Python 分析数据的基本情况——缺失值分析与数据离散度分析

实际的数据挖掘过程中，通过分析从客户手中得到的数据会发现，由于各种各样的原因，得到的数据有一部分是缺失的。如果缺失的数据量不大，手工解决这一问题并非难事，但实际情况往往相反，庞大的数据量和较多的属性值，依靠人工分辨的方法是非常不切实际的。所以，拟通过使用 Python 编写程序来帮助检测数据的缺失值、缺失个数等数据属性。利用 pandas 库中的 describe()函数，可以将数据读入程序，轻松地完成上述操作。例如，图 9-4 所示的日期/销量 Excel 表格。

若使用 Python 对数据的基本情况进行分析，可使用下面的程序：

	A	B
1	日期	销量
2		2015/3/1	51
3	2015/2/28	2618.2
4	2015/2/27	2608.4
5	2015/2/26	2651.9
6	2015/2/25	3442.1
7	2015/2/24	3393.1
8	2015/2/23	3136.6
9	2015/2/22	3744.1
10	2015/2/21	6607.4
11	2015/2/20	4060.3
12	2015/2/19	3614.7
13	2015/2/18	3295.5
14	2015/2/16	2332.1
15	2015/2/15	2699.3
16	2015/2/14	
17	2015/2/13	3036.8

图 9-4　日期/销量 Excel 表格

```
import pandas as pd

print("例: 使用 Python 分析数据基本信息。")
print("---------------------------")
while True:
    print("请输入数据文件所在路径 :")
    sale_data = input()   # 获取数据路径
    try:
        data = pd.read_excel(sale_data, index_col='日期')   # 读取数据，指定
"日期" 列为索引
```

```
        print(data.describe())
        break
    except:
        print("文件打开失败，请确认路径")
```

运行上面的代码，输出结果为：

```
例：使用Python分析数据基本信息。
-------------------------------------
请输入数据文件所在路径：
catering_sale.xls
                销量
count    200.000000
mean    2755.214700
std      751.029772
min       22.000000
25%     2451.975000
50%     2655.850000
75%     3026.125000
max     9106.440000
>>>
```

其中，count 表示的是非空数据总数，通过对比 len(data)的值可以得出缺失值的个数。其他几个值分别为数据平均值(mean)、标准差(std)、最小值(min)、下四分位数(25%)、中位数(50%)、上四分位数(75%)和最大值(max)。在这 7 个数中，前两个数反映了数据的中心趋势，后 5 个数反映了数据的离散度，在数理统计中称为"五数概括"。

9.4.2　案例实训 2：使用箱形图检测异常值——离群点挖掘

异常值是指样本数据中个别明显偏离实际的点，也称离群点或孤立点，因此异常值分析也叫作离群点分析或孤立点分析。

对数据进行异常值分析是为了检测数据中是否有输入错误或者不合乎常理的数据。这些异常的数值在后续数据挖掘中往往是十分危险的，极有可能造成数据扭曲。

如果不加剔除地使用这些异常值，最后数据挖掘得到的结果可能和实际大相径庭。同时，挑出这些异常的数值并对其进行分析也往往可以成为数据挖掘的突破口(如欺诈甄别等)。

箱形图(box-plot)又称为盒形图、盒式图、盒图或箱线图，是用来显示一组数据离散情况的统计图。

箱形图提供了一个用于识别异常值的标准：异常值被定义为小于 Q1-1.5IQR 或大于 Q3+1.5IQR 的值，其中，Q1 表示下四分位数，全部数据有 1/4 小于这个值；四分位距(Inter Quartile Range，IQR)表示四分位数间距，是上四分位数和下四分位数之差，包含了全部数据的一半；Q3 表示上四分位数，全部数据有 1/4 大于这个值。

绘制箱形图依靠的是实际数据，不需要事先假定数据服从某种特定的分布形式，也不必对数据作任何限制性要求，它只是真实、直观地表现数据形状的本来面貌；另外，箱形图判断异常值的标准以四分位数和四分位距为基础，四分位数具有一定的耐抗性，多达 25%的数据可以变得任意远而不会很大地扰动四分位数，所以异常值不会对这个标准施加影响。箱形图识别异常值的结果比较客观，因此，它在识别异常值方面有一定的优越性。图 9-5 为箱形图的示意图。

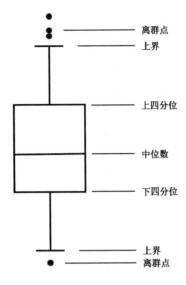

图 9-5　箱形图示意图

假定用于分析的数据包含属性 age，其值为(按递增序)13、15、16、16、19、20、20、21、22、22、25、25、25、25、30、33、33、35、35、35、35、36、40、45、46、52、70。使用箱形图检测离群点的程序如下：

```python
import pandas as pd
from pandas import DataFrame
import matplotlib.pyplot as plt #导入图像库

value = [13, 15, 16, 16, 19, 20, 20, 21, 22, 22, 25, 25, 25, 25, 30, 33,
33, 35, 35, 35, 35, 36, 40, 45, 46, 52, 70]

data = DataFrame(value)

plt.figure() #建立图像
p = data.boxplot(return_type='dict') #画箱形图，直接使用DataFrame的方法
x = p['fliers'][0].get_xdata() # 'flies'即为异常值的标签
y = p['fliers'][0].get_ydata()
y.sort() #从小到大排序，该方法直接改变原对象

#用annotate添加注释
#其中有些相近的点，注解会出现重叠，难以看清，需要一些技巧来控制
#以下参数都是经过调试的，需要具体问题具体调试。
for i in range(len(x)):
    if i>0:
        plt.annotate(y[i], xy = (x[i],y[i]), xytext=(x[i]+0.05 -0.8/(y[i]-
y[i-1]),y[i]))
    else:
        plt.annotate(y[i], xy = (x[i],y[i]), xytext=(x[i]+0.08,y[i]))

plt.show() #展示箱形图
```

运行上面的代码会显示出图 9-6 所示的箱形图。在图 9-6 中，一个离群点 70 被明显地标出。在实际问题中，实验数据量特别巨大时，使用箱形图可以帮助我们快速地找出所有的离群点。

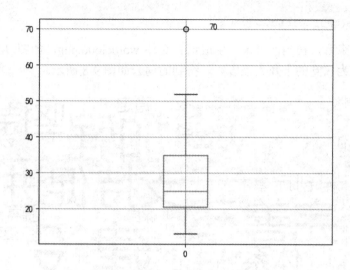

图 9-6　离群点挖掘实例——箱形图

前文提及，数据挖掘的最后一个步骤是知识表示，一般使用可视化的方式表示，以适合不同背景用户的需要。

针对本例而言，使用箱形图表示离群点，其本身就是数据的可视化。不难看出，数理统计中反映数据离散特征的"五数概括"在这里以可视化的方式进行了形象的表示，展示了数据的分布趋势。

9.4.3　案例实训 3：基于词云的关键词统计

从某种程度上讲，对于文本中的词频进行统计也是一种数据分析。"词云"是对文本数据中出现频率较高的"关键词"在视觉上的突出呈现，对关键词进行渲染，形成类似云一样的彩色图片，从而一眼就可以领略文本数据的主要表达意思。

本实训案例旨在通过分析《政府工作报告》和《十九大报告》，知晓党和国家最为关心的事情是什么。

```python
#政府工作报告词云
import jieba                    #导入"结巴"分词库
import wordcloud                #导入词云库
f = open("政府工作报告.txt", "r")   #打开文件
t = f.read()                    #读出文本
f.close()
wordlist = jieba.lcut(t)        #分词处理
excludes = [' ', '的', '地', '得', '所', '着', '了', '过', '与', '跟', '和',
            '了', '等','是']     #罗列停用词(空格、助词、连词等)
newlist = [word for word in wordlist if word not in excludes] #剔除停用词
txt = " ".join(newlist)         #生成以空格分隔的字符串
wc = wordcloud.WordCloud(
    width=1000, height=700,
    background_color="white",
    font_path="msyh.ttf"
    )
```

```
wc.generate(txt)
wc.to_file("wordcloud.png")
```

程序运行结束后，在当前目录下生成词云文件 wordcloud.png，如图 9-7 所示。把《政府工作报告》换为《党的十九大报告》，得到的词云如图 9-8 所示。

图 9-7 　《政府工作报告》词云

图 9-8 　《党的十九大报告》词云

不难看出，排在前两位的高频词都是"发展"和"建设"，排在第三位的分别是"加强"和"坚持"。两大报告彰显了党和政府为了实现中华民族伟大复兴的中国梦而不懈奋斗的理念，体现了党的坚强领导，同时也体现了社会主义制度的优越性。

在当今的大数据时代，数据分析、数据挖掘颇有用武之地，因篇幅有限，本章只是用几个例子展示了 Python 在数据分析方面的强大应用，旨在抛砖引玉。

使用 Python 的第三方库编程时，鲜用分支结构与循环结构，大都采用顺序结构，而且程序相当简练。这正是 Python 编程的一大特点：你的重点放在业务逻辑上，而不是放在编程语言上。

9.5　本章小结

由于篇幅有限，本章只是简单介绍了 Python 在数据分析与挖掘方面的简单应用，介绍了用于数据分析与数据挖掘的 NumPy 库、SciPy 库、pandas 库、Matplotlib 库等，并简单地展示了如何使用 Python 实现数据的可视化。目前，使用 Python 进行数据挖掘十分热门，读者如果对本章内容感兴趣，可以参考《利用 Python 进行数据分析》一书，此书中对 NumPy 库和 pandas 库有详细的介绍。

习　题

一、填空题

1. SciPy 库依赖于＿＿＿＿＿库，因此在安装 SciPy 库之前须先安装好它。

2. 欲生成由 0，1，2，…，8 组成的 3 行 3 列数组，请完善下面的程序：

```
import numpy as np
data = _____
arr = _____
```

3. 请将下面的代码补全，并写出运行结果。

```
_____
s1 = Series([7.3, -2.5, 3.4, 1.5],index = ["a","c","d","e"])
s2 = Series([-2.1, 3.6, -1.5, 4, 3.1],index = ["a","c","e","f","g"])
print(s1+s2)
```

运行结果为：

```
a    5.2
c    ____
d    ____
e    ____
f    ____
g    ____
```

二、选择题

1. 下面代码的输出结果为(　　)。

```
import numpy as np
arr3 = np.eye(3)
```

A. [[1. 0. 0]　　　B. [[0. 0. 0]　　　C. [[1. 1. 1]　　　D. [[1. 0. 0]
　 [0. 1. 0]　　　　 [0. 0. 0]　　　　 [1. 1. 1]　　　　 [0. 2. 0]
　 [0. 0. 1]]　　　　[0. 0. 0]]　　　　[1. 1. 1]]　　　　[0. 0. 3]]

2. 在对 DataFrame 对象进行操作时，下面(　　)语句可以实现查看前面 5 行数据的功能。

  A. DataFrame.align   B. DataFrame.age

  C. DataFrame.head   D. DataFrame.shape

三、实验操作题

1. 使用 NumPy 库生成一个由 0-14 组成的 3 行 5 列的数组。

2. 使用 NumPy 库计算数组 A=[[1,1], [0,1]]乘以数组 B=[[2,0], [3,4]]的结果并输出(用运算符"*")。

3. 使用 NumPy 库计算数组 A=[[1,1], [0,1]]乘以数组 B=[[2,0], [3,4]]的结果并输出(用函数 dot(A,B))。

4. 比较第(2)题和第(3)题的输出结果，两者有何不同？原因何在？

5. 使用 pandas 库对数组[[1,2,3,4,5],[6,7,8,9,10]]以 0、1 为行号，以字母为列号建立索引，并输出运行结果和转置后的结果。

6. 现有矩阵

$$\begin{bmatrix} 1 & 2 & 3 \\ 2 & 2 & 1 \\ 3 & 4 & 3 \end{bmatrix}$$

利用 SciPy 库求矩阵的逆，并写出代码和输出结果。

7. 从 0 开始，步长值为 1 或者-1，且出现的概率相等，通过使用 Python 内置的 random 实现 1000 步的随机漫步，并使用 Matplotlib 生成折线图。

第 10 章

GUI 编程和用户界面

本章要点

(1) GUI 界面的概念。

(2) Tkinker 模块。

(3) Tkinker 的各种组件。

(4) 网格布局管理器。

(5) GUI 编程。

学习目标

(1) 了解什么是 GUI 界面。

(2) 掌握 Tkinker 及其各个组件的应用。

(3) 掌握网格布局管理器的相关知识。

(4) 掌握 GUI 编程。

前面各章的程序都是基于文本用户界面(Text-based User Interface，TUI)的。当然，TUI 界面有简洁、稳定、资源消耗较小等优点，但是，对于不懂编程的用户来说，TUI 界面显得不够美观，操作也不够方便。为了使输入输出更加直观，使操作方式更加简便，就需要使用图形用户界面(Graphical User Interface，GUI)，或称图形用户接口。

图形用户界面是人与计算机通信的一种界面显示格式，允许用户使用鼠标等输入设备操纵屏幕上的图标或菜单选项，以选择命令、调用文件、启动程序或执行其他一些任务。与通过键盘输入文本或字符命令来完成例行任务的文本界面相比，图形用户界面有许多优点。Python 提供了很多的 GUI 界面工具，如 Python 的标准 Tk GUI 工具包接口 Tkinter、wxWidgets 模块、easyGUI 模块、wxPython 模块等。本章主要介绍使用 Tkinter 模块开发图形用户界面的方法，并介绍一些常用的 Tkinter 组件。根据实际情况选择合适的模块来实现所需的功能，也是减少编程工作量必不可少的方法。

10.1　Tkinter 模块

Tkinter 模块(Tk 接口)是 Python 的标准 Tk GUI 工具包的接口。Tk 和 Tkinter 可以在大多数 Unix 平台下使用，同样可以应用在 Windows 和 Macintosh 系统里。图 10-1 所示为一个简单的房屋按揭利率计算器，这一程序有 3 个用户输入项和一个输出项。图 10-1(a)是 TUI 程序及其输出结果，图 10-1(b)是使用 Tkinter 控件的 GUI 输入输出界面。

Tkinter 模块

在图 10-1(b)所示的界面中有 3 个白色的输入文本框，用户可以在输入文本框中单击鼠标，输入新的数据或者更改现有的数据。在输入完所有的数据后，单击界面下方的"计算每月应还款金额"按钮，就会将数据提交给程序并计算出相应的还款金额，并显示在下方的框体中。图中的文本框称为输入框控件(Entry Widget)，左边显示的文本信息称为标签控件(Label Widget)，下面的"提交"按钮称为按钮控件(Button Widget)。

除了这些控件外，Tkinter 还提供了如列表框组件、画布组件、复选框组件、菜单组件等，本章后面将对其做详细介绍。

为了术语的统一，下面将"组件"和"控件"统称为"组件"。

```
def main():
    # 房贷计算器
    Principal = float(input("请输入贷款金额："))
    year_rate = float(input("请输入贷款利率(%)："))
    month_rate = year_rate/12   # 转换成月利率
    years = float(input("请输入贷款期限(年)："))
    months = years * 12   # 转换成月数
    sum = (Principal * (month_rate/100) * pow((1 +
month_rate/100),months))\
            /(pow((1 + month_rate/100),months)-1)   # 月
还款计算公式
    print("每月应还款金额：" + "%.2f"%sum)

main()
```

请输入贷款金额：300000
请输入贷款利率(%)：5.51
请输入贷款期限(年)：10
每月应还款金额：3257.28

(a) TUI 界面　　　　　　　　　　　　　　　(b) GUI 界面

图 10-1　TUI 界面与 GUI 界面的比较

10.1.1　创建 Windows 窗体

创建 Windows
窗体

在 GUI 程序中，首先需要建立一个顶层窗口，这个顶层窗口可以容纳所有的小窗口对象，像标签、按钮、列表框等。也就是说，顶层窗口是用来放置其他窗口或组件的地方。

1. 创建窗口对象

用下面的语句可以创建一个顶层窗口，或者叫根窗口(有的文献称为主窗口)：

```
import tkinter
win = tkinter.Tk()
```

其中第一行代码用于导入 Tkinter 模块，第二行代码用于创建一个 Windows 窗体实例对象并命名为 win。在窗体对象创建完成后，可以使用以下的代码显示窗体：

```
win.mainloop()
```

同时，mainloop()函数将进入无限监听事件循环，直到单击窗体右上方的关闭按钮，或者使用其他方法将窗口关闭。

【例 10-1】显示一个 Windows 窗体：

```
import tkinter
win = tkinter.Tk()
win.mainloop()
```

运行程序后会显示图 10-2 所示的窗口。

图 10-2　一个 Windows 窗口　　　　　　　　图 10-3　有标题的窗口

2. 设置窗体属性

可以通过设置窗体的属性来改变窗体的显示方式。在创建完窗体对象后，可以用 title() 方法来设置窗口的标题。

【例 10-2】设置窗口标题：

```
import tkinter
win = tkinter.Tk()
win.title("新建窗口")
win.mainloop()
```

运行代码后会显示图 10-3 所示的有标题的窗口。

还可以通过内建的 geometry()、maxsize() 和 minsize() 方法设置窗口的大小。geometry(size) 方法设置窗体大小，size 为指定的大小，其中，size 的格式为"宽度 x 高度"(注意，这里的"x"不是乘号，而是英文字母)；maxsize() 和 minsize() 方法用于设置最大窗体和最小窗体的尺寸，格式如下：

```
win.geometry("宽度 x 高度")
win.maxsize(宽度 , 高度)
win.minsize(宽度 , 高度)
```

【例 10-3】设置 Windows 窗口尺寸：

```
import tkinter
win = tkinter.Tk()
win.geometry("1024x768")
win.minsize(800,600)
win.maxsize(1440,900)
win.mainloop()
```

本例显示了一个 Windows 窗口，将其初始大小设置为 1024 像素×768 像素，并设置最小为 800 像素×600 像素，最大为 1440 像素×900 像素。

10.1.2 标签组件 Label

Label 组件是最简单的组件之一，用于在窗口中显示文本或位图。下面就是一个使用 Label 组件的简单例子。

标签组件 Label

【例 10-4】使用 Label 创建一个标签：

```
import tkinter
win = tkinter.Tk()
win.title("新建窗口")
Lab = tkinter.Label(win,text ="label 组件使用例子")
Lab.pack()
win.mainloop()
```

在例 10-4 中，首先创建一个窗体，然后通过以下语句创建 Label 组件并设置显示的文本：

```
Label 对象 = Label(tkinter Windows 窗口对象,text = 要显示的文本)
```

然后，通过.pack()方法显示 Label 组件。运行上面的代码将会弹出图 10-4 所示的窗口。

图 10-4　一个 label 组件　　　　　图 10-5　显示可选位图的窗口

除了显示文本外，还可以运用 Label 组件的 bitmap 属性在窗口中显示自带的位图。代码如下：

```
L = Label(win, bitmap = 图标)
```

其中"图标"的可选值如表 10-1 所示。

表 10-1　可选用位图

值	具体描述
error	显示错误图标
hourglass	显示沙漏图标
info	显示信息图标
questhead	显示疑问头像图标
question	显示疑问图标
warning	显示警告图标
gray12	显示灰度背景图标 gray12
gray25	显示灰度背景图标 gray25
gray50	显示灰度背景图标 gray50
gray75	显示灰度背景图标 gray75

【例 10-5】显示所有的可选位图：

```
import tkinter
win = tkinter.Tk()      #创建窗口对象
win.title("新建窗口")   #设置窗口标题

l1 = tkinter.Label(win,bitmap = 'error')  #显示错误图标
l1.pack()  #显示 Label 组件
l2 = tkinter.Label(win,bitmap = 'hourglass')  #显示沙漏图标
l2.pack()  #显示 Labe2 组件
l3 = tkinter.Label(win,bitmap = 'info')  #显示信息图标
l3.pack()  #显示 Labe3 组件
l4 = tkinter.Label(win,bitmap = 'questhead')  #显示疑问头像图标
```

```
l4.pack() #显示 Labe4 组件
l5 = tkinter.Label(win,bitmap = 'question') #显示疑问图标
l5.pack() #显示 Labe5 组件
l6 = tkinter.Label(win,bitmap = 'warning') #显示警告图标
l6.pack() #显示 Labe6 组件
l7 = tkinter.Label(win,bitmap = 'gray12') #显示灰度背景图标 gray12
l7.pack() #显示 Labe7 组件
l8 = tkinter.Label(win,bitmap = 'gray25') #显示灰度背景图标 gray25
l8.pack() #显示 Labe8 组件
l9 = tkinter.Label(win,bitmap = 'gray50') #显示灰度背景图标 gray50
l9.pack() #显示 Labe9 组件
l10 = tkinter.Label(win,bitmap = 'gray75') #显示灰度背景图标 gray75
l10.pack() #显示 Label10 组件
win.mainloop()
```

运行后会显示图 10-5 所示的窗口。

内置的位图个数有限，而且显示的都是灰度图，因此，在实际应用中往往会选择一些自定义图标。这时，可以运用 image 属性和 bm 属性来设置自定义图标，代码如下：

```
import tkinter
win = tkinter.Tk() #创建窗口对象
win.title("新建窗口") #设置窗口标题
bm = tkinter.PhotoImage (file = 图片名)
label = tkinter.Label(win,image = bm)
label.bm = bm
```

【例 10-6】使用 label 的 image 属性添加自定义图标：

```
import tkinter
win = tkinter.Tk() #创建窗口对象
win.title("新建窗口") #设置窗口标题
bm = tkinter.PhotoImage(file =
"D:\Python34\Lib\idlelib\Icons\idle_48.png")
label = tkinter.Label(win,image = bm)
label.bm = bm
label.pack()
win.mainloop()
```

运行以上程序，可以看到，窗口中已经显示出自定义图标，如图 10-6 所示。

图 10-6　添加自定义图标的窗口

除了上面介绍的几个具体方法外，Label 组件还有一些常用的属性，如表 10-2 所示。

表 10-2　Label 组件的常用属性

属　性	说　明
fg	设置组件的前景色
bg	设置组件的背景色

属　性	说　明
width	设置组件宽度
height	设置组件高度
compound	设置文本或图像如何在 Label 上显示，默认值为 None。 当指定 image/bitmap 时，本文(text)将会被覆盖，只显示图像。可选值有： Left，图像居左显示 Righ，图像居右显示 Top，图像居上显示 Bottom，图像居下显示 Center，图像居中显示
wraplength	指定单行文本的长度，用于多行文本显示
justify	指定多行文本的对齐方式
ahchor	指定文本或图片在 Label 中的显示位置。可选值有： e，垂直居中，水平居右 w，垂直居中，水平居左 n，垂直居上，水平居中 s，垂直居下，水平居中 也可是上面 4 个值的两两组合 center，垂直居中，水平居中

10.1.3　按钮组件 Button

1. 创建和显示 Button 对象

Button 组件用于在窗口中设置和显示按钮。创建 Button 对象的基本方法如下：

按钮组件 button

```
Button 对象 = Button (tkinter Windows 窗口对象，text = Button 显示名称，
command = 点击后调用)
Button 对象.pack()
```

【例 10-7】创建简单的按钮：

```
import tkinter
from tkinter import messagebox

def Submit():
    messagebox.showinfo(title = "",message = "提交")

win = tkinter.Tk()  #创建窗口对象
win.title("使用 button 组件的简单例子")  #设置窗口标题
b = tkinter.Button(win,text = "提交",command = Submit)  #创建 Button 组件
b.pack()  #显示 Button 组件
win.mainloop()
```

运行上面的程序，会显示图 10-7(a)所示的窗口，在窗口中单击"提交"按钮就会调用 Submit()函数，弹出图 10-7(b)所示的提示窗口，单击"确定"按钮后将数据提交。

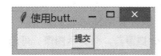

(a) 带有一个 Button 组件的窗口   (b) 提交确认窗口

图 10-7　一个 Button 组件

本例程序用到了消息框组件，10.1.4 小节将对此作详细介绍。

2. Button 对象的常用属性

按钮上既可以显示文本，也可以显示用户自定义图片。可以应用 image 属性和 bm 属性进行设置，其方法如下：

```
bm = PhotoImage(file = 图片名)
bt= Button(win,text = "图片",image = bm ,command = 点击后调用)
bt.bm = bm
```

【例 10-8】创建图片格式的按钮：

```
import tkinter
from tkinter import messagebox

def Submit():
    messagebox.showinfo(title = "",message = "提交")

win = tkinter.Tk()  #创建窗口对象
win.title("使用button组件的简单例子")   #设置窗口标题
bm = tkinter.PhotoImage(file =
"D:\Anaconda3\Lib\idlelib\Icons\idle_48.png")
bt= tkinter.Button(win,text = "图片",image = bm ,command = Submit)
bt.bm = bm
bt.pack()
win.mainloop()
```

运行上面的代码后，会显示图 10-8 所示的窗口。

从图 10-8 可以看出，因为未设置按钮的大小和位置，所以按钮显示的位置不是十分合理。可以通过下面的代码对其进行设置。

在上面的代码中，通过设置 Button 组件的 width 属性和 heigh 属性，改变了 Button 组件的大小，使其看起来更加美观。同时，通过设置 compound 属性，调整了 Button 组件的位置，效果如图 10-9 所示。

图 10-8　图片格式的 Button   图 10-9　位置合理的 Button

【例 10-9】 设置一个位置合理的按钮：

```
import tkinter
from tkinter import messagebox

def Submit():
    messagebox.showinfo(title = "",message = "提交")

win = tkinter.Tk()  #创建窗口对象
win.title("使用 button 组件的简单例子")  #设置窗口标题

bm = tkinter.PhotoImage(file =
"D:\Anaconda3\Lib\idlelib\Icons\idle_48.png")
label = tkinter.Label(win,image = bm)
label.bm = bm
label.pack()
b= tkinter.Button(win,text = "确认",command = Submit,width =10,height =
1,compound = "bottom")  #创建 button 对象
b.pack()
win.mainloop()
```

除了上述属性外，Button 组件还有一些其他常用属性，如表 10-3 所示。

表 10-3　Button 组件的常用属性

属　性	说　明
fg	设置组件的前景色
bg	设置组件的背景色
compound	设置文本或图像如何在按钮上显示，默认值为 None。 当指定 Image/bitmap 时，本文(text)将会被覆盖，只显示图像。可用值有： Left，图像居左显示 Righ，图像居右显示 Top，图像居上显示 Bottom，图像居下显示 Center，图像居中显示
wraplength	指定单行文本的长度，用于多行文本显示
bitmap	指定按钮显示位图
state	设置组件状态
bd	设置按钮边框大小，默认值为 1 或 2 个像素

【例 10-10】 设置一个有边框的按钮：

```
import tkinter
from tkinter import messagebox

win = tkinter.Tk()  #创建窗口对象
win.title("使用 button 组件的简单例子")  #设置窗口标题
b1= tkinter.Button(win,text = "加粗按钮",bd = 10)  #创建 button 对象
b2= tkinter.Button(win,text = "被禁用的按钮",state = "disabled")  #创建
button 对象
b1.pack()
b2.pack()
win.mainloop()
```

在例 10-10 中设置了两个按钮，其中一个设置为加粗的边框，另一个设置为禁用状态，效果如图 10-10 所示。

图 10-10 有边框的 Button

图 10-11 提示消息框

10.1.4 消息框组件 Messagebox

消息框组件 Messagebox

弹出消息框是图形界面的一个基本功能，在图形界面的应用中也是最广泛的。在 Tkinter 中，可以使用 tkinter.messagebox 模块来实现此功能。

1. 弹出一个提示消息框

使用 showinfo()函数可以弹出提示消息框，具体格式如下：

```
showinfo(title = 标题, message= 提示内容)
```

【例 10-11】使用 showinfo()弹出一个提示消息框：

```
from tkinter.messagebox import *
showinfo(title="提示",message ="欢迎使用本系统")
```

运行上面的程序，会弹出图 10-11 所示的提示消息框。单击"确定"按钮或者右上角的"×"按钮可关闭该提示消息框。

2. 弹出警告消息框

使用 showwarning()函数可以弹出警告消息框，方法如下：

```
showwarning(title = 标题,message = 内容)
```

【例 10-12】使用 showwarning()弹出一个警告消息框：

```
from tkinter.messagebox import *
showwarning(title="提示",message ="请填写验证码")
```

运行程序，会弹出图 10-12 所示的警告消息框。可以看出，警告消息框左侧的警告图标与上面的提示消息框图标不同。

图 10-12 警告消息框

图 10-13 错误消息框

3．弹出错误消息框

使用 showerror()函数可以弹出错误消息框，方法如下：

```
showerror(title = 标题, message = 内容)
```

【例 10-13】使用 showerror()弹出一个错误消息框：

```
from tkinter.messagebox import *
showerror(title="提示",message ="账号或密码错误")
```

运行上面的代码，会弹出图 10-13 所示的错误消息框，左侧图标显示为错误图标。

4．弹出疑问消息框

使用 askquestion()函数可以弹出包含"是(yes)"和"否(no)"按钮的疑问消息框，方法如下：

```
askquestion(title = 标题, message = 内容)
```

如果用户单击"是"按钮，则 askquestion()函数返回字符串"YES"；如果用户单击"否"按钮，则 askquestion()函数会返回字符串"NO"。

【例 10-14】使用 askquestion()弹出一个疑问消息框：

```
from tkinter.messagebox import *
ret = askquestion(title = "密码修改",message = "是否确认重置此密码？")
if ret == YES:
    showinfo(title="提示",message ="密码已重置" )
```

运行上面的代码，就会弹出图 10-14 所示的疑问消息框。

图 10-14　带"是"和"否"的疑问消息框　　图 10-15　带"确定"和"取消"的疑问消息框

也可以使用 askyesnocancel()实现上面的功能。与 askquestion()函数不同的是，用户单击"是"或"否"按钮时返回值为 True 或者 False。

5．其他格式的疑问消息框

使用 askokcancel ()函数可以弹出一个包含"确定"和"取消"按钮的疑问消息框，方法如下：

```
askokcancel (title = 标题, message = 内容)
```

用户单击"确定"或"取消"按钮时，askokcancel()函数会返回 True 或者 False。

【例 10-15】弹出一个带"确定"和"取消"的疑问消息框：

```
from tkinter.messagebox import *
```

```
ret = askokcancel(title = "密码修改",message = "是否确认重置此密码？")
if ret == True:
    showinfo(title="提示",message ="密码已重置" )
```

运行上面的代码，显示图 10-15 所示的疑问消息框，可见按钮已经变成了"确定"和"取消"。

使用 askretrycancel()函数可以弹出一个包含"重试"和"取消"按钮的疑问消息框。方法如下：

```
askretrycancel(title = 标题, message = 内容)
```

【例 10-16】弹出一个带"重试"和"取消"按钮的警告消息框：

```
from tkinter.messagebox import *
ret = askretrycancel(title = "密码修改",message = "操作超时")
if ret == True:
    showinfo(title="提示",message ="数据重置" )
```

运行上面的代码，会弹出图 10-16 所示的警告消息框，单击"重试"按钮会弹出图 10-17 所示的提示消息框。

图 10-16　警告消息框

图 10-17　提示消息框

10.1.5　只读文本框 Entry

Entry 组件用于在窗口中输入单行文本。

1. 创建和显示 Entry 组件对象

只读文本框 Entry

创建 Entry 组件的方法如下：

```
Entry 对象 = Entry(tkinter  Windows 窗口对象)
Entry 对象.pack()
```

【例 10-17】使用 Entry 组件的简单例子：

```
import tkinter
win = tkinter.Tk()  #创建窗口对象
win.title("使用 Entry 组件的简单例子")   #设置窗口标题
entry = tkinter.Entry(win)  #创建 Entry 组件
entry.pack()
win.mainloop()
```

图 10-18　一个 Entry 组件

运行上面的代码，就会弹出图 10-18 所示的窗口。

2. 获取 Entry 组件的内容

为了获取 Entry 组件的内容，需要使用 textvariable 属性为 Entry 组件指定一个对应的变量，例如：

```
import tkinter
win = tkinter.Tk()   #创建窗口对象
win.title("使用 Entry 组件的简单例子")   #设置窗口标题

e = tkinter.StringVar()
tkinter.Entry(win,textvariable = e).pack()
win.mainloop()
```

这样，在后面的步骤中就可以使用 e.get()获取 Entry 组件选中的内容了，也可以使用 e.set()设置 Entry 组件的内容。

【例 10-18】使用一个 Button 组件获取 Entry 组件的内容：

```
import tkinter
win = tkinter.Tk()   #创建窗口对象
win.title("使用 Entry 组件的简单例子")   #设置窗口标题

def Callbutton():
    print(e.get())

e = tkinter.StringVar()
entry = tkinter.Entry(win,textvariable = e).pack()
b= tkinter.Button(win,text = "获取 Entry 内容",command = Callbutton,width
=10,height = 1)   #创建 button 对象
e.set("Python")
b.pack()
win.mainloop()
```

此程序定义了一个 Button 组件和一个 Entry 组件，使用变量 e 绑定 Entry 组件到 Button 组件上。单击 Button 组件会调用 Callbutton()，通过 e.get()函数打印 Entry 组件的状态，效果如图 10-19 所示。

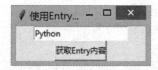

图 10-19　获取 Entry 内容　　　　　图 10-20　一个 Radiobutton 组件

10.1.6　单选框组件 Radiobutton

Radiobutton 组件用于在窗口中显示单选组件。同一组单选按钮的选项中只可以有一个选项被选中，也就是说，当一个选项被选中后，其他选项就会自动被取消选中。

创建 Radiobutton 对象的基本方法如下：

单选框组件
Radiobutton

```
Radiobutton 对象 = Radiobutton(Tkinter Windows 窗口对象, text = Radiobutton
组件显示的文本内容)
Radiobutton 对象.pack()
```

创建完成后，每个选项会自动成为一个分组。还需要使用 variable 属性为 Radiobutton
组件指定一个变量名。当多个组件被指定同一变量名时，这些组件就会自动被划归到一个
分组，分组后需要使用 value 参数设置每一个选项的值，以表示该值是否被选中。

【例 10-19】使用 Radiobutton 组件的简单例子：

```
import tkinter

win = tkinter.Tk()  #创建窗口对象
win.title("使用 Radiobutton 组件的简单例子")  #设置窗口标题
v = tkinter.IntVar()
v.set(1)
r1 = tkinter.Radiobutton(win,text = "男",variable =v,value = 1)  #创建
Radiobutton 组件
r1.pack()  #显示 Radiobutton 组件
r2 = tkinter.Radiobutton(win,text = "女",variable =v,value = 0 )  #创建
Radiobutton 组件
r2.pack()  #显示 Radiobutton 组件
win.mainloop()
```

运行上面的代码，就会弹出图 10-20 所示的窗口。当选中"男"单选按钮时，"女"
单选按钮被自动取消选中，再次选中"女"单选按钮时，"男"单选按钮被自动取消选中。

10.1.7　复选框组件 Checkbutton

Checkbutton 组件用于在窗口中显示复选框。
创建 Checkbutton 的方法如下：

复选框组件
Checkbutton

```
Checkbutton 对象=Checkbutton(tkinter Windows 窗口对象, text =
显示文本内容 command = 点击后调用的函数)
```

【例 10-20】使用 Checkbutton 的简单例子：

```
import tkinter
from tkinter import messagebox

def Callcheckbutton ():
    messagebox.showinfo(title = "",message = "提交")

win = tkinter.Tk()  #创建窗口对象
win.title("使用 Checkbutton 组件的简单例子")  #设置窗口标题
b= tkinter.Checkbutton(win,text = "Python Tkinter",command =
Callcheckbutton)  #创建 Checkbutton 对象
b.pack()  #显示 Checkbutton 对象
win.mainloop()
```

运行此程序，会显示图 10-21 所示的窗口，勾选复选框后，会调用 Callcheckbutton()函
数，弹出图 10-22 所示的"提交"消息框。

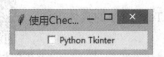 

图 10-21　一个 Checkbutton 组件　　　　图 10-22　"提交"消息框

当然，在实际应用中遇到的更多情况是同时勾选多个选项，然后用一个 Button 按钮进行提交，这时就需要判断 Checkbutton 组件的选项是否被选中。

Checkbutton 组件有 ON 和 OFF 两种状态值，默认状态下 ON 值为 1，OFF 值为 0。也可以使用内置属性 onvalue 设置 Checkbutton 被选中时的值，使用 offvalue 设置 Checkbutton 组件被取消时的值，设置方法如下：

```
Checkbutton(win, text = "优秀", onvalue = "1", offvalue = "0",command
= Callcheckbutton).Pack
win.mainloop()
```

为了获取 Checkbutton 组件的状态，需要使用 variable 属性为 Checkbutton 指定一个变量名，例如：

```
Checkbutton(root, text = "优秀", variable = value, onvalue = "1",
offvalue = "0", command = Callcheckbutton)
```

这样就可以在 Button 按钮中设置被单击后调用 value.get()函数来获取 Checkbutton 组件的被选取的状态了。也可以通过使用 value.set()函数来设置 Checkbutton 组件的状态。

【例 10-21】简单的复选框例子：

```
import tkinter

win = tkinter.Tk()  #创建窗口对象
win.title("使用 Checkbutton 组件的简单例子")  #设置窗口标题
v = tkinter.IntVar()

def Callcheckbutton():
    print(v.get())

cb = tkinter.Checkbutton(win,variable = v,text = "Checkbutton",onvalue =
"1",offvalue = "0",command = Callcheckbutton).pack()
b = tkinter.Button(win,text = "获取 Checkbutton 状态",command =
Callcheckbutton ,width = 20).pack()  #创建 Button 组件
v.set("1")
win.mainloop()
```

上面的代码首先定义了一个全选和取消全选的复选框。通过单击调用 checkbutton_on()函数或者 checkbutton_off()函数设置所有 Checkbutton 组件的状态。再设置一个 Button 按钮，使用 Callcheckbutton()函数将变量 value 绑定到 Button 组件上。单击 Button 按钮后会调用 Callcheckbutton()函数，打印出 Checkbutton 组件的状态，效果如图 10-23 所示。

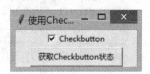

图 10-23　获取复选框的内容

10.1.8　文本框组件 Text

Text 组件用于在窗口中输入多行文本内容。创建 Text 对象的具体方法
如下：

文本框组件 text

```
Text 对象 = Text(tkinter Windows 窗口对象)
Text 对象.pack()
```

【例 10-22】简单的 text 组件例子：

```
import tkinter

win = tkinter.Tk()  #创建窗口对象
win.title("使用 Text 组件的简单例子")  #设置窗口标题
t = tkinter.Text(win)  #创建 Text 组件
t.pack()
win.mainloop()
```

运行上面的程序，就会弹出图 10-24 所示的窗口。

图 10-24　一个 Text 组件

也可以通过 Text.insert()方法向文本框内添加内容。insert()方法的语法格式如下：

```
Text 组件.insert(插入位置，插入的文本)
```

其中，插入位置格式为"行数.列数"。

【例 10-23】使用 Text.insert()函数向 Text 组件内添加文本内容：

```
import tkinter

win = tkinter.Tk()  #创建窗口对象
win.title("使用 Text 组件的简单例子")  #设置窗口标题
t = tkinter.Text(win)  #创建 Text 组件
t.insert(1.1 ,"2017-01-17:12138")
t.insert(1.5,"insterted")
t.pack()
win.mainloop()
```

上面的例子向 Text 组件的第 1 行第 1 列插入数据"2017-01-17:12138"，并在第 1 行
第 5 列插入字符串"inserted"，运行结果如图 10-25 所示。

图 10-25　向 Text 添加内容

10.1.9　列表框组件 Listbox

列表框组件 Listbox

Listbox 组件是一个列表框组件，用于在窗口中显示多个文本项。

1. 创建和显示 Listbox 对象

创建 Listbox 对象的基本方法如下：

```
Listbox 对象 = Listbox(tkinter Windows 窗口对象)
Listbox 对象.pack()
```

可以使用 insert()方法向列表框中添加文本项，方法如下：

```
Listbox 对象.insert(index,item)
```

参数说明如下。

index：插入文本项的位置，如果是在尾部插入文本项，则可以使用 end 参数；如果在当前选中处插入文本项，可以选用 active 选项。

item：插入的文本项。

【例 10-24】使用 Listbox 的简单例子：

```
import tkinter

win = tkinter.Tk()  #创建窗口对象
win.title("使用 Listbox 组件的简单例子")  #设置窗口标题
Lb = tkinter.Listbox(win)
for item in ["北京","上海","天津"]:
    Lb.insert("end",item)
Lb.pack()
win.mainloop()
```

运行上面的程序会弹出图 10-26 所示的窗口。

图 10-26　一个 Listbox 组件

图 10-27　设置多选的列表框

2. 设置多选的列表框

将 selectmode 属性设置为 multiple，可以设置多选的列表框。

【例 10-25】设置多选的列表框：

```
import tkinter

win = tkinter.Tk()  #创建窗口对象
win.title("使用 Listbox 组件的简单例子")  #设置窗口标题
Lb = tkinter.Listbox(win,selectmode = "multiple")
for item in ["北京","上海","天津"]:
    Lb.insert("end",item)
Lb.pack()
win.mainloop()
```

运行效果如图 10-27 所示。

3. 获取 Listbox 组件的内容

为了获取 Listbox 组件的内容，需要使用 listvariable 属性为 Listbox 组件指定一个对应的变量，例如：

```
L = tkinter.StringVar()
tkinter.Listbox(win,listvariable = L).pack()
win.mainloop()
```

这样在后面的代码中就可以用 L.get 方法获取 Listbox 组件的内容了。

【例 10-26】使用一个 Button 按钮组件获取 Listbox 组件的内容：

```
import tkinter

win = tkinter.Tk()  #创建窗口对象
win.title("使用 Listbox 组件的简单例子")  #设置窗口标题
L = tkinter.StringVar()

def Calllistbox():
    print(L.get())

Lb = tkinter.Listbox(win,listvariable = L)  # 创建 Listbox 组件
for item in ["北京","上海","天津"]:
    Lb.insert("end",item)
Lb.pack()  #显示 Listbox 对象
b = tkinter.Button(win, text="获取 Listbox 内容", command=Calllistbox,
width=20)  # 创建 Button 组件
b.pack()  #显示 Button 对象
win.mainloop()
```

程序定义了一个 Button 组件和一个 Listbox 组件，并使用变量 L 将 Listbox 组件绑定到 Button 按钮上。单击 Button 按钮，就会调用 Calllistbox()函数，并通过 L.get()函数打印出组件 Listbox 的内容。

10.1.10 菜单组件 Menu

菜单组件 Menu

Menu 是一个菜单组件，用于在窗口中显示菜单条和下拉菜单。

1. 创建和显示 Menu 对象

创建 Menu 对象的方法如下：

```
Menu 对象 = Menu(tkinter Windows 窗口对象)
tkinter Windows 窗口对象["menu"] = menubar
tkinter Windows 窗口对象.mainloop()
```

可以使用 add_command()方法向 Menu 组件中插入菜单项，方法如下：

```
Menu 对象.add_command(label = 菜单文本, command = 菜单命令函数)
```

【例 10-27】使用 Menu 组件的简单例子：

```
import tkinter

win = tkinter.Tk()    #创建窗口对象
win.title("使用 Menu 组件的简单例子")    #设置窗口标题

def Hello():
    print("这是一个菜单组件")

m = tkinter.Menu(win)
for item in ["文件","编辑","帮助"]:
    m.add_command(label = item,command = Hello)
win["menu"] = m
win.mainloop()
```

运行上面的程序，会弹出一个如图 10-28 所示的窗口。

图 10-28　一个 Menu 组件

图 10-29　带下拉菜单的 Menu 组件

2. 添加下拉菜单

前文介绍的 Menu 组件只是创建了一行主菜单，默认情况下并不包含下拉菜单。可以通过将一个 Menu 组件作为另一个 Menu 下拉菜单的方法实现下拉菜单的添加。具体方法如下：

```
Menu 对象 1.add_command(label = 文本菜单, menu = Menu 对象 2)
```

上面的语句将 Menu 对象 2 设置为 Menu 对象 1 的下拉菜单。注意，在创建 Menu 对象 2 时也要指定它是 Menu 对象 1 的子菜单，方法如下：

```
Menu 对象 2 = Menu(Menu 对象 1)
```

【例 10-28】创建带下拉菜单的 Menu 组件：

```python
import tkinter

win = tkinter.Tk()  #创建窗口对象
win.title("使用 Menu 组件的简单例子")   #设置窗口标题

def Hello():
    print("这是一个菜单组件")

m = tkinter.Menu(win)
filemenu = tkinter.Menu(m)
for item in ["打开","关闭","退出"]:
    filemenu.add_command(label = item,command = Hello)
m.add_cascade(label = "文件",menu= filemenu)
m.add_cascade(label = "编辑")
m.add_cascade(label = "帮助")
win["menu"] = m
win.mainloop()
```

运行结果如图 10-29 所示。

10.1.11 滑动条组件 Scale

滑动条组件 Scale 用于在窗口中以滑块的形式显示一个范围内的数字。可以设置选择数字的最小值、最大值和步长值。

滑动条组件 Scale

1. 创建和显示 Scale 对象

创建 Scale 对象的基本方法如下：

```
Scale 对象 = Scale(tkinter Windows 窗口对象, from_ = 最小值, to = 最大值,
resolution = 步长值, orient = 显示方向)
Scale.pack()
```

注意：from 是 Python 的关键字，这里添加下划线是为了与关键字 from 区分开，又不失其基本含义。

【例 10-29】使用 Scale 组件的简单例子：

```python
import tkinter

win = tkinter.Tk()  #创建窗口对象
win.title("使用 Scale 组件的简单例子")   #设置窗口标题
s = tkinter.Scale(win,
            from_ = 0,  #设置最小值
            to = 100,    #设置最大值
            resolution = 1,  #设置步长
```

```
        orient = "horizontal"  #设置水平方向
        ).pack()
win.mainloop()
```

运行上面的程序，会显示图 10-30 所示的窗口。

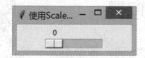

图 10-30　一个 Scale 组件　　　　　　　图 10-31　获取 Scale 的值

2. 获取 Scale 组件的值

需要使用 variable 属性为 Scale 组件指定一个变量名，例如：

```
Scale 对象 = scale(win,
            from_ = 最小值,
            to = 最大值,
            resolution = 步长值
            orient = 显示方向
            variable = v).pack()
win.mainloop()
```

在后面的代码中，就可以使用 v.get()函数来获取 Scale 组建的状态了。也可以使用 v.set()属性来设置 Scale 的值。例如，使用下面的语句，可以将上面定义的 Scale 组件的值设置为 50：

```
v.set(50)
```

【例 10-30】使用一个 Button 按钮获取 Scale 组件的值：

```
import tkinter

win = tkinter.Tk()  #创建窗口对象
win.title("使用 Scale 组件的简单例子")  #设置窗口标题
v = tkinter.IntVar()

def Callscale():
    print(v.get())

s = tkinter.Scale(win,
            from_ = 0,  #设置最小值
            to = 100,   #设置最大值
            resolution = 1,  #设置步长
            orient = "horizontal",  #设置水平方向
            variable = v
            ).pack()
b = tkinter.Button(win, text="获取 Scale 状态", command=Callscale,
width=20).pack() # 创建 Button 组件
v.set(50)
win.mainloop()
```

程序中定义了一个 Button 组件和一个 Scale 组件，使用变量 v 将 Scale 组件绑定到 Button 按钮上。单击 Button 按钮后会调用 Callscale()函数，并通过 v.get()函数打印出 Scale 组件的值，效果如图 10-31 所示。

网格布局管理器

10.2　网格布局管理器

前文介绍了大量的 Tkinter 组件，但在实际应用中会发现，各个组件在窗口内的位置并不是很整齐。

有鉴于此，本节引入了网格布局管理器，用于将组件放置到窗体的指定位置。在 Tkinter 模块中有 3 种布局管理器，即 grid、pack 和 place。由于 grid 布局管理器应用更加广泛，上手更加容易，所以本节主要介绍 grid 布局管理器。pack 布局管理器的灵活度比 grid 管理器的灵活度差一些。而 place 布局管理器虽能精确控制组件位置，但编程也相对复杂。针对 Python 快速编程、快速验证的特点，更多的人会选用 grid 布局管理器。

10.2.1　网格

网格是一个假想的矩阵，包含水平线和垂直线，将矩阵分隔成小单元格(cell)。第 1 行单元格的行号为 0，第 2 行单元格的行号为 1，以此类推。同理，第 1 列单元格的列号为 0，第 2 列单元格的列号为 1，以此类推。每一个单元格由行号和列号标识。图 10-32 展示了一个 3×4 的网格和每个单元格编号的对应关系。

row 0，column 0	row 0，column 1	row 0，column 2	row 0，column 3
row 1，column 0	row 1，column 1	row 1，column 2	row 1，column 3
row 2，column 0	row 2，column 1	row 2，column 2	row 2，column 3

图 10-32　网格与单元格编号的对应关系

图 10-32 显示了一个水平和垂直方向均匀分隔的空间，但这不是常用的 GUI 编程布局，图 10-33 显示了一些常用的布局格式。

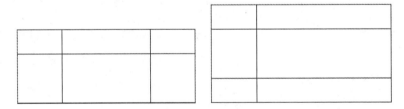

图 10-33　常用的布局格式

组件放置到 grid 中可以创建 GUI 界面。组件可以放置在一个单元格中，也可以放置在多个连续的行列中，每个行列会自动扩展以适应最大组件。参数 padx 和 pady 用于具体指定被放置到单元格中组件周围空白区域的大小。

默认地，组件会被居中显示在单元格中，而属性 sticky 用于改变组件在单元格中的放置方式，也能控制放大组件使其满足单元格的大小。

图 10-34 显示的是本章一开始所列代码的可视化界面。网格为 5 行 2 列(行号 0～4，列号 0～1)。每一个标签控件和输入控件都放到一个单元格内。

按钮放置在第 3 行第 0 列位置，占连续两列单元格。窗体中的其他两个组件的声明和布局代码如下：参数 padx = 5，在组件左、右两边分别设定 5 个像素的空白边界；参数 pady = 5，在组件上、下两边分别设定 5 个像素的空白边界；参数 sticky = "W"，移动输入框组件到单元格左边，参数 columnspan = 2，设定组件占两个合并单元格。

【例 10-31】房屋贷款计算器程序的 grid 布局代码：

```
from tkinter import *

win = Tk()  #创建窗口对象
win.title("房屋贷款计算器")  #设置窗口标题

lab_entNumber = Label(win,text = "贷款金额:")  #创建 Label 标签
lab_entNumber.grid(row = 0,column = 0,padx = 5,pady = 5,sticky = "e")  #
使用 grid 进行布局
entNumber = Entry(win,width = 15)  #创建 Entry 对象
entNumber.grid(row = 0,column = 1,padx = 5,pady = 5,sticky = "w")  #使用
grid 进行布局

lab_rate = Label(win,text = "贷款年利率(百分数):")  #创建 Label 标签
lab_rate.grid(row = 1,column = 0,padx = 5,pady = 5,sticky = "e")  #使用
grid 进行布局
rate = Entry(win,width = 15)  #创建 Entry 对象
rate.grid(row = 1,column = 1,padx = 5,pady = 5,sticky = "w")  #使用 grid 进
行布局

lab_years = Label(win,text = "还款年数:")  #创建 Label 标签
lab_years.grid(row = 2,column = 0,padx = 5,pady = 5,sticky = "e")  #使用
grid 进行布局
years = Entry(win,width = 15)  #创建 Entry 对象
years.grid(row = 2,column = 1,padx = 5,pady = 5,sticky = "w")  #使用 grid
进行布局

bt_Calculate = Button(win,text = "计算每月应还款金额:")  #创建 button 对象,用
于提交数据
bt_Calculate.grid(row = 3,column = 0,columnspan = 2,pady = 5)  #使用 grid
进行布局,横跨两列

lab_payment = Label(win,text = "每月应还款金额:")  #创建 Label 标签
lab_payment.grid(row = 4,column = 0,padx = 5,pady = 5,sticky = "e")  #使
用 grid 进行布局
payment = Entry(win,width = 15,state = "readonly")  #创建 Entry 对象
payment.grid(row = 4,column = 1,padx = 5,pady = 5,sticky = "w")  #使用
grid 进行布局
win.mainloop()
```

房屋贷款计算器运行效果如图 10-34 所示。

一般地，用 widgetName.grid(row = m，column = n)语句放置组件到第 m 行第 n 列的单元格中。grid 方法还包括一些附加属性，如 padx、pady、sticky 等。

使用 widgetName.grid(row = m，colum =n，columnspan = c)语句将组件放在以第 m 行第 n 列为起始位置，连续跨越 c 列的单元格中。如果将 columspan = c 换成 rowspan = c 将连续跨越 c 行。

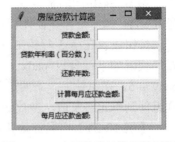

图 10-34　房屋贷款计算器的运行

表 10-4 中的参数用来设定组件空白边界的布局方法。

表 10-4　设定组件空白边界

参　数	效　果
padx = r	在组件左、右两边分别加入 r 个空白像素
pady = r	在组件上、下两边分别加入 r 个空白像素
padx = (r,s)	在组件左边加入 r 个空白像素，在组件右边加入 s 个空白像素
pady = (r,s)	在组件上边加入 r 个空白像素，在组件下边加入 s 个空白像素

注意： grid 布局管理器的行和列的值并不需要特意指定。grid 布局管理器将自动根据放入 grid 中的组件位置决定其行、列。此外，grid 布局管理器每列的宽度和每行的高度都会自动调整，以适应其所包含的所有组件的宽度、高度和空白边界。

10.2.2　sticky 属性

设置 sticky 属性的方法如下：

```
widgetName.grid(row= m, column = n, sticky = letter)
```

这里 letter 为 N、S、E 和 W 这 4 个字母之一，它会使空间边缘靠近单元格的顶部、底部、右侧、左侧排列。

【例 10-32】 不同 sticky 属性的显示效果：

```
years = Entry(win,width = 2)  #创建 Entry 对象
years.grid(row = 0,column = 1,sticky = "e")  #使用 grid 进行布局
```

其中 years = Entry(win,width = 2)语句声明图中的输入框组件为 years，years.grid(row = 0,column = 1,sticky = "e")语句则将输入框组件放到 grid 布局管理器中。图 10-35(a)显示了放置在单元格中间的效果，其余几个子图显示了其他几个属性的布局效果。

sticky 属性的值还可以是 N、S、E 和 W 这 4 个字母的两两组合，或者由这 4 个字母组合在一起。参数 sticky = NS 使得组件的上下边相连，组件被沿垂直方向拉伸；同理，参数 sticky = EW 使得组件沿水平方向被拉伸；参数 Sticky=NSEW 使得组件沿水平和垂直两个方向被拉伸，以填充整个单元格。上述组合的显示效果如图 10-36 所示。

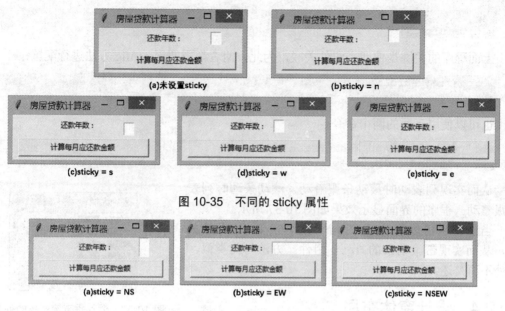

图 10-35　不同的 sticky 属性

图 10-36　不同的 sticky 属性

10.2.3　向列表框添加垂直滚动条

列表框组件 Listbox 默认是没有滚动条的，如果选项太多，部分选项将无法显示。虽然借助鼠标的滚动轮可以实现滚动，但毕竟使用不便。在这种情况下，可以将滚动条组件 Scrollbar 与之绑定，从而实现滚动条与列表的互动。

【例 10-33】带滚动条的列表框组件：

```python
from tkinter import *

win = Tk()    #创建窗口对象
win.title("防疫口诀")    #设置窗口标题

lb = Listbox(win)    #加入列表框
sb = Scrollbar(win,orient=VERTICAL)    #加入垂直滚动条

#指定 Listbox 的 yscrollbar 的回调函数为 ScroLlbar 的 set
lb.config(yscrollcommand=sb.set)    #或用 lb['yscrollcommand']=sb.set
#指定 Scrollbar 的 command 的回调函数是 Listbar 的 yview
sb.config(command=lb.yview)    #或用 sb['command']=lb.yview

ls = ["勤洗手，勤通风","少出门，少聚集",
    "戴口罩，讲卫生","打喷嚏，捂口鼻",
    "喷嚏后，慎揉眼","多消毒，吃熟食",
    "有症状，早就医","不恐慌，不传谣"
    ]
for i in ls:
    lb.insert(END,i)

lb.pack(side=LEFT, fill=Y)    #指定 Listbox 组件居左
sb.pack(side=RIGHT, fill=Y)    #指定 Scrollbar 组件居右
```

```
win.mainloop()
```

上面程序的关键是使两个组件关联，为此，两者都需要用 config 方法进行配置：

```
lb.config(yscrollcommand=scr.set)
scr.config(command=lb.yview)
```

也可以使用下面的两个命令：

```
lb['yscrollcommand']=scr.set
scr['command']=lb.yview
```

从而实现列表动时滚动条跟着动，滚动条动时列表也跟着动。程序的界面显示效果如图 10-37 所示。

当然，也可以将 Scrollbar 组件与 Text 组件关联，从而实现带滚动条的 Text 组件。方法与此类似，此处不再赘述。

图 10-37　添加垂直滚动条的列表框

10.2.4　设计窗体布局

在 GUI 程序开发中，窗体布局一般遵循以下准则。

(1) 用户通过使用输入框组件输入信息，或者单击列表框中的列表项选择信息。标签组件通常放置在输入框左侧，用于提示输入框组件应该输入什么信息；标签组件通常放在列表框上方，用于描述列表框中的内容。

(2) 程序的输出信息通常用只读输入组件或者列表框。如果列表框中显示的内容较多，可以在列表框组件旁边添加垂直滚动条来帮助显示列表框的内容。

(3) 一般来讲，按钮横跨多于一列。

(4) 列表框默认包含 10 个列表项。

(5) 在开始界面编程时，建议先做一个草图设计，观察组件布局，使之更加美观，对于不合理的布局组件，可以适当调整。

(6) 程序第一次运行后，程序员通过增加空白和使用组件中的网格方法的 sticky 参数加以调整，优化设计。这个过程往往要反复多次才能完成。

10.3　GUI 编程

GUI 编程通常采用面向对象的编程方式。然而为了尽可能简化代码的复杂性，我们采用一种直接的编程方式。在 10.3.2 小节将介绍如何用面向对象方式编写 GUI 程序。

10.3.1　将 TUI 程序转换成 GUI 程序

一般来说，程序包含 3 个部分，即输入、加工和输出。

在 TUI 程序中，输入通常用 input 语句从键盘读入数据，或者用 read 等方法从文件读入数据；输出则通常用 print 语句把数据显示到屏幕上，或者用 write 等方法将数据写入文件中。当将 TUI 程序转换成 GUI 程序时，通常会用 Label/Entry 组件来代替 input 和 print

语句，而数据处理部分和文件读写与 GUI 程序相同，主要的区别在于 GUI 程序的处理过程需要由一个事件触发。

下面的例子将本章开始时图 10-1(a)所示的 TUI 程序转化成 GUI 程序，网格由 5 行 2 列组成。

【例 10-34】使用 GUI 界面的房贷计算器：

```python
from tkinter import *
from tkinter import messagebox

win = Tk()  # 创建窗口对象
win.title("使用 GUI 界面的简单房贷计算器")  # 设置窗口标题

def Calculation():
    try:
        Principal = float(number_of_ent.get())
        year_rate = float(number_of_rate.get())
        month_rate = year_rate / 12  # 转换成月利率
        years = float(number_of_years.get())
        months = years * 12  # 转换成月数
        sum = (Principal * (month_rate/100) * pow((1 + month_rate/100),
months))\
            /(pow((1 + month_rate/100), months)-1)  # 月还款计算公式
        number_of_repay.set(round(sum, 2))  # 保留两位小数并输出
    except:
        messagebox.showerror(title="提示", message="输入错误，请重新输入")

lab_entNumber = Label(win, text="贷款金额:")  # 创建 Label 标签
lab_entNumber.grid(row=0, column=0, padx=5, pady=5, sticky="e")  # 使用
grid 进行布局
number_of_ent = IntVar()
entNumber = Entry(win, width=15, textvariable=number_of_ent)  # 创建 Entry
对象
entNumber.grid(row=0, column=1, padx=5, pady=5, sticky="w")  # 使用 grid 进
行布局

lab_rate = Label(win, text="贷款年利率(百分数):")  # 创建 Label 标签
lab_rate.grid(row=1, column=0, padx=5, pady=5, sticky="e")  # 使用 grid 进
行布局
number_of_rate = DoubleVar()
rate = Entry(win, width=15, textvariable=number_of_rate)  # 创建 Entry 对象
rate.grid(row=1, column=1, padx=5, pady=5, sticky="w")  # 使用 grid 进行布局

lab_years = Label(win, text="还款年数:")  # 建 Label 标签
lab_years.grid(row=2, column=0, padx=5, pady=5, sticky="e")  # 使用 grid 进
行布局
number_of_years = IntVar()
years = Entry(win, width=15, textvariable=number_of_years)  # 创建 Entry 对象
years.grid(row=2, column=1, padx=5, pady=5, sticky="w")  # 使用 grid 进行布局

bt_Calculate = Button(win, text="计算每月应还款金额", command=Calculation)
# 创建 button 对象，用于提交数据
```

```
bt_Calculate.grid(row=3, column=0, columnspan=2, pady=5)  # 使用 grid 进行布
局，横跨两列

lab_payment = Label(win, text="每月应还款金额:")  # 创建 Label 标签
lab_payment.grid(row=4, column=0, padx=5, pady=5, sticky="e")  # 使用 grid
进行布局
number_of_repay = DoubleVar()
payment = Entry(win, width=15,
state="readonly",textvariable=number_of_repay)  # 创建 Entry 对象
payment.grid(row=4, column=1, padx=5, pady=5, sticky="w")  # 使用 grid 进行
布局
win.mainloop()
```

运行后的界面如图 10-1(b)所示。通过比较图 10-1(a)与图 10-1(b)，读者不难想象，无论是从视觉效果来看，还是从用户操作的方便性来看，图形用户界面远优于文本界面，这也是 GUI 非常流行的根本原因。

10.3.2 面向对象编程

关于面向对象的方法，第 6 章已做过详细介绍，本章不再赘述。下面的例子就是使用面向对象方式编写的 GUI 房贷计算器。

【例 10-35】使用面向对象方式编写的 GUI 房贷计算器:

```
from tkinter import *
from tkinter import messagebox

class MortgageCalculator:

    def __init__(self):
        win = Tk()  # 创建窗口对象
        win.title("使用 GUI 界面的简单房贷计算器")  # 设置窗口标题
        lab_entNumber = Label(win, text="贷款金额:")  # 创建 Label 标签
        lab_entNumber.grid(row=0, column=0, padx=5, pady=5, sticky="e")  #
使用 grid 进行布局
        self.number_of_ent = IntVar()
        entNumber = Entry(win, width=15, textvariable=self.number_of_ent)
# 创建 Entry 对象
        entNumber.grid(row=0, column=1, padx=5, pady=5, sticky="w")  # 使用
grid 进行布局

        lab_rate = Label(win, text="贷款年利率(百分数):")  # 创建 Label 标签
        lab_rate.grid(row=1, column=0, padx=5, pady=5, sticky="e")  # 使用
grid 进行布局
        self.number_of_rate = DoubleVar()
        rate = Entry(win, width=15, textvariable=self.number_of_rate)  #
创建 Entry 对象
        rate.grid(row=1, column=1, padx=5, pady=5, sticky="w")  # 使用 grid
进行布局

        lab_years = Label(win, text="还款年数:")  # 建 Label 标签
```

```
        lab_years.grid(row=2, column=0, padx=5, pady=5, sticky="e")  # 使用
grid进行布局
        self.number_of_years = IntVar()
        years = Entry(win, width=15, textvariable=self.number_of_years)  #
创建Entry对象
        years.grid(row=2, column=1, padx=5, pady=5, sticky="w")  # 使用
grid进行布局

        bt_Calculate = Button(win, text="计算每月应还款金额",
command=self.Calculation)  # 创建button对象, 用于提交数据
        bt_Calculate.grid(row=3, column=0, columnspan=2, pady=5)  # 使用
grid进行布局, 横跨两列

        lab_payment = Label(win, text="每月应还款金额:")  # 创建Label标签
        lab_payment.grid(row=4, column=0, padx=5, pady=5, sticky="e")  #
使用grid进行布局
        self.number_of_repay = DoubleVar()
        payment = Entry(win, width=15,
state="readonly",textvariable=self.number_of_repay)  # 创建Entry对象
        payment.grid(row=4, column=1, padx=5, pady=5, sticky="w")  # 使用
grid进行布局
        win.mainloop()

    def Calculation(self):
        try:
            Principal = float(self.number_of_ent.get())
            year_rate = float(self.number_of_rate.get())
            month_rate = year_rate / 12  # 转换成月利率
            years = float(self.number_of_years.get())
            months = years * 12  # 转换成月数
            sum = (Principal * (month_rate/100) * pow((1 + month_rate/100),
months))\
                /(pow((1 + month_rate/100), months)-1)  # 月还款计算公式
            self.number_of_repay.set(round(sum, 2))  # 保留两位小数并输出
        except:
            messagebox.showerror(title="提示", message="输入错误，请重新输入")

MortgageCalculator()
```

运行后的界面如图 10-1(b)所示。

10.4　案例实训：设计一个查看文件目录的程序

本节案例将结合前面几章所学的内容，并结合 GUI 编程，以面向对象的方法设计一个查看文件目录的程序。该程序完成的功能如下。

(1) 默认显示当前目录下的所有目录和文件。

(2) 双击某目录，能够显示该目录下的所有目录和文件。

(3) 可以通过滚动条查看不在可视区域内的文件。

(4) 按钮 Clear：清除列表框中的所有内容。

(5) 按钮 LS：配合路径输入文本框，判断路径是否合法，如果合法则列出所有文件。

(6) 按钮 Quit：结束运行。

查看文件目录程序的具体代码如下：

```python
import os
from time import sleep
from tkinter import *

class DirList(object):

    def __init__(self,initdir=None):
        self.top=Tk()
        self.top.title("目录查看器")
        self.title_label=Label(self.top,text="目录查看器 1.0 版")
        self.title_label.pack()
        self.cwd=StringVar(self.top)
        self.cwd_lable=Label(self.top,fg='Red',font=('宋体',10,'bold'))
        self.cwd_lable.pack()
        self.dirs_frame=Frame(self.top)
        self.sbar=Scrollbar(self.dirs_frame)
        self.sbar.pack(side=RIGHT,fill=Y)
        self.dirs_listbox=Listbox(self.dirs_frame,height=15,width=50,
                            yscrollcommand=self.sbar.set)
        self.dirs_listbox.bind('<Double-1>',self.setDirAndGo)
        self.dirs_listbox.pack(side=LEFT,fill=BOTH)
        self.dirs_frame.pack()

        self.dirn=Entry(self.top,width=50,textvariable=self.cwd)
        self.dirn.bind("<Return>",self.doLS)
        self.dirn.pack()

        self.bottom_frame=Frame(self.top)
        self.ret=Button(self.bottom_frame,text="Return",
                    command=self.RetDir,activeforeground='white',
                    activebackground='Gray')
        self.clr=Button(self.bottom_frame,text="Clear",
                    command=self.clrDir,activeforeground='white',
                    activebackground='Gray')
        self.ls=Button(self.bottom_frame,text="List",
                    command=self.doLS,activeforeground='white',
                    activebackground='Gray')
        self.quit=Button(self.bottom_frame,text="Quit",
                    command=self.top.quit,activeforeground='white',
                    activebackground='Gray')
        self.clr.pack(side=LEFT)
        self.ret.pack(side=LEFT)
        self.ls.pack(side=LEFT)
        self.quit.pack(side=LEFT)
        self.bottom_frame.pack()

        if initdir:
            self.cwd.set(os.curdir)
            self.doLS()
```

```
def RetDir(self,ev=None):
    dirlist=os.listdir(root)
    dirlist.sort()
    os.chdir(root)
    self.dirs_listbox.delete(0,END)
    self.dirs_listbox.insert(END,os.curdir)
    self.dirs_listbox.insert(END,os.pardir)
    for eachfile in dirlist:
        self.dirs_listbox.insert(END,eachfile)
    self.cwd.set(os.curdir)
    self.dirs_listbox.config(selectbackground='Gray')


def clrDir(self,ev=None):
    #self.cwd.set('')
    self.dirs_listbox.delete(first=0,last=END)

def setDirAndGo(self, ev=None):
    self.last=self.cwd.get()
    self.dirs_listbox.config(selectbackground='red')
    try:
        check=self.dirs_listbox.get(self.dirs_listbox.curselection())
    except:
        check=""
    if not check:
        check=os.curdir
    #check is the selected item for file or directory
    self.cwd.set(check)
    self.doLS()

def doLS(self,ev=None):
    error=""
    self.cwd_lable.config(text=self.cwd.get())
    tdir=self.cwd.get()#get the current working directory
    if not tdir:
        tdir=os.curdir
    if not os.path.exists(tdir):
        error=tdir+':未找到该文件'
    elif not os.path.isdir(tdir):
        error=tdir+":该文件不是文件夹"
    if error:#if error occured
        print(error)
        self.cwd.set(error)
        self.top.update()
        sleep(2)
        if not (hasattr(self,'last') and self.last):
            self.last=os.curdir
            self.cwd.set(self.last)
            self.dirs_listbox.config(selectbackground='Gray')
            self.top.update()
            return
    self.cwd.set("目录加载中..")
    self.top.update()
    try:
        dirlist=os.listdir(tdir)
```

```
            dirlist.sort()
            os.chdir(tdir)
        except:
            tdir = "."
            dirlist=os.listdir(tdir)
            dirlist.sort()
            os.chdir(tdir)
        self.dirs_listbox.delete(0,END)
        self.dirs_listbox.insert(END,os.curdir)
        self.dirs_listbox.insert(END,os.pardir)
        for eachfile in dirlist:
            self.dirs_listbox.insert(END,eachfile)
        self.cwd.set(os.curdir)
        self.dirs_listbox.config(selectbackground="Gray")

def main():
    global root
    root = os.getcwd()
    print(root)
    d=DirList(root)
    mainloop()

if __name__ == '__main__':
    main()
```

运行上面的代码后，显示的程序运行界面如图 10-38 所示。

图 10-38 程序运行界面

10.5 本 章 小 结

本章，介绍了如何使用 Python 语言进行 GUI 编程，介绍了 Tkinker 模块的 Label 组件、Button 组件、Messagebox 组件、Entry 组件、Radiobutton 组件、Checkbutton 组件、Text 组件、Listbox 组件、Menu 组件、Scale 组件等，并讲解了如何使用网格布局管理器让这些组件更好地展现在窗体中。

在实际应用中，一个拥有良好界面的程序能提供更好的用户体验。合理运用各个组件，合理地进行布局设计才能实现多种多样的用户界面。

习　　题

一、填空题

1. Python 的常用 GUI 工具有：_____、_____、_____和_____等。

2. Python 图形用户界面程序一般包含一个顶层窗口，也称为_____或_____。

3. Tkinter 提供了 3 种不同的几何布局管理器：_____、_____和_____，用于将组件放置到窗体的指定位置，从而组织和管理子组件在父组件中的布局方式。

4. 通过组件的_____和_____属性，可以设置组件的宽度和高度。

5. 通过 Button 组件的_____属性可以设置其显示的位图，自定义位图为_____格式的文件。

6. _____控件用于选择同一组单选按钮中的一个单选按钮(不能同时选择多个)，按钮上可显示文本，也可显示图像。

7. _____用于显示对象列表，并允许用户选择一项或多项。

8. Tkinter 模块中的_____通常用于实现通用消息框的功能，_____用于实现列表框的功能，_____用于实现文本框的功能。

二、选择题

1. 在 TkinKer 中，下面的(　　)语句是用来创建只读文本框的。

    A. messagebox　　　　　B. Label　　　　　C. Entry　　　　　D. Text

2. 弹出消息框是图形界面的一个基本功能，使用 tkinter.messagebox 模块的 askretrycancel()可以弹出一个包含(　　)的疑问消息框。

    A. "是" 和 "否"　　　　　　　　　　B. "重试" 和 "取消"

    C. "确定" 和 "取消"　　　　　　　　D. "重置" 和 "取消"

3. 使用 grid 布局管理器的 sticky 属性对组件进行调整时，如果想让组件沿水平和垂直两个方向被拉伸，以填充整个单元格，应该将 sticky 的值设定为(　　)。

    A. ns　　　　　　　　B. we　　　　　　　　C. center　　　　　　　　D. nsew

三、问答题

1. grid 是 tkinter 模块中的 3 种布局管理器之一，其中 sticky 属性的值可取 N、S、W、E 之一或其组合，你怎样理解其含义？

2. 将窗口 win 的尺寸设置为 1024 像素×768 像素，最小 800×600 像素，最大 1440 像素×900 像素，应怎样设置？

四、实验操作题

1. 应用面向对象的编程方法创建一个窗口(300 像素×120 像素)，窗口中布置 2 个按钮，其中一个按钮用于关闭窗口，另一个按钮用于切换执行传入的 2 个函数 sta()和 sto()。部分代码已经给出，请补充类 Window 的代码。

```
import time
import tkinter as tk
```

```
class Window:

    _____

def sta():
    print('start.')
    return True
def sto():
    print('stop.')
    return True

if __name__ == '__main__':
    import sys, os

    w = Window(staFunc=sta, stoFunc=sto)
    w.staIco = os.path.join(sys.exec_prefix, 'DLLs\pyc.ico')
    w.stoIco = os.path.join(sys.exec_prefix, 'DLLs\py.ico')
    w.loop()
```

2. 制作图形界面。

① 创建一个名为"五讲四美三热爱"的窗体。

② 在窗体上创建一个列表框，内容如下：

讲文明、讲礼貌、讲卫生、讲秩序、讲道德；

心灵美、语言美、行为美、环境美；

热爱祖国、热爱社会主义、热爱共产党。

③ 向列表框添加垂直滚动条。

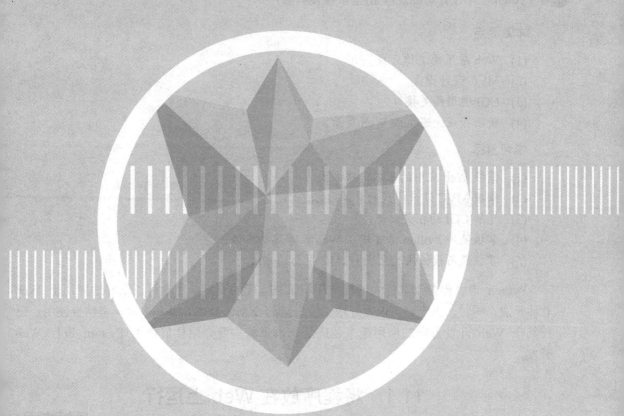

第 11 章

Web 开发

本章要点

(1) Web 应用的工作方式。

(2) MVC 设计模式。

(3) CGI 通用网关接口。

(4) 使用模板快速生成 Web 页面。

学习目标

(1) 掌握 Web 应用的基本工作方式。

(2) 掌握 MVC 设计模式的具体内容。

(3) 了解 CGI 的相关知识。

(4) 掌握使用 Python 语言建立 Web 服务器的方法。

(5) 掌握使用模板快速生成 HTML 页面的方法。

Python 语言得益于其强大的标准库和第三方库的支持，使其可以很好地应用于 Web 软件开发。同时，由于它可以很好地支持最新的 XML 技术、并和多种语言结合使用，也使其在 Web 开发方向的应用越来越广泛。本章将主要介绍如何使用 Python 进行 Web 开发。

11.1 将程序放在 Web 上运行

通过学习前面的知识，相信读者已经能够使用 Python 语言编写一些简单的代码，用以解决工作或学习中遇到的问题了。试想，如果编写了一个得意的小工具，如何能让更多的人一起来分享这种方便呢？当对它进行功能升级后，如何让所有使用它的用户都可以马上体验到最新的版本？如何让输入输出有更好的用户体验？

将程序放在
Web 上运行

使用 Python 语言的 Web 开发功能，将开发的程序放在 Web 服务器上运行，可以很好地解决上述问题。而且相对于代码裸露的单机版本，一个基于 Web 的应用会有以下优点。

(1) 轻松访问，可以随时随地通过浏览器访问你的应用。

(2) 跨平台访问，可以通过多种媒体工具访问你的应用，使你的应用不只是运行在单一的设备上。

(3) 增加用户，可以让更多的人方便地使用你的应用，同时更好地了解用户的需求。

(4) 同步更新，可以让所有人即刻用到最新的版本。

(5) 良好的界面，运用 Web 技术为程序编写一个舒服的界面，让代码不再枯燥。

11.1.1 Web 应用的工作方式

在学习编写 Web 应用之前，首先需要了解一下 Web 应用是如何在服务器上工作的。不论我们在 Web 上进行什么操作，都会用到请求和响应操作。首先是用户通过 Web

浏览器发送一个包含交互操作(输入一个 URL、选择一个链接或者提交一个表单)的 Web 请求到 Web 服务器上。Web 服务器会根据请求的报文信息将需要的 HTML、CSS、JS 等文件生成一个 Web 响应，并发回给 Web 浏览器。整个过程大致分为 4 个阶段，如图 11-1 所示。

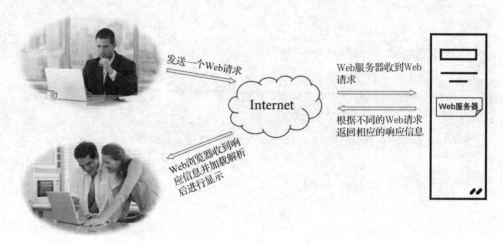

发送一个Web请求

Internet

Web服务器收到Web请求

Web服务器

根据不同的Web请求返回相应的响应信息

Web浏览器收到响应信息并加载解析后进行显示

图 11-1　Web 应用在服务器上的工作过程

(1) 用户在 Web 浏览器输入一个 URL、选择一个链接或者提交一个表单，并进行提交操作。

(2) Web 浏览器将用户的操作转换为一个 Web 请求，并通过网络通信将这个请求发送给相应的 Web 服务器。

(3) Web 服务器收到 Web 浏览器发送来的请求后，可能会进行两种操作。

① 如果 Web 请求的是静态内容(static content)，Web 服务器就会在本地找到这些资源(例如 HTML 文件、图片或者存储在 Web 服务器上的其他文件)，并将其内容封装到 HTTP 消息体中，以消息体的形式返回给 Web 服务器。

② 如果请求的是动态内容(dynamic content)，也就是说内容是需要动态加载的(这样做的好处是可以与后台数据库进行交互操作)，那么服务器就会通过一个应用程序来生成 Web 响应，并发送给 Web 浏览器(服务器端通常使用通用网关接口 CGI 产生动态网页)。

(4) Web 浏览器收到 Web 响应，并加载解析后显示在用户的屏幕上。

11.1.2　为 Web 应用创建一个 UI

本章将以一个"网上书店"为例来对 Web 应用开发进行简要介绍。

首先开始编写网上书店的视图代码，创建 Web 应用的用户界面(User Interface，UI)。在 Web 开发中，用户界面通常使用 HTML 技术来创建。如果读者对 HTML 技术还不是很了解，可能需要花些时间来掌握它。可以在网上参考一些相关资料，这样可以快速熟悉 HTML 技术的一些基本用法，也可以阅读一些相关的 HTML 教材去深入了解这门非常重要的 Web 开发技术。由于本书篇幅有限，本章暂不介绍 HTML 技术。

根据平时浏览网站的习惯，在输入网址后，首先进入的应该是网上书店的首页。它一般包括欢迎标题、书店的图标，超链接子页面和相关的文字介绍。HTML 文件代码如下。

【例 11-1】index.html 文件的内容：

```html
<!DOCTYPE html>
<html lang="en">
<head>
    <meta charset="UTF-8">
    <title>BookStore</title>
</head>
<body>
    <h1>Welcome to My Book Store.</h1>
    <img src="imgs/books.png">
    <h3>
    please choose your favorite book, click <a href="...">here</a>.
    </h3>
    <p>
    <strong> Enjoy!</strong>
    </p>
</body>
</html>
```

将上述内容保存为.html 文件后用浏览器打开，效果如图 11-2 所示。

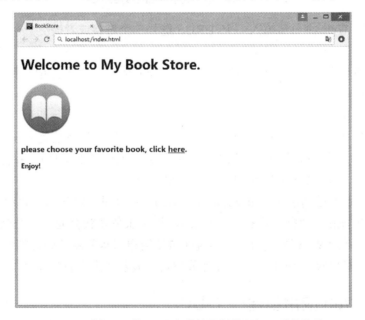

图 11-2　例 11-1 的 html 文件使用浏览器打开后的效果

在实际的网站开发中，为每个网页都编写一个 HTML 文件是极其低效的。这时可以通过编写模板文件来快速生成 Web 页面。例如，编写一个模板文件并保存为 yate.py，之后就可以通过替换 yate.py 中的内容实现网页的快速生成。

【例 11-2】模板文件 yate.py：

```python
def start_form(the_url, form_type="POST"):
```

```
    return('<form action="' + the_url + '" method="' + form_type + '">')

def end_form(submit_msg="Submit"):
    return('<input type=submit value="' + submit_msg + '"></form>')

def radio_button(rb_name, rb_value):
    return('<input type="radio" name="' + rb_name +
                  '" value="' + rb_value + '"> ' + rb_value + '<br />')

def u_list(items):
    u_string = '<ul>'
    for item in items:
        u_string += '<li>' + item + '</li>'
    u_string += '</ul>'
    return(u_string)

def header(header_text, header_level=2):
    return('<h' + str(header_level) + '>' + header_text +
          '</h' + str(header_level) + '>')
def para(para_text):
    return("<p>" + para_text + '</p>')

def link(the_link,value):
    link_string = '<a href="' + the_link + '">' + value + '</a>'
    return(link_string)
```

在以后的应用中，只需要用 import yate 命令加载该文件，通过语句 print(yate.header ('Book Detail:'))就可以快速定义 Web 页面标题，这显然是非常方便的。

11.2　使用 MVC 设计 Web 应用

在前文的例子中，已经建立了两个代码文件，并且在例 11-1 中还引入了一个图片文件。那么应如何保存这些文件？何种方式最佳呢？

一个最受大家认可的 Web 应用应该遵循 MVC(Model View Controller) 模式，这种模式更加有利于维护和管理各个功能模块和组件。

MVC 设计模式

MVC 是"模型(Model)—视图(View)—控制器(Controller)"的缩写，它是一种软件设计典范，用一种将业务逻辑、数据、界面显示三者分离的方法组织代码，将业务逻辑聚集到一个部件里面，在改进和个性化定制界面及用户交互的同时，不需要重新编写业务逻辑。

模型：定义数据库相关的内容，一般放在 models.py 文件中。

视图：定义 HTML 等静态网页文件相关的内容，也就是 html、css、js 等前端文件。

控制器：定义业务逻辑相关的内容，也就是我们运行的主要代码。

通俗来说，MVC 设计就是一种文件的组织和管理形式，它将不同的文件分类存放，以方便后期的管理。采用 MVC 设计的优点是很明显的，分层的设计降低了 Web 应用的耦合性，允许更改视图层代码而不用重新编译模型和控制器代码。因为多个视图可以共用一个模板来实现，所以 MVC 方法具有可重用性高、部署快、可维护性好等特点。

图 11-3 为推荐的一种 MVC 式文件存储结构。

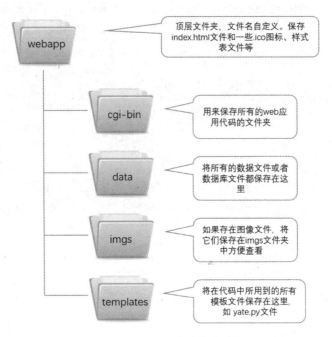

图 11-3　MVC 式文件存储结构

11.3　使用 CGI 将程序运行在服务器上

通用网关接口(Common Gateway Interface，CGI)是外部应用程序(CGI 程序)与 Web 服务器之间的接口标准，允许 Web 服务器运行一个服务器端程序，简称 CGI 脚本。

使用 CGI 将程序
运行在服务器上

一般情况下，CGI 脚本都保存在 cgi-bin 文件夹中，这样 Web 服务器能方便地找到 CGI 脚本。所有的 Web 应用都要在 Web 服务器上运行，实际上所有的 Web 服务器都支持 CGI 脚本，无论是 Apache、IIS、nginx、Lighttpd 还是其他服务器，它们都支持用 Python 编写的 CGI 脚本。这些 Web 服务器功能都十分强大，当然在使用过程中也较为复杂。相对于这里较小的项目规模，还可以使用 Python 自带的简单 Web 服务器，这个 Web 服务器包含在 http.server 库模块中。

运行下面的程序就可以启动一个支持 CGI 脚本的 Web 服务器。

【例 11-3】启动 Web 服务器：

```
from http.server import HTTPServer, CGIHTTPRequestHandler
port = 8080
httpd = HTTPServer(('', port), CGIHTTPRequestHandler)
print("Starting simple_httpd on port: " + str(httpd.server_port))
httpd.serve_forever()
```

CGI 标准指出，服务器端程序(CGI 脚本)生成的任何输出都将会由 Web 服务器捕获，并发送到等待的 Web 浏览器。具体来说，它会捕获发送到 stdout(标准输出)的所有内容。

一个 CGI 脚本由两部分组成：第一部分输出 Response Headers；第二部分输出常规的 HTML 文件。其中 Response Headers 部分一般用以下语句来实现：

```
print("Content-type:text/html\n")
```

例如，在"网上书店"例子中，index.html 页面的超链接"here"会链接到图书清单页面。该页面包括一个标题、一个通过服务器应用动态生成的图书列表和返回按钮。可以使用 yate 模板来实现该 CGI 脚本。

【例 11-4】图书清单页面。

① book_list_view.py：

```
import cgitb
cgitb.enable()
#启用这个模块时，会在 Web 浏览器上显示详细的错误信息。enable()函数打开 CGI 跟踪
#CGI 脚本产生一个异常时，Python 会将消息显示在 stderr(标准出错文件)上。CGI 机制会忽略
这个输出，因为它想要的只是 CGI 的标准输出(stdout)
from templates import yate
import book_service

print("Content-type:text/html\n")#Response Headers
#网页内容：由 html 标签组成的文本
print('<html>')
print('<head>')
print('<title>Book List</title>')
print('</head>')
print('<body>')
print('<h2>Book List:</h2>')
print(yate.start_form('book_detail_view.py'))    # 调用模板生成图书列表
book_dict=book_service.get_book_dict()   # 调用图书管理模块提取图书信息
for book_name in book_dict:
    print(yate.radio_button('bookname',book_dict[book_name].name))
print(yate.end_form('detail'))
print(yate.link("/index.html",'Home'))
print('</body>')
print('</html>')
```

② book_service.py：

```
from templates import Book

def get_book_dict():
    book_dict={}
    try:
        with open( 'data\\book.txt','r') as book_file:
            for each_line in book_file:
                book=parse(each_line)
                book_dict[book.name]=book
    except IOError as ioerr:
        print("IOErr:",ioerr)
    return(book_dict)

def parse(book_info):
    (name,author,price)=book_info.split(';')
    book=Book.Book(name,author,price)
    return(book)
```

③ Book.py:

```
from templates import yate

class Book:
    def __init__(self,name,author,price):
        self.name=name
        self.author=author
        self.price=price

    @property
    def get_html(self):
        html_str=''
        html_str+=yate.header('BookName:',4)+yate.para(self.name)
        html_str+=yate.header('Author:',4)+yate.para(self.author)
        html_str+=yate.header('Price:',4)+yate.para(self.price)
        return(html_str)
```

上面的代码共包含 3 个文件,即图书列表视图文件 book_list_view.py、图书处理逻辑文件 book_service.py 和定义书籍类的文件 Book.py。其中,book_service.py 文件从本地的 book.txt 文件中提取出书籍信息,调用 Book 类生成 Book 对象,并以字典格式保存所有的书籍信息后,返回给 book_list_view.py 中的 book_dict,然后通过模板生成书籍列表内容。

待显示的图书信息以"书名;作者;价格"的格式保存在 book.txt 文件中,如图 11-4 所示。

```
文件(F) 编辑(E) 格式(O) 查看(V) 帮助(H)
The Linux Programming Interface: A Linux and UNIX System Prog;Michael Kerrisk;
$123.01
HTML5 and CSS3, Illustrated Complete (Illustrated Series);Jonathan Meersman Sasha
Vodnik;$32.23
Understanding the Linux Kernel;Daniel P. Bovet Marco Cesati;$45.88
Getting Real;Jason Fried, Heinemeier David Hansson, Matthew Linderman;$87.99|
```

图 11-4　待显示的图书信息

运行 book_list_view.py 文件可以得到图 11-5 所示的输出。

```
Content-type:text/html

<html>
<head>
<title>Book List</title>
</head>
<body>
<h2>Book List:</h2>
<form action="book_detail_view.py" method="POST">
<input type="radio" name="bookname" value="HTML5 and CSS3, Illustrated Complete (Illustrated Series)"> HTML5 and CSS3
<input type="radio" name="bookname" value="Getting Real"> Getting Real<br />
<input type="radio" name="bookname" value="Understanding the Linux Kernel"> Understanding the Linux Kernel<br />
<input type="radio" name="bookname" value="The Linux Programming Interface: A Linux and UNIX System Prog"> The Linux
<input type=submit value="detail"></form>
<a href="/index.html">Home</a>
</body>
</html>
```

图 11-5　book_list_view.py 运行效果

最后一个页面是详细的图书信息页面。在这个 CGI 脚本中,首先要获得上级表单提交给 Web 服务器的值 bookname,并通过 bookname 判断需要动态加载的书籍信息。完成上面的目标可以通过使用 CGI 库的 cgi.FieldStorage()实现。

　　cgi.FieldStorage()方法访问 Web 浏览器发送给 Web 服务器的数据，并将这些数据保存为一个 Python 字典。在确定书籍名称后即可访问本地 book 数据字典，之后调用 yate 模板生成视图页面。

　　这里需要注意的是，表单可能返回的是一个 None 值，即用户可能没有选取任何书籍。所以，需要用一个 try/except 语句来保护代码，当 bookname 值为空时，提醒用户选择书籍。具体的代码包含在下面的例子中。

　　【例 11-5】图书详细页面：

```
book_detail_view.py
import cgitb
cgitb.enable()

import cgi
import templates.yate as yate
import book_service

form_data = cgi.FieldStorage()

print("Content-type:text/html\n")
print('<html>')
print('<head>')
print('<title>Book List</title>')
print('</head>')
print('<body>')
print(yate.header('Book Detail:'))
try:
    book_name = form_data['bookname'].value
    book_dict=book_service.get_book_dict()
    book=book_dict[book_name]
    print(book.get_html)
except KeyError as kerr:
    print(yate.para('please choose a book...'))
print(yate.link("/index.html",'Home'))
print(yate.link("/cgi-bin/book_list_view.py",'Book List'))
print('</body>')
print('</html>')
```

　　所有文件保存后，全部工程文件的结构如图 11-6 所示。

　　首先运行服务器文件 simple_httpd.py，得到输出"Starting simple_httpd on port: 8080"后，说明服务器已经开始正常运行并监听输出内容。

　　这时用浏览器输入 http://127.0.0.1:8080/就可以打开 "网上书店"页面，运行效果如图 11-7 所示(注意图 11-2 与图 11-7 的区别)。

　　单击"here"链接后执行 book_list_view.py 文件，运行效果如图 11-8 所示。

　　选择书籍后，单击 detail 按钮可以查看图书细节，这时跳转到 book_detail_view.py 文件，运行效果如图 11-9 所示。

　　控制台监控到的请求信息如图 11-10 所示。

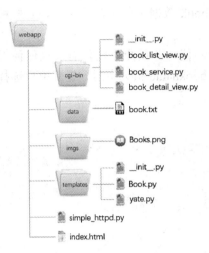

图 11-6　全部工程文件结构

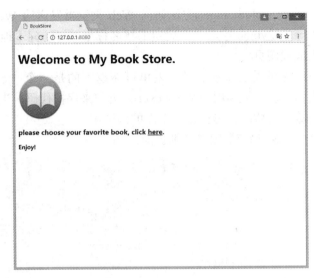

图 11-7　网上书店首页

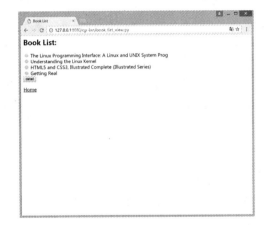

图 11-8　单击"here"链接后页面

图 11-9　跳转到 book_detail_view.py 文件

```
D:\Anaconda3\python.exe D:/web开发/simple_httpd.py
Starting simple_httpd on port: 8080
127.0.0.1 - - [16/Mar/2017 09:01:25] "GET / HTTP/1.1" 200 -
127.0.0.1 - - [16/Mar/2017 09:01:25] "GET /imgs/books.png HTTP/1.1" 200 -
127.0.0.1 - - [16/Mar/2017 09:01:25] code 404, message File not found
127.0.0.1 - - [16/Mar/2017 09:01:25] "GET /favicon.ico HTTP/1.1" 404 -
127.0.0.1 - - [16/Mar/2017 09:03:26] "GET /cgi-bin/book_list_view.py HTTP/1.1" 200 -
127.0.0.1 - - [16/Mar/2017 09:03:26] command: D:\Anaconda3\python.exe -u D:\web开发\cgi-bin\book_list_view.py ""
127.0.0.1 - - [16/Mar/2017 09:03:27] CGI script exited OK
127.0.0.1 - - [16/Mar/2017 09:07:54] "POST /cgi-bin/book_detail_view.py HTTP/1.1" 200 -
127.0.0.1 - - [16/Mar/2017 09:07:54] command: D:\Anaconda3\python.exe -u D:\web开发\cgi-bin\book_detail_view.py ""
127.0.0.1 - - [16/Mar/2017 09:07:54] CGI script exited OK
127.0.0.1 - - [16/Mar/2017 09:08:31] "GET /cgi-bin/book_list_view.py HTTP/1.1" 200 -
127.0.0.1 - - [16/Mar/2017 09:08:31] command: D:\Anaconda3\python.exe -u D:\web开发\cgi-bin\book_list_view.py ""
127.0.0.1 - - [16/Mar/2017 09:08:31] CGI script exited OK
127.0.0.1 - - [16/Mar/2017 09:09:02] "POST /cgi-bin/book_detail_view.py HTTP/1.1" 200 -
127.0.0.1 - - [16/Mar/2017 09:09:02] command: D:\Anaconda3\python.exe -u D:\web开发\cgi-bin\book_detail_view.py ""
127.0.0.1 - - [16/Mar/2017 09:09:03] CGI script exited OK
```

图 11-10　控制台监控到的请求信息

11.4 案例实训：从 Web 页面获取表格内容并显示

前面以一个"网上书店"实例，对如何使用 Python 进行 Web 开发做了详细的讲解。本案例以获取表格内容并显示为案例，再次对整个 Web 开发的主要过程进行回顾。在本例中，首先由用户通过一个 HTML 页面输入数据，并提交给 CGI 服务器，然后通过 CGI 脚本获取其内容并返回到 HTML 页面中显示出来。

首先，建立一个工程文件夹 www，并在文件夹下建立 simple_httpd.py 文件。在该文件中输入下面的代码并运行，打开 CGI 服务：

```python
from http.server import HTTPServer, CGIHTTPRequestHandler
port = 8080
httpd = HTTPServer(('', port), CGIHTTPRequestHandler)
print("Starting simple_httpd on port: " + str(httpd.server_port))
httpd.serve_forever()
```

其次，在 www 文件夹中建立一个首页文件 index.html，代码如下：

```html
<!DOCTYPE html>
<html lang="en">
<head>
    <meta charset="utf-8">
    <title>Web 开发案例</title>
</head>
</head>
<body>
    <h1>Web 开发案例</h1>
    <div>
        <form name="input" action="/cgi-bin/test1.py" method="get">
            姓名: <input type="text" name="name"><br>
            学号: <input type="text" name="id"><br>
            专业: <input type="text" name="specialty"><br>
            分数: <input type="text" name="score"><br>
            <input type="submit" value="提交">
        </form>
    </div>
</body>
</html>
```

在浏览器中输入地址 http://127.0.0.1:8080/(本地服务器地址)，即可访问到 index.html 文件，效果如图 11-11 所示。

注意：在 index.html 文件的 form 表单里设置了语句 action="/cgi-bin/test1.py"，旨在实现单击页面中的"提交"按钮后能够调用同一目录下 cgi-bin 文件夹中的 test1.py 文件。

最后，在 www 文件夹下新建文件夹

图 11-11 在浏览器中输入 http://127.0.0.1:8080/ 后的显示页面

cgi-bin，用来保存 test1.py 文件。

test1.py 文件的代码如下：

```python
import cgi

form = cgi.FieldStorage()
print ("Content-Type: text/html")
print ("")
print ("<html>")
print ("<h2>CGI 服务器接收到的数据</h2>")
print ("<p>")
print ("用户提交的信息:<br>")
print ("<b>姓名:</b> " + form["name"].value + "<br>")
print ("<b>学号:</b> " + form["id"].value + "<br>")
print ("<b>专业:</b> " + form["specialty"].value + "<br>")
print ("<b>分数:</b> " + form["score"].value + "<br>")
print ("</p>")
print ("</html>")
```

如前文所述，index.html 页面中提交的表单内容会被封装在一个 cgi.FieldStorage 对象中。通过 form = cgi.FieldStorage()语句即可在 CGI 服务器中获取其内容，然后通过 print 语句将 form 中的内容输出，并返回浏览器。

创建完成后，测试一下实际运行效果。在 Web 页面中输入图 11-12 所示的数据后单击"提交"按钮，提交后的页面如图 11-13 所示。可见，Web 表格中的内容被提取出来了。

图 11-12　在表单中输入数据　　　　　图 11-13　单击"提交"按钮后显示的内容

Web 前端技术围绕 HTML 等基础技术展开，一方面，该体系发展日新月异，需要不断更新知识内容和结构，这就需要具有不断进取、勇于创新、与时俱进的精神；另一方面，由于 Web 界面开发是面向用户的，需要注重良好的用户体验感，因此设计时需要"换位思考"，为用户着想，为他人着想，宁可让程序多干，不可让用户多干。

11.5　本　章　小　结

本章先是通过一个"网上书店"例子初步介绍了使用 Python 语言进行 Web 开发的过程，然后以提取 Web 表格内容为案例，回顾了 Web 开发的主要过程。学习过其他 Web 开发语言的读者可能会感觉到，相对于 Java、C#等语言，使用 Python 语言开发 Web 是一件多么轻松的事情。没有复杂的步骤，也没有冗长的代码，而且 Python 语言可以很好地与其他语言结合，这使它在页面交互方面的应用更加轻松。因此，很多大型的网站，如知乎、网易、腾讯、搜狐等，都在网站开发中使用了大量的 Python 技术。

习　　题

一、填空题

1. 基于 Web 开发的应用具有_____、_____、_____、_____、_____等优点。

2. MVC 模式，是_____、_____、_____的缩写，其中文含义分别为_____、_____、_____。

3. 在实际的网站开发中，为每个网页都编写一个 HTML 文件是极其低效的。这时可以通过编写_____来快速生成 Web 页面。

二、选择题

1. 更具体地说，MVC 是一种(　　)。
   - A. 文件组织和管理形式
   - B. 软件设计方法
   - C. 界面设计方法
   - D. Web 开发方法

2. 在 Web 开发中，CGI 指的是(　　)。
   - A. 计算机图形接口(Computer Graphics Interface)
   - B. 全球小区识别码(Cell Global Identifier)
   - C. 计算机生成影像(Computer-Generated Imagery)
   - D. 通用网关接口(Common Gateway Interface)

三、简答题

1. MVC 设计模式将应用程序按用户界面的功能划分为哪几类？

2. 使用 MVC 模式有什么好处？

3. 什么是 CGI？

四、实验操作题

如何使用 Python 自带的 http.server 库模块建立服务器？请写出具体代码。

第 12 章

网络爬虫

本章要点

(1) 网络爬虫的工作流程。

(2) 第三方库 Requests 的编码流程。

(3) Xpath 数据解析方法。

(4) 应用 Scrapy 实现工程化爬虫。

学习目标

(1) 掌握网络爬虫的基本工作流程。

(2) 掌握 Requests 的使用方法。

(3) 掌握 Xpath 数据解析的相关知识。

(4) 了解 Scrapy 框架的工作流程。

(5) 掌握 Scrapy 实现网络爬虫的方法。

当今时代是数据爆炸的时代,或称之为大数据时代,科学研究、人口统计、医疗、金融、销售、通信等众多领域,无时无刻不在产生着海量数据。这些数据大都存在于万维网上,若以手工方式进行采集,不仅费时费力,而且成本高昂。如何自动、高效地获取感兴趣的数据,已成为各行各业的当务之急,在此背景下,网络爬虫(Web crawler)技术应运而生。

12.1 爬虫的基本原理及过程

爬虫的基本原理
及过程

12.1.1 网络爬虫概述

网络爬虫是一种按照一定的规则、自动地抓取万维网信息的程序或者脚本。网络爬虫又称网络蜘蛛、网络蚂蚁、网络机器人等,它可以模拟浏览器进行数据获取,自动地浏览网络中的信息。当然,浏览信息时需要按照制定的规则进行,这些规则称为网络爬虫算法。

网络爬虫广泛应用于搜索引擎领域和数据收集方面。搜索引擎离不开爬虫,百度搜索引擎的爬虫称为百度蜘蛛(Baidu spider),它每天都会在海量的互联网信息中进行抓取,抓取优质信息并收录。当用户在百度上检索对应的关键词时,百度搜索引擎将对关键词进行分析处理,从收录的网页中找出相关网页,并按照一定的排名规则进行排序,将最终结果展现给用户。

大数据时代离不开爬虫。例如,在进行大数据分析或数据挖掘时,可以在一些大型官方站点下载数据,但这些数据毕竟有限。如何才能获取数量更多、质量更高的数据呢?此时,可以使用 Python 语言自行编写爬虫程序,从互联网中直接获取海量数据,高效地、自动地进行检索。

12.1.2 爬虫的工作流程

在介绍爬虫工作流程之前,需要掌握 URL 的概念和作用。URL(Uniform Resource

Locator，统一资源定位符)，也就是俗称的网址，它简洁地表达了互联网上可得到的资源位置，同时也指出了访问该资源的方法，是互联网上标准资源的地址。换言之，互联网上的每个文件都有一个唯一的 URL，它包含的信息指出了文件的位置以及浏览器应该如何处理它。

欲在网上抓取数据，必须要有一个目标 URL，它是爬虫数据的来源，准确地理解它的含义，对学习爬虫有很大的帮助。

URL 由三部分组成：协议(或称为服务方式)；存有该资源的主机 IP 地址(有时也包括端口号)；主机资源的具体地址，如目录和文件名等。

爬虫的工作流程主要包含以下 4 个步骤。

(1) 发起请求。

通过 HTTP 库向目标站点发起请求(Request)，把消息发送给指定网址所在的服务器，这个过程叫作 HTTP 请求。请求可以包含额外的 headers 等信息，发出后等待服务器响应。

(2) 获取响应内容。

正常情况下服务器会返回一个响应(Response)，响应的内容便是所要获取的页面内容，类型可能有 HTML、Json 字符串和二进制数据(图片、视频)等。这个过程就是服务器接收客户端请求的过程，服务器将解析结果以 HTML 的形式返给浏览器，以此作为响应。

"响应"包含的数据有响应状态、响应头、响应体。其中，响应状态有多种，如 200 代表成功、301 表示跳转、404 表示找不到页面、502 表示服务器错误等；响应头包含内容类型、内容长度、服务器信息和设置 Cookie 等信息；响应体最主要的部分是请求资源的内容，如网页 HTML、图片二进制数据等。

(3) 解析内容。

得到的页面内容可能是 HTML 格式，可以使用正则表达式对网页解析库进行解析。页面内容也可能是 Json，可以直接转为 Json 对象解析。响应内容若是二进制数据，可以将数据保存或者进一步处理。这一步相当于浏览器把服务器端的文件获取到本地，通过相对应的解析方式对数据内容进行解析，使之展现出来。选择恰当的数据解析方式可以快速完成数据内容的提取，解析方式主要包含直接处理、Json 解析、正则表达式、基于第三方库(BeautifulSoup)解析、Xpath 解析和 PyQuery 解析。

(4) 保存数据。

数据保存形式有多种。比如，可以保存为文本文件，也可以保存为数据库文件(关系型或非关系型数据库)，或者保存为 jpg、mp4 等格式的文件。前两者相当于浏览网页时下载了文本，后两者则相当于浏览网页时下载了图片或视频。

12.2　Requests 模块编码流程

12.2.1　Requests 概述

Requests 模块
编码流程

Requests 是一个基于 Apache2 协议的开源 Python HTTP 库，号称是"为人类准备的HTTP 库"。虽然 Python 自带的 urllib 和 urllib2 都提供了功能强大的 HTTP 支持，但使用API 接口难以操作。作为更高层次的封装，Requests 比 urllib 更方便也更省时，而且完全可以满足 HTTP 的测试需求。Requests 是目前最为流行的第三方库，使用前需要下载并安装。

12.2.2 Requests 用法

Requests 库的官方网址为 https://docs.python-requests.org/en/latest/，在 MS-DOS 界面下使用 pip install requests 命令可自动下载安装包并完成安装，过程如图 12-1 所示。

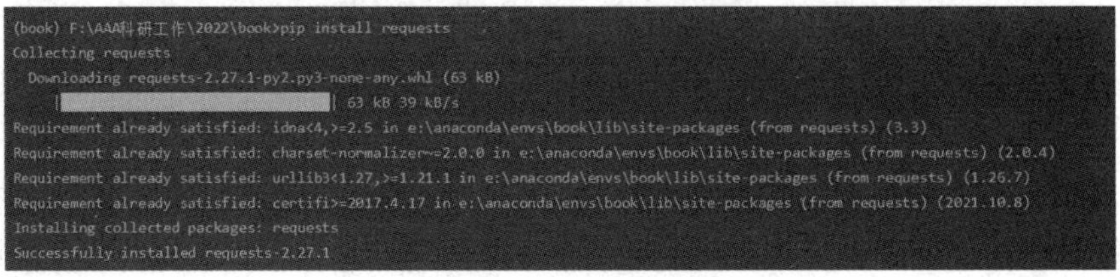

图 12-1 安装第三方库 Requests

安装完成后可以用下面的命令进行测试：

```
>>>import requests
>>> r = requests.get('https://www.baidu.com/')
>>> print(r)
```

调用 request 库返回<Response [200]>时代表安装成功。

Requests 库包含数十种方法，主要方法如表 12-1 所示。

表 12-1 Requests 库的主要方法

方 法	功 能
requests.request()	构造一个请求，是支撑其他各方法的基础方法
requests.get()	获取 HTML 页面的主要方法，对应于 HTTP 的 GET
requests.head()	获取 HTML 页面头信息的主要方法，对应于 HTTP 的 HEAD
requests.post()	向 HTML 页面提交 POST 请求的方法，对应于 HTTP 的 POST
requests.put()	向 HTML 页面提交 PUT 请求的方法，对应于 HTTP 的 PUT
requests.patch()	向 HTML 页面提交局部修改的方法，对应于 HTTP 的 PATCH
requests.delete()	向 HTML 页面提交删除的方法，对应于 HTTP 的 DELETE

上述 7 个主要方法中，request 方法用于向 url 页面构造一个请求，其余 6 种方法是通过调用封装好的 request 函数来实现的。request 方法的用法如下：

```
requests.request(method,url,**kwargs)
```

其中，各个参数的含义如下。

- method：请求方法，最常用的是 GET、POST 请求，此外还有 HEAD、PUT、PATCH、DELETE、OPTIONS 请求。前 6 种是 HTTP 协议所对应的请求方式，OPTIONS 用于从服务器那里获取与客户端打交道的参数。
- url：请求的 URL 地址。
- **kwargs：控制访问的参数，均为可选项。在传递实参时，一般以关键字参数的形式传入，Python 会自动解析成字典的形式。

控制访问的参数包括以下 13 个。

(1) params，字典或者字节序列，作为参数增加到 URL 中。一般用于 get 请求，post 请求也可用(不常用)：

```
>>> kv = {'key1':'value1','key2':'value2'}
>>> r = requests.request("GET",'http://python.io/ws',params=kv)
>>> print(r.url)
```

输出结果为：

```
https://www.python.org/ws? key1=value1&key2=value2
```

(2) data，字典、字节序列或文件对象，作为 post 请求的参数：

```
>>> kv = {'key1':'value1','key2':'value2'}
>>> r = requests.request('POST','http://httpbin.org/post',data=kv)
>>>print(r.url)
```

(3) Json，Json 格式的数据，作为 post 请求的 Json 参数：

```
>>> kv = {'key1':'value1'}
>>> r = requests.request('POST',' http://httpbin.org/post ',json=kv)
```

(4) headers，字典，HTTP 请求头信息：

```
>>> header = {'User-Agent': 'Mozilla/5.0 (Windows NT 10.0; Win64; x64)
AppleWebKit/537.36 (KHTML, like Gecko) Chrome/96.0.4664.110
Safari/537.36'}
>>> r = requests.request('POST',' http://httpbin.org/post ', headers=header)
```

(5) cookies，字典或 CookieJar, Request 中的 cookie。

(6) auth，元组，支持 HTTP 认证功能。

(7) files，字典类型，传输文件，作为 post 请求文件流数据：

```
>>> fs = {'file':open('data.xls','rb')}
>>> r = requests.request('POST',' http://httpbin.org/post ',files=fs)
```

(8) timeout，设定超时时间(以秒为单位)：

```
>>> r = requests.request("GET",'http://www.baidu.com',timeout=10)
```

(9) proxies，字典类型，设定访问代理服务器，可以增加登录认证：

```
>>>proxies={'http':'http://egon:123@localhost:9743',
'http':'http://localhost:9743'}
>>>response=requests.get('https://www.baidu.com',proxies=proxies)
>>>print(response.status_code)
```

输出结果为：

```
200
```

(10) allow_redirects，重定向开关，值为 True/False，默认为 True。

(11) stream，获取内容立即下载开关，值为 True/False，默认为 True。

(12) verify，认证 SSL 证书开关，值为 True/False，默认为 True。

(13) cert，保存本地 SSL 证书路径。

12.2.3　使用 Requests 访问编程的例子

【例 12-1】网页信息采集程序：

```
import requests  # 引入 requests 模块
if __name__ == "__main__":
    headers = {'User-Agent': 'Mozilla/5.0 (Windows NT 10.0; Win64; x64)
AppleWebKit/537.36 (KHTML, like Gecko) Chrome/96.0.4664.110
Safari/537.36 Edg/96.0.1054.62'}  # UA 伪装：将对应的 User-Agent 封装到一个字典中
    url = 'https://www.sogou.com/web?'  # 指定 url 地址
    kw = input("enter a word: ")
    param = { 'query':kw }  # 将 url 携带的参数封装到字典中
    response = requests.get(url = url,params = param,headers = headers)
# 对指定的 url 发起的对应的 url 是携带参数的，并且请求过程中处理了参数
    page_text = response.text  # 得到响应的网页数据
    fileName = kw+'.html'
    with open(fileName, 'w', encoding = 'utf-8') as fp:
        fp.write(page_text)  # 持久化存储
print(fileName,'爬取数据结束！')
```

12.3　网页数据解析工具 XPath

网页数据解析
工具 Xpath

12.3.1　XPath 概述

　　XPath，即 XML 路径语言(XML Path Language)，是一门在 XML 文档中查找信息的语言，它使用路径表达式在 XML 文档中进行导航，从中提取信息。XPath 包括 200 多个内置函数，有的用于处理字符串、数值、布尔值，也有的用于日期和时间比较、节点操作、序列操作等。XPath 表达式还可以用于 JavaScript、Java、XML Schema、PHP、Python、C 和 C++ 以及其他语言。

12.3.2　XPath 的用法

　　使用 XPath 之前需要安装 lxml 第三方库，使用的命令格式为：

```
pip install lxml
```

　　XPath 支持 7 种类型的节点，即元素、属性、文本、命名空间、处理指令、注释及文档(根)节点。其节点关系包括父、子、兄弟、先辈、后辈。

　　XPath 使用路径表达式来选择 XML 文档中的节点或节点集。节点是通过沿着路径(path)或者步(steps)选取的，表 12-2 列出了路径表达式。

　　表 12-3 列出了 XPath 路径表达式和表达式的结果。

　　谓语被嵌在方括号中，用来查找某个特定的节点或者包含某个指定值的节点，表 12-4 列出了 XPath 带谓语的一些路径表达式和表达式的结果。

表 12-2　XPath 路径表达式

路径表达式	描　述
nodename	选取此节点的所有子节点
/	从根节点选取
//	从匹配选择的当前节点选择文档中的节点，而不考虑它们的位置
.	选取当前节点
..	选取当前节点的上一级节点(父节点)
@	选择属性值

表 12-3　XPath 路径表达式

路径表达式	结　果
bookstore	选取 bookstore 元素的所有子节点
/bookstore	选取根元素 bookstore。注：假如路径起始于正斜杠(/)，则此路径始终代表到某元素的绝对路径
bookstore/book	选取属于 bookstore 的子元素的所有 book 元素
//book	选取所有 book 子元素，而不管它们在文档中的位置
bookstore//book	选取属于 bookstore 元素后代的所有 book 元素，而不管它们位于 bookstore 之下的什么位置
//@lang	选取名为 lang 的所有属性

表 12-4　XPath 带谓语路径表达式

路径表达式	结　果
/bookstore/book[1]	选取属于 bookstore 子元素的第一个 book 元素
/bookstore/book[last()]	选取属于 bookstore 子元素的最后一个 book 元素
/bookstore/book[last()-1]	选取属于 bookstore 子元素的倒数第二个 book 元素
/bookstore/book[position()<3]	选取最前面的两个属于 bookstore 元素的子元素的 book 元素
//title[@lang]	选取所有拥有名为 lang 属性的 title 元素
//title[@lang='eng']	选取所有 title 元素，且这些元素拥有值为 eng 的 lang 属性
/bookstore/book[price>35.00]	选取 bookstore 元素的所有 book 元素，且其中的 price 元素的值须大于 35.00
/bookstore/book[price>35.00]/title	选取 bookstore 元素中 book 元素的所有 title 元素，且其中的 price 元素的值须大于 35.00

XPath 通配符可用来选取未知的 XML 元素，如表 12-5 所示。

表 12-5　XPath 通配符

通配符	描　述
*	匹配任何元素节点
@*	匹配任何属性节点
node()	匹配任何类型的节点

表 12-6 列出了 XPath 路径表达式以及这些表达式的结果。

表 12-6　XPath 路径表达式结果

路径表达式	结　果
/bookstore/*	选取 bookstore 元素的所有子元素
//*	选取文档中的所有元素
//title[@*]	选取所有带有属性的 title 元素

通过使用"|"可以在 XPath 表达式中选择多个路径。表 12-7 中列出了一些路径表达式和表达式的结果。

表 12-7　带有"|"的 XPath 路径表达式

路径表达式	结　果
//book/title | //book/price	选择所有 book 元素的 title 和 price 元素
//title | //price	选择文档中所有的 title 和 price 元素
/bookstore/book/title | //price	选取 bookstore 元素的 book 元素的所有 title 元素以及文档中的所有 price 元素

【例 12-2】　使用 XPath 获取 58 同城二手房的标题内容，如图 12-2 所示。

图 12-2　58 同城的房源信息

```
from lxml import etree  # 从 lxml 包中导入 etree
import requests  # 引入 requests
if __name__ == "__main__":
    headers = {'User-Agent': 'Mozilla/5.0 (Windows NT 10.0; Win64; x64)
AppleWebKit/537.36 (KHTML, like Gecko) Chrome/96.0.4664.110
Safari/537.36' }  # 进行 UA 伪装
    url='https://bj.58.com/ershoufang/p%d/? PGTID=0d100000-0000-13cf-
6c97-4cca7d4d91a0&ClickID=1'  # 指定 url 地址
```

```
fp = open('f:58.txt', 'w', encoding = 'utf-8')  # 创建 58.text 文件用于保
存爬取的房源标题
for page_num in range(1, 15):  # 爬取的页数
    new_url = format(url % page_num)  # 将原先 url 和页码数进行合并，构成新页
面的 url
    page_text = requests.get(url=new_url ,headers=headers).text  # 发送
request 请求获取页面数据
    tree = etree.HTML(page_text)  # 将获取页面内容转换成 HTML 格式
    li_list = tree.xpath('//section[@class="list"]/div')  # 获取页面的所
有的属性 class 为 list 的目录
    for li in li_list:  # 遍历整个 list 目录
        title = li.xpath('./a/div[2]//div/h3/text()')[0]# title 数据解析
        print(title)  # 打印房源标签
        fp.write(title+'\n')  # 将房源标签写入 58.text
```

输出结果如图 12-3 所示。

```
F:\AAA科研工作\2022\book\venv\Scripts\python.exe F:/AAA科研工作/2022/book/xpath_数据解析.py
我写的不是标题和描述，写的是你们没有找到一套好的房源的遗憾
房山城关矿机西门2室1厅
（李革力推）远洋徽北 毛坯急售 价格可大谈    看房方便
管庄西里南北好户型精装修满五年一套出售
（李革优推）远洋徽北联排中间户 价格低 急售 价可谈
誉天下 5室二次精装修独栋 业主自住 价格可谈
一    即住。二房子户型南北通透 客厅带阳台 阳台外露
湖南小区(北区)~ 3室1厅~89平~采光好~低楼层~
```

图 12-3　XPath 数据解析结果

12.4　应用 Scrapy 实现工程化爬虫

应用 scrapy
实现工程化爬虫

12.4.1　Scrapy 框架介绍

　　Scrapy 是使用 Python 开发的一个快速、高层次的屏幕抓取和 Web 抓取框架，用于抓取 Web 站点，并从页面中提取结构化的数据。Scrapy 常应用在包括数据挖掘、信息处理或存储历史数据等一系列程序中。通常情况下可以很简单地通过 Scrapy 框架实现一个爬虫，抓取指定网站的内容或图片。Scrapy 框架结构如图 12-4 所示。

　　带箭头的线条表示数据流向，首先从初始 URL 开始，调度器(Scheduler)会将其交给下载器(Downloader)，下载器向网络服务器(Internet)发送服务请求以进行下载，得到响应后将下载的数据交给爬虫(Spider)，爬虫会对网页进行分析，分析出来的结果有两种：一种是需要进一步抓取的链接，这些链接会被传回调度器；另一种是需要保存的数据，它们则被送到项目管道(Item Pipeline)，Item 会定义数据格式，最后由 Pipeline 对数据进行清洗、去重等处理，继而存储到文件或数据库。

　　引擎(Scrapy Engine)：负责爬虫文件、管道、下载器、调度器中间的信号传递等，用来控制整个系统的数据处理流程，并进行事务处理的触发。

　　调度器(Scheduler)：用来接收引擎发送过来的请求，压入队列中，并在引擎再次请求时返回。它就像是一个 URL 的优先队列，由它来决定下一个要抓取的网址是什么，同时在这里会去除重复的网址。

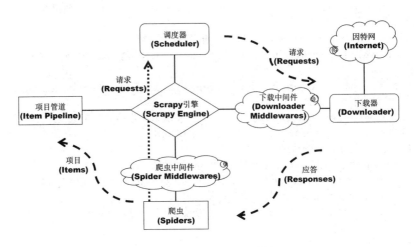

图 12-4　scrapy 框架结构

下载器(Downloader)：负责接收引擎数据，然后开始去互联网请求内容，返回响应数据给引擎。

项目管道(Item Pipeline)：负责接收引擎传来的数据，按照要求做持久化存储。

爬虫(Spiders)：用于起始连接的发送请求，同时可以对网上下载的数据进行解析，需要时通过引擎传递给管道做存储。

基于 Scrapy 框架的优势在于，该框架会自动生成部分代码，仅需要去编写爬虫、管道等相关代码即可。Scrapy 各组件的功能如图 12-5 所示。

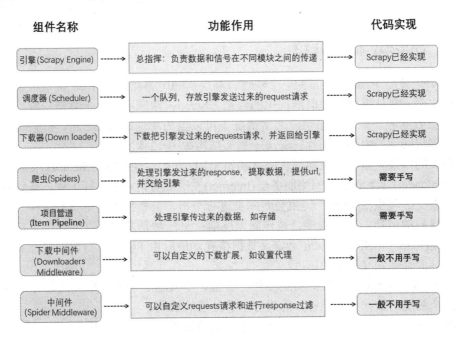

图 12-5　Scrapy 组件功能

12.4.2　Scrapy 编码流程

创建一个 Scrapy 爬虫项目需要以下 4 个步骤。

步骤 1　新建项目 (scrapy startproject fileName)：创建一个新的爬虫项目。

步骤 2　明确目标 (定义 items.py)：明确抓取的内容是什么。

步骤 3　制作爬虫 (spiders/xxspider.py)：编写 Spider 抓取网站的信息并提取结构化数据(Item)。

步骤 4　存储内容 (pipelines.py)：编写 Item Pipelines 来存储提取到的 Item(即结构化数据)。

本小节以抓取内涵段子中的作者和发布内容为例，按上述步骤带领读者熟悉 Scrapy 编码流程。

1．新建项目(执行 scrapy startproject mySpider)

在开始抓取之前，必须创建一个新的 Scrapy 项目。进入自定义的项目目录中，在命令行中执行下列指令：

```
scrapy startproject mySpider
```

其中，mySpider 为项目名称。命令执行后创建了一个名为 mySpider 的文件夹，里面还有若干个文件和文件夹，目录结构大致如图 12-6 所示。

这些文件(夹)的作用如下。

mySpider/: 项目的 Python 模块，将会从这里引用代码。

mySpider/spiders/: 存储爬虫代码目录。

mySpider/__init__.py:项目的初始文件。

mySpider/items.py: 项目的目标文件。

mySpider/middlewares.py: 项目的中间件文件。

mySpider/pipelines.py: 项目的管道文件。

mySpider/settings.py: 项目的设置文件。

scrapy.cfg: 项目的配置文件。

图 12-6　mySpider 目录结构

2．明确目标(定义 mySpider/items.py)

本例的目标是抓取内涵段子中的作者和发布的信息，因而需要定义 mySpider 目录下的 items.py 文件，可按以下步骤操作。

(1) 打开 mySpider 目录下的 items.py 文件。

(2) 在 Item 中定义结构化数据字段，用来保存抓取到的数据。它有点像 Python 中的 dict，但是提供了一些额外的保护来减少错误。

(3) 可以通过创建一个 scrapy.Item 类的子类，并且在其中定义类型为 scrapy.Field 的类属性来定义一个 Item(可以理解成类似于 ORM 的映射关系)。

```
import scrapy  # 引入 scrapy 库
```

```
class QiutuItem(scrapy.Item):
    # define the fields for your item here like:
    author = scrapy.Field()  # 定义作者
    content = scrapy.Field()  # 定义内容信息
```

3. 制作爬虫文件(编写 spiders/mySpider.py)

在当前目录下输入命令:

```
scrapy genspider qiutu1 www.xxx.cn
```

将在 mySpider/spider 目录下创建一个名为 qiutu1.py 的爬虫,并指定了抓取域范围为 www.xxx.cn。

打开 mySpider/spider 目录里的 qiutu1.py,默认增加了下列代码:

```
import scrapy
class A58priceSpider(scrapy.Spider):
    name = 'qiutu1'
    allowed_domains = ['www.xxx.cn']  # 是搜索的域名范围,也就是爬虫的约束区
域,规定爬虫只抓取这个域名下的网页,不存在的 URL 会被忽略
    start_urls = ['http://www.xxx.cn/']  # 抓取的 URL 元组/列表。爬虫从这里开
始抓取数据,所以,第一次下载的数据将会从这些 urls 开始。其他子 URL 将会从这些起始 URL 中
继承性生成
    def parse(self, response):
        pass  # 解析的方法,每个初始 URL 完成下载后将被调用,调用时传入从每一个 URL
传回的 Response 对象来作为唯一参数。该部分主要负责解析返回的网页数据
(response.body),并提取结构化数据(生成 item),满足下一次 URL 的请求
```

接着对爬虫文件(qiutu1.py)进行以下修改:

```
import scrapy
from qiutu.items import QiutuItem
class Qiutu1Spider(scrapy.Spider):
    name = 'qiutu1'
    #allowed_domains = ['www.xxx.com']  # 可将该部分进行注释
    start_urls = ['https://www.qiushibaike.com/text/']
    def parse(self, response):  # 修改 parse()方法,解析网页数据包含作者的名称和
段子内容
        div_list = response.xpath('//*[@class="article block untagged mb15
typs_hot"]')  # 使用 xpath 方法进行不同页面 url 解析,并将类别内容赋值给 div_list
        all_data = []  # 存储信息列表
        for div in div_list:
            author = div.xpath('./div[1]/a[2]/h2/text()')[0].extract()  #
对作者信息进行解析,调用 extract 提取列表中每个 Selector 对象中 data 对应的字符串
            content = div.xpath('./a[1]/div/span//text()').extract()  # 对
内容信息进行解析
            content = ''.join(content)  # 将列表类型的信息转换成字符串信息
            item = QiutuItem()  # 调用 QiutuItem 类方法
            item['author'] = author  # 将作者内容赋值给 item 中的 author
            item['content'] = content  # 将评论的内容赋值给 item 中的 content
            yield item  # 将 item 的信息提交给管道
```

4. 执行管道持久化的存储操作(修改 pipeline.py)

打开 pipeline.py 文件,编辑定义管道信息,将抓取文件的信息保存为 qiutu.txt 文件:

```
# Define your item pipelines here
#
# Don't forget to add your pipeline to the ITEM_PIPELINES setting
# See: https://docs.scrapy.org/en/latest/topics/item-pipeline.html
# useful for handling different item types with a single interface
from itemadapter import ItemAdapter
class QiutuPipeline:  # 定义 QiutuPipline 用于保存信息
    fp =None
    #重写父类的一个方法，该方法只在开始爬虫时调用一次
    def open_spider(self,spider):
        print('开始爬虫……')
        self.fp = open('./qiutu.txt','w',encoding='utf-8')  # 打开一个
qiutu.txt 文件，权限是可进行写入
    def process_item(self, item, spider):  # 将爬虫文件传递过来的 item 信息进行
保存
        author = item['author']
        content = item['content']
        self.fp.write(author+':'+content+'\n')
        return item
    def close_spider(self,spider):
        print('结束爬虫……')
          self.fp.close()
```

对 settings.py 文件进行修改：

```
USER_AGENT = 'Mozilla/5.0 (Windows NT 10.0; Win64; x64)
AppleWebKit/537.36 (KHTML, like Gecko) Chrome/96.0.4664.110
Safari/537.36'
ROBOTSTXT_OBEY = False
```

抓取结果如图 12-7 所示。

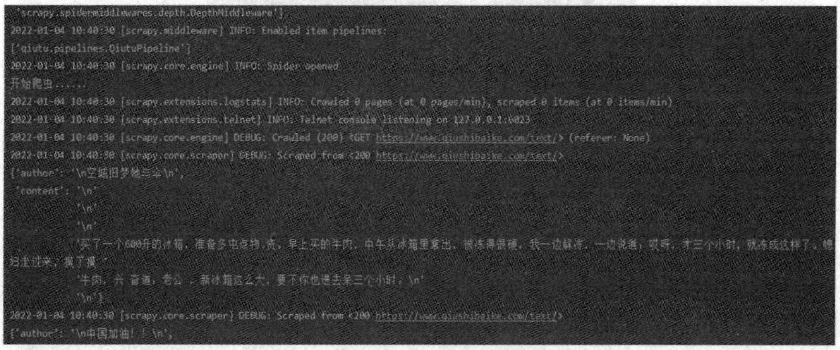

![抓取内涵段子的结果的控制台输出截图]

图 12-7　抓取内涵段子的结果

12.5　案例实训

项目实战

12.5.1　案例实训 1：抓取网易新闻数据

项目需求分析：

(1)　通过网易新闻首页解析出五大板块对应的详情页的 url，每个板块对应的详情页的

新闻标题都是动态加载出来的，如图 12-8 所示。

图 12-8　网易新闻首页和源码信息

(2)　解析出每一条新闻详情页的 url，获取详情页的页面源码，从而解析出每条新闻的内容信息。

新建一个 scrapy 工程文件，如图 12-9 所示。

图 12-9　新建项目目录

爬虫文件 wy.py 代码如下:

```python
import scrapy
from selenium import webdriver  # Selenium是一个浏览器模拟器，可用于web应用程序的自动化测试
from WYPro.items import WyproItem
class WySpider(scrapy.Spider):
    name = 'wy'
    start_urls = ['https://news.163.com/']
    models_urls = []  # 存储5个板块详情页的url
    # 解析五大板块对应的详情页的url
    def __init__(self):  # 实例化一个浏览器对象

self.bro=webdriver.Chrome(executable_path='E:\python3.7\Scripts\chromedriver.exe')  # 加载谷歌浏览器驱动
    def parse(self, response):
```

```
li_list=response.xpath('//*[@id="index2016_wrap"]/div[1]/div[2]/div[2]/d
iv[2]/div[2]/div/ul')  # 获取当前页面的不同模块信息的 url
        alist = [2,3,5,6,7]
        for index in alist:  # 遍历列表对应的网页索引
            model_url = li_list[index].xpath('./a/@href').extract_first()
            self.models_urls.append(model_url)  # 重构不同板块的 url
        for url in self.models_urls:  # 依次对每一个板块对应的页面进行请求
            yield scrapy.Request(url,callback=self.parse_model)  # 回调
            def parse_model(self,response):  # 解析每个板块页面中对应新闻的标题
和新闻详情页的 url
div_list=response.xpath('/html/body/div/div[3]/div[4]/div[1]/div[1]/div/
ul/li/div/div')  # 使用 xpath 方法解析网页的 url
        for div in div_list:
            title = div.xpath('./div/div[1]/h3/a/text()').extract_first()
# 获取新闻标题
new_detail_url=div.xpath('./div/div[1]/h3/a/@href').extract_first()

            item =WyproItem()  # 声明管道项目
            item['title'] = title  # 将新闻标题传入管道进行存储
yield12scrapy.Request(url=new_detail_url,callback=self.parse_detail,meta
={'item':item})  # 对新闻详情页的 url 发起请求
    def parse_detail(self,response):
content = response.xpath('//*[@id="content"]/div[2]//text()').
extract()  # 使用 xpath 方法解析新闻内容信息
        content = ''.join(content)  # 将内容信息进行整合
        item = response.meta['item']
        item['content'] = content  # 将新闻内容传入管道
        yield item
    def closed(self,spider):  # 关闭浏览器
        self.bro.quit()
```

爬虫文件 items.py 代码如下：

```
# Define here the models for your scraped items
#
# See documentation in:
# https://docs.scrapy.org/en/latest/topics/items.html

import scrapy

class WyproItem(scrapy.Item):  # 定义 WyprpItem 类
    # define the fields for your item here like:
    title = scrapy.Field()  # 定义标题参数
    content = scrapy.Field()  # 定义内容参数
    pass
```

　　网易新闻的每个板块对应的新闻内容是动态加载形式，因此需要对该部分进行拦截并
篡改。使用中间件可以在爬虫的请求发起之前或者请求返回之后对数据进行定制化修改，
从而开发出适应不同情况的爬虫。
　　因此，对爬虫文件 middlewares.py 进行修改，代码如下：

```
# 定义爬虫中间件的模型
#
```

```
# 查看文档
# https://docs.scrapy.org/en/latest/topics/spider-middleware.html

from scrapy import signals3+

from  scrapy.http import HtmlResponse
from time import sleep
# useful for handling different item types with a single interface
from itemadapter import is_item, ItemAdapter
class WyproSpiderMiddleware:
    # Not all methods need to be defined. If a method is not defined,
    # scrapy acts as if the spider middleware does not modify the
    # passed objects.

    @classmethod
    def from_crawler(cls, crawler):
        # This method is used by Scrapy to create your spiders.
        s = cls()
        crawler.signals.connect(s.spider_opened,signal=signals.spider_open
ed)
        return s

    def process_start_requests(self, start_requests, spider):
        # Called with the start requests of the spider, and works
        # similarly to the process_spider_output() method, except
        # that it doesn't have a response associated.

        # 必须只返回请求(而不是项目)
        for r in start_requests:
            yield r

    def spider_opened(self, spider):
        spider.logger.info('Spider opened: %s' % spider.name)

    @classmethod
    def from_crawler(cls, crawler):
        # 这个方法被 Scrapy 用来创建 spiders
        s = cls()
        crawler.signals.connect(s.spider_opened, signal=signals.
spider_opened)
        return s
    # 该方法拦截五大板块对应的响应对象，进行篡改
    def process_response(self, request, response, spider):  # spider 表示爬
虫对象
        bro = spider.bro  # 获取在爬虫类定义的浏览器，挑选出指定的响应对象进行篡改
        if request.url in spider.models_urls:
            bro.get(request.url)  # 5 个板块对应的 url 进行请求
            sleep(3)
            page_text = bro.page_source  # 包含了动态加载的新闻数据
            new_response = HtmlResponse(url = request.url,body = page_text,
encoding = 'utf-8',request=request)  # 基于 selenium 便捷的获取动态加载数据
            return new_response
        else:
            #response  # 其他请求对应的响应对象
```

```
        return response
def spider_opened(self, spider):
    spider.logger.info('Spider opened: %s' % spider.name)
```

抓取结果如图 12-10 所示。

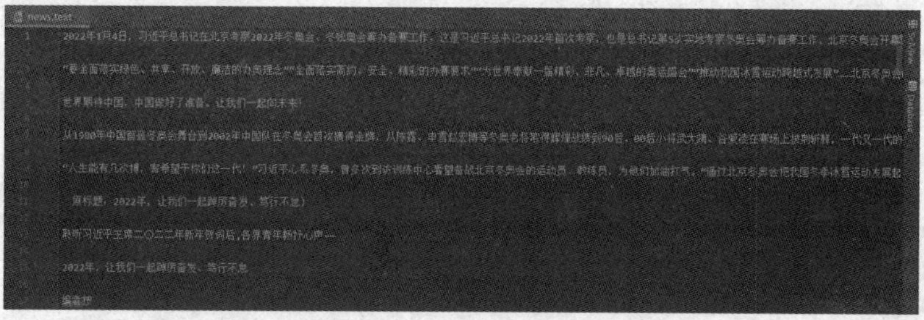

图 12-10 网易新闻抓取结果

12.5.2 案例实训 2：抓取 AcFun 视频

项目需求分析：本项目以抓取 https://www.acfun.cn/中的短视频《我和我的祖国》为例（见图 12-11），并将视频内容保存到本地。

图 12-11 AcFUN 视频信息

项目流程如下。

① 发送请求：对于视频详情页 URL 地址发送请求。

② 获取数据：获取视频详情页的网页源代码。

③ 解析数据：提取 m3u8 的 URL 地址。

④ 发送请求：对 m3u8 的 URL 地址发送请求。

项目代码如下：

```
from lxml import etree  # 从 lxml 导入 etree
import requests  # 引入 requests
import re  # 引入正则解析方式
```

```
import os  # 将 os 模块导入当前程序
from tqdm import tqdm  # 进度显示
if __name__ == "__main__":
    headers = {'User-Agent': 'Mozilla/5.0 (Windows NT 10.0; Win64; x64)
AppleWebKit/537.36 (KHTML, like Gecko) Chrome/96.0.4664.110
Safari/537.36'}  # 进行 UA 伪装
    url = 'https://www.acfun.cn/v/ac4813210'  # 指定 url 地址
    reponse = requests.get(url = url, headers = headers)  # 使用 requests 获
取数页面数据
    title = re.findall('<title >(.*?)- AcFun 弹幕视频网 - 认真你就输啦 \(\?
ω\? \)/- \( °- °\)つ□</title>',reponse.text)[0]  # 正则化解析方法获取视频标题
m3u8_url=re.findall('backupUrl(.*?)\"]',reponse.text)[0].replace('\"',''
).split('\\')[2]  # 使用正则化方法找 m3u8 的网址
    m3u8_data = requests.get(url=m3u8_url,headers=headers).text  # 获取
m3u8 网址的内容信息
    m3u8_data = re.sub('#EXTM3U','',m3u8_data)  # 将#EXTM3U 使用空字符替换
    m3u8_data = re.sub(',', '', m3u8_data)  # 将"," 使用空字符替换
    m3u8_data = re.sub('#EXT-X-VERSION:\d','', m3u8_data) #其中\d 表示匹配数
字，将#EXT-X-VERSION:\0-9 使用空字符替换
    m3u8_data = re.sub('#EXT-X-TARGETDURATION:\d', '', m3u8_data)  # 其中
\d 表示匹配数字，#EXT-X-TARGETDURATION:0-9 使用空字符替换
    m3u8_data = re.sub('#EXT-X-MEDIA-SEQUENCE:\d', '', m3u8_data)  # \d 匹
配数字，将#EXT-X-MEDIA-SEQUENCE:0-9 使用空字符替换
    m3u8_data = re.sub('#EXTINF:\d\.\d+', '', m3u8_data)  # \d+匹配多个数
字，将#EXTINF:\d\.\d+用空字符替换
    m3u8_data = re.sub('#EXT-X-ENDLIST', '', m3u8_data)  # 将#EXT-X-
ENDLIST 用空字符替换
    m3u8_data = m3u8_data.split()  # 将所有 m3u8 的地址保存列表
    for link in tqdm(m3u8_data):  # 遍历列表中所有链接
        link_url='https://ali-safety-
video.acfun.cn/mediacloud/acfun/acfun_video/hls/'+link # 重构 url
    link_content = requests.get(url=link_url,headers=headers).content  #
获取内容
    with open('我和我亲爱的祖国.mp4', mode='ab') as fp:  # 将所有 m3u8 数据合并
成一个 mp4 文件
        fp.write(link_content)  # 保存文件
```

项目抓取视频的结果如图 12-12 所示。

```
F:\AAA科研工作\2022\book\venv\Scripts\python.exe F:/AAA科研工作/2022/book/Crawl_video.py
《我和我的祖国》MV版来了，一起表白祖国！
100%|          | 48/48 [00:10<00:00, 4.57it/s]
```

图 12-12　爬虫的结果进度

12.6　本 章 小 结

本章首先介绍了如何使用 Python 语言进行网络爬虫程序的设计，内容包括网络爬虫的基本工作流程、第三方库 Requests 和 Xpath 的用法，掌握这部分内容可以完成基本的爬虫工作；其次介绍了 Scrapy 框架的用法，通过 Scrapy 框架可以很简单地实现一个爬虫，抓

取指定网站的内容或图片；最后，通过抓取网易新闻数据和抓取视频两个实战项目，将所学内容进行综合应用，旨在帮助读者学以致用。

习　题

一、填空题

1. 爬虫的步骤包括：_____、_____、_____、_____。

2. URL 由_____、_____、_____三部分组成的。

3. request 请求最常用的是_____和_____。

二、选择题

1. 以下(　　)是爬虫技术可能存在的风险。
   A. 大量占用被抓取网站的资源　　　　B. 网站敏感信息的获取造成不良的后果
   C. 违背网站抓取设置　　　　　　　　D. 以上都是

2. ax 中基本请求方式是(　　)。
   A. get　　　　　　　B. post　　　　　　C. request　　　　　　D. kill

3. GET 请求和 POST 请求的区别有(　　)。
   A. 安全　　　　　　　　　　　　　　B. 信息获取一致性
   C. 获取数据的长度一致　　　　　　　D. 数据承载大小的不同

三、问答题

1. 什么是 URL?

2. 简单说一下你对 Scrapy 的了解。

四、编程题

抓取网站 https://www.shicimingju.com/book/sanguoyanyi.html 中《三国演义》全书内容并保存到本地。

附录 A　Python 关键字

Python 3 中的关键字共计 33 个，分别如下。

False	class	finally	is	return	None
continue	for	lambda	try	True	def
from	nonlocal	while	and	del	global
not	with	as	elif	if	or
yield	assert	else	import	pass	break
except	in	raise			

各关键字的详解如表 A-1 所示。

表 A-1　python 关键字详解

关键字	详　解
Flase	布尔类型的值，表示假，和 True 相反
class	定义类的关键字
finally	在异常处理的时候添加，有了它，程序始终要执行 finally 里面的程序代码块，如： ```\nclass MyException(Exception):pass\ntry:\n #some code here\n raise MyException\nexcept MyException:\n print "MyException encoutered"\nfinally:\n print "Arrive finally"\n```
is	Python 中的对象包含三要素：id、type、value，其中 id 用来唯一标识一个对象，type 标识对象的类型，value 是对象的值。is 判断的是 a 对象是否就是 b 对象，它是通过 id 来判断的；==判断的是 a 对象的值是否和 b 对象的值相等，它是通过 value 来判断的。如： ```\n>>> a = 1\n>>> b = 1.0\n>>> a is b\nFalse\n>>> a == b\nTrue\n>>> id(a)\n12777000\n>>> id(b)\n14986000\n```
return	return 语句用来从一个函数返回，即跳出函数。也可选从函数返回一个值
None	None 是一个特殊的常量。None 和 False 不同，None 不是 0，也不是空字符串。None 和任何其他的数据类型比较，永远返回 False。None 有自己的数据类型 NoneType。可以将 None 复制给任何变量，但是不能创建其他 NoneType 对象。 ```\n>>> type(None)\n<class 'NoneType'>\n>>> None == 0\nFalse\n>>> None == ''\nFalse\n>>> None == None\nTrue\n>>> None == False\nFalse\n```

关键字	详　解
continue	continue 语句被用来告诉 Python 跳过当前循环体中的剩余语句，然后继续进行下一轮循环
for	for...in 是另外一个循环语句，它在一序列的对象上递归，即逐一使用序列中的每个项目

lambda	匿名函数是个很时髦的概念，提升了代码的简洁程度。如：
	<pre>g = lambda x: x*2
	g(3)</pre>

try	可以使用 try...except 语句来处理异常。我们把通常的语句放在 try-块中，而把错误处理语句放在 except-块中
True	布尔类型的值，表示真，和 False 相反

def	<pre># 定义函数
	def hello():
	    print('hello, Python')</pre><pre># 调用函数
	hello()
	hello, Python</pre>

from	在 Python 中用 import 或者 from...import 来导入相应的模块

nonlocal	nonlocal 关键字用来在函数或其他作用域中使用外层(非全局)变量，如：
	<pre>def make_counter():
	    count = 0
	    def counter():
	        nonlocal count
	        count += 1
	        return count
	    return counter
	
	def make_counter_test():
	  mc = make_counter()
	  print(mc())
	  print(mc())
	  print(mc())</pre>

while	while 语句允许重复执行一块语句。while 语句是所谓循环语句的一个例子。while 语句有一个可选的 else 从句
and	逻辑"与"，和 C 的&&一样

del	del 用于 list 列表操作，删除一个或者连续几个元素。如：
	<pre>a = [-1, 3,'aa', 85] # 定义一个 list
	del a[0] #删除第 0 个元素
	del a[2:4] #删除从第 2 个元素开始，到第 4 个为止的元素，包括头但不包括尾</pre>

global	定义全局变量
not	逻辑"非"，和 C 的!一样

with	with 是 Python2.5 以后才有的，它实质是一个控制流语句，with 可以用来简化 try-finally 语句。它的主要用法是实现一个类__enter__()和__exit__()方法，如：
	<pre>class controlled execution:
	    def enter (self):
	        set things up
	        return thing
	    def exit (self, type, value, traceback):
	        tear thing down
	with controlled_execution() as thing:
	    some code</pre>

关键字	详　解
as	结合 with 使用
elif	和 if 配合使用
if	if 语句用来检验一个条件，如果条件为真，运行一语句块(称为 if-块)，否则处理另外一语句块(称为 else-块)。else 子句是可选的
or	逻辑"或"，和 C 的‖一样

yield	yield 是关键字，用起来像 return，yield 在告诉程序，要求函数返回一个生成器，如：
	<pre>def createGenerator() :
	    mylist = range(3)
	    for i in mylist :
	        yield i*i</pre>

assert	断言，这个关键字用来在运行中检查程序的正确性，和很多其他语言是一样的作用。如： assert len(mylist) >= 1
else	与 if 关键字配合使用，　但 else 子句不是必须的

import	在 Python 中用 import 或者 from...import 来导入相应的模块,如：
	<pre>from sys import *
	print('path:',path)</pre>

pass	pass 的意思是什么都不要做，作用是为了弥补语法和空定义上的冲突，其好处体现在代码的编写过程之中，比如你可以先写好软件的整个框架，然后再填好框架内具体函数和 class 的内容，如果没有 pass 编译器会报一堆的错误，让整个开发过程很不流畅，如：
	<pre>def f(arg): pass # a function that does nothing (yet)
	class C: pass # a class with no methods (yet)</pre>

break	break 语句是用来终止循环语句的，即哪怕循环条件没有成为 False 或序列还没有被完全递归，也停止执行循环语句。 一个重要的注释是，如果从 for 或 while 循环中终止，任何对应的循环的 else 块将不执行
except	使用 try 和 except 语句来捕获异常
in	for...in 是另外一个循环语句，它在一序列的对象上循环，即逐一使用队列中的每个项目

raise	Python 的 raise 和 java 的 throw 很类似，都是抛出异常。如：
	<pre>class MyException(Exception):pass
	try:
	    #some code here
	    raise MyException
	except MyException:
	    print "MyException encoutered"
	finally:
	    print "Arrive finally"</pre>

附录 B　其他常用功能

Python 的一大优势便是其可扩展性，在此基础上衍生出数量庞大的第三方扩展库，因而大大增强了 Python 的功能。表 B-1 所列的是前面各章未曾提到的其他一些常用功能。

表 B-1　Python 的其他常用功能

功能	第三方扩展库	说明	下载地址
多线程处理	eventlet	使用 green threads 概念，资源开销很少	http://eventlet.net/
界面编程	wxPython	其消息机制与 MFC 颇为相似。入门简单，适合快速开发应用	http://www.wxpython.org/
可执行文件生成	py2exe(Python to EXE)	将 Python 脚本文件打包成 Windows 下的 exe 文件	http://www.py2exe.org/
图像处理	PIL(Python Image Library)	图像增强、滤波、几何变换以及序列图像处理，支持数十种图像格式。可直接载入图像文件、读取处理过的图像，或通过抓取方法得到的图像	http://pythonware.com/products/pil/
系统资源使用信息获取	pstuil	跨平台地获取和控制系统的进程，读取系统的 CPU 占用、内存占用以及磁盘、网络、用户等信息	http://code.google.com/p/psutil/
计算机视觉	OpenCV	具有图像处理和计算机视觉方面的很多通用算法，可用于人脸识别、物体识别、运动跟踪、机器视觉、动作识别、运动分析等。	http://opencv.org/downloads.html
三维可视化	VTK	三维计算机图形学、图像处理和可视化	http://vtk.org/get-software.php
医学图像处理	ITK	用于处理医学图像，有丰富的图像分割与配准的算法程序	http://www.itk.org/HTML/Download.htm
开源数据库连接	MySQLdb	对开源数据库 MySQL 的支持	http://sourceforge.net/projects/mysql-python

参 考 文 献

[1] 董付国. Python 程序设计[M]. 北京：清华大学出版社，2015.

[2] 董付国. Python 程序设计基础与应用[M]. 北京：机械工业出版社，2018.

[3] 董付国. Python 可以这样学[M]. 北京：清华大学出版社，2017.

[4] 冯林. Python 程序设计与实现[M]. 北京：高等教育出版社，2015.

[5] 李航. 统计学习方法[M]. 北京：清华大学出版社，2012.

[6] 刘浪，郭红涛，于晓强，等. Python 基础教程[M]. 北京：人民邮电出版社，2015.

[7] 刘卫国. Python 程序设计教程[M]. 北京：北京邮电大学出版社，2016.

[8] 刘卫国. Python 语言程序设计[M]. 北京：电子工业出版社，2016.

[9] 裘宗燕. 数据结构与算法：Python 语言描述[M]. 北京：机械工业出版社，2016.

[10] 嵩天，黄天羽，礼欣. 程序设计基础：Python 语言[M]. 北京：高等教育出版社，2014.

[11] 王达. 深入理解计算机网络[M]. 北京：机械工业出版社，2014.

[12] 谢希仁. 计算机网络[M]. 5 版. 北京：电子工业出版社，2008.

[13] 杨海霞，相洁，南志红. 数据库原理与应用[M]. 北京：人民邮电出版社，2013.

[14] 张良均，王路，谭立云，等. Python 数据分析与挖掘实战[M]. 北京：机械工业出版社，2016.

[15] 赵端阳，左伍衡. 算法分析与设计：以大学生程序设计竞赛为例[M]. 北京：清华大学出版社，2012.

[16] 周元哲. Python 程序设计基础[M]. 北京：清华大学出版社，2015.

[17] 宗成庆. 统计自然语言处理[M]. 北京：清华大学出版社，2013.

[18] [德]伊夫·希尔皮斯科. Python 金融大数据分析[M]. 姚军，译. 北京：人民邮电出版社，2015.

[19] [美]Gary.Wrigh, W.Richard Stevens. TCP/IP 详解[M]. 范建华，译. 北京：机械工业出版社，2000.

[20] [美]奥科罗. Python 绝技:运用 Python 成为顶级黑客[M]. 崔孝晨，武晓音，等，译. 北京：电子工业出版社，2016.

[21] [美]巴里. Head First Python(中文版)[M]. 林琪，郭静，等，译. 北京：中国电力出版社，2012.

[22] [美]库罗斯，罗斯. 计算机网络：自顶向下方法[M]. 6 版. 陈鸣，译. 北京：机械工业出版社，2014.

[23] [美]麦金尼. 利用 Python 进行数据分析[M]. 唐学韬，等，译. 北京：机械工业出版社，2014.

[24] [美]塞奇威克. 程序设计导论：Python 语言实践[M]. 江红，余青松，译. 北京：机械工业出版社，2016.

[25] [美]施奈德. Python 程序设计[M]. 车万翔，译. 北京：机械工业出版社，2016.

[26] [挪威]赫特兰. Python 基础教程[M]. 2 版. 司维，曾军崴，谭颖华，译. 北京：人民邮电出版社，2010.

[27] [英]萨卡尔. Python 网络编程攻略[M]. 安道，译. 北京：人民邮电出版社，2014.

[28] 肖文鹏. 用 C 语言扩展 Python 的功能. http://www.ibm.com/developerworks/cn/linux/l-pythc/[2003-02-03].

[29] 《Python 之禅》中对于 Python 编程过程中的一些建议. http://www.jb51.net/article/63423.htm. [2015-04-03].

[30] PEP8 Python 编码规范. https://wenku.baidu.com/view/0d9535d8a300a6c30d229fc4.html. [2015-12-25].

[31] Python 3 教程. https://www.runoob.com/python3/python3-tutorial.html [2017-07-10].

[32] Python 基础教程. https://www.runoob.com/python/python-mysql.html [2017-07-06].

[33] Python 基础教程. https://www.runoob.com/python/python-tutorial.html [2017-07-10].

[34] Scientific Computing Tools for Python. http://www.SciPy.org/ [2017-07-10].

[35] Chinaunix. http://blog.chinaunix.net/uid-200142-id-4022131.html [2013-12-04].

[36] Eli Bressert. SciPy and NumPy: An Overview for Developers[M]. O'Reilly Media，2012.